卓越系列·21世纪高职高专精品规划教材(公共基础课适用)

高等数学

(上册)

Advanced Mathematics(I)

李君湘　邱忠文　主编

内 容 提 要

本书系《21世纪高职高专精品规划教材》之一，是为公共基础课所编写的高等数学教材.

本书参照《高等数学课程教学基本要求》编写，分上、下两册.上册内容为单元函数微积分，包括函数、极限与连续、导数与微分、微分中值定理及导数的应用、不定积分及定积分共6章.下册内容为空间解析几何、多元函数微积分、级数和微分方程.与本书配套的还有《高等数学习题参考解答》、《高等数学辅导24讲》，也即将出版.

本书可作为高职高专教材，亦可作为学习高等数学的参考书.

图书在版编目(CIP)数据

高等数学.上/李君湘，邱忠文编.—天津：天津大学出版社，2007.8(2017.3重印)21世纪高职高专精品规划教材

ISBN 978-7-5618-2517-4

Ⅰ.高… Ⅱ.①李… ②邱… Ⅲ.高等数学-高等学校：技术学校-教材 Ⅳ.O13

中国版本图书馆CIP数据核字(2007)第121798号

出版发行　天津大学出版社
地　　址　天津市卫津路92号天津大学内(邮编：300072)
电　　话　发行部:022-27403647
网　　址　publish.tju.edu.cn
印　　刷　天津泰宇印务有限公司
经　　销　全国各地新华书店
开　　本　169mm×239mm
印　　张　13.5
字　　数　296千
版　　次　2007年8月第1版
印　　次　2017年3月第4次
印　　数　8 501-10 000
定　　价　38.00元

前　言

“高等数学”是高等院校的一门重要的基础理论课程.为了适应高职高专院校学生和大学专科学生学习高等数学课程的需要,我们参照《高等数学课程教学基本要求》并结合多年高职高专教学的实际工作经验,编写了这套教材.

本书分为上、下两册.上册的内容包括单元函数微积分,共6章;下册的内容包括空间解析几何、多元函数微积分、级数和微分方程,共6章.本书基本上覆盖了现行理工科类院校高等数学课程的主要教学内容,而且在结构及习题的配备等方面都更适合高职高专学生的需求.本书也可以作为网络高等教育、函授、高等职业技术教育或成人继续教育大专生的高等数学课程的教科书.

与本书配套的《高等数学习题解答》一书是应学生们的要求编写的,它可以辅导和帮助同学们更好地学习高等数学,进一步提高解题能力和逻辑思维能力.

限于编者的水平,书中不免有疏误,恳请读者指正.

编　者

2007年6月于天津大学

目 录

1 函数

本章学习要点

1. 理解函数的概念,掌握函数的定义域及函数值的求法.
2. 知道函数的性质及复合函数的概念.
3. 掌握基本初等函数的图形及其性质.
4. 理解本章的基本内容(包括例题),能独立完成本章的习题.

1.1 函数概念

函数概念是现实世界中变量依从关系在数学中的反映,是高等数学(也称为微积分)研究的主要对象.

在高等数学课程中,研究问题所涉及的数,绝大多数都是在实数范围内进行的.今后如果没有声明,本书中所提到的数,都是实数;所提到的数集,都是实数集.按照习惯,全体自然数的集合记为 $\mathbf{N}$;全体正自然数的集合记为 $\mathbf{N}^+$;全体整数的集合记为 $\mathbf{Z}$;全体有理数的集合记为 $\mathbf{Q}$;全体实数的集合记为 $\mathbf{R}$.

1.1.1 区间与邻域

定义 1.1 设数 a 与 b 满足 $a<b$,则数集 $\{x \mid a<x<b\}$ 称为开区间,记为 (a,b),即

$$(a,b)=\{x \mid a<x<b\}.$$

这里 a 和 b 分别称为开区间 (a,b) 的左端点和右端点.

对开区间 (a,b) 而言,显然有 $a \notin (a,b)$, $b \notin (a,b)$.

类似地,$[a,b]=\{x\mid a\leqslant x\leqslant b\}$,称为闭区间.$a$ 和 b 仍然分别称为闭区间$[a,b]$的左端点和右端点.显然 $a\in[a,b],b\in[a,b]$.

而把数集

$$[a,b)=\{x\mid a\leqslant x<b\},$$
$$(a,b]=\{x\mid a<x\leqslant b\}$$

都称为半开区间.

上面介绍的区间都是有限区间,数"$b-a$"称为这些有限区间的长度.除了有限区间之外,还有无限区间.引进记号"$+\infty$"(读为"正无穷大")及"$-\infty$"(读为"负无穷大"),则

$$(a,+\infty)=\{x\mid x>a\};[a,+\infty)=\{x\mid x\geqslant a\};$$
$$(-\infty,b)=\{x\mid x<b\};(-\infty,b]=\{x\mid x\leqslant b\}$$

都是无限区间(或无穷区间).而全体实数的集合 $\mathbf{R}$,可以记为

$$(-\infty,+\infty)=\{x\mid -\infty<x<+\infty\},$$

它当然也是无限区间.

今后,在不需要辨明所讨论的区间是否包含端点,以及是有限区间还是无限区间的场合,就简称为"区间",并常用字母"I"表示.

邻域也是一个经常用到的数学概念,它实际上是微观条件下的区间.

定义 1.2 设 a 与 $\delta(\delta>0)$是两个数,称数集$\{x\mid a-\delta<x<a+\delta\}$为点 a 的 δ 邻域,记为 $N(a,\delta)$,即

$$N(a,\delta)=\{x\mid a-\delta<x<a+\delta\}.$$

称点 a 为这个邻域的中心,称 δ 为这个邻域的半径.

从定义 1.2 可知,邻域 $N(a,\delta)$实际上就是开区间$(a-\delta,a+\delta)$.为了体现微观性,尽管定义 1.2 中对 δ 没有什么限制,一般总认为 δ 是很小的正数.

因为 $a-\delta<x<a+\delta$ 相当于$|x-a|<\delta$,所以邻域 $N(a,\delta)$又可以表示为

$$N(a,\delta)=\{x\mid |x-a|<\delta\}.$$

有时候用到邻域的概念时,需要把邻域的中心点去掉.去掉中心点 a 的邻域 $N(a,\delta)$,称为点 a 的去心邻域,记为 $N(\hat{a},\delta)$,即

$$N(\hat{a},\delta)=\{x\mid 0<|x-a|<\delta\},$$

或

$$N(\hat{a},\delta)=N(a,\delta)\setminus\{a\}.$$

今后把点 a 的某一邻域也记为$N(a,\delta)$.

1.1.2 函数的定义

定义 1.3 设有两个数集 X、Y,f 是一个确定的对应规律,若对于每一个 $x\in X$,通过 f 都有唯一的 $y\in Y$ 和它对应.记为

$$f(x)=y,$$

则称 f 为定义在 X 上的一元函数,简称为函数.

在定义 1.3 中,X 为 f 的定义域,通常用记号 D_f 来表示.当 x 取遍 X 中的一切数时,与之对应的数 y 组成的数集 $V_f=\{y \mid y=f(x), x\in X\}$,称为函数 f 的值域.

一个函数是由对应规律和函数的定义域确定的,而值域则是随着对应规律和定义域的给定而确定的.习惯上把函数 f 说成"变量 y 是变量 x 的函数",并用记号 $y=f(x)$ 来表示.通常称 y 为因变量或函数,而把 x 称为自变量.

函数中表示对应关系的记号"f"也可以用其他的字母表示,例如"g"、"φ"、"F"、"G"等.这时函数的记号相应地表示为 $y=g(x)$、$y=\varphi(x)$、$y=F(x)$和 $y=G(x)$等.

在不考虑函数实际意义的时候,函数的定义域就是自变量所能取的使函数关系成立的一切实数的集合,而函数的定义域 D_f 和值域 V_f 通常都是由区间或数集来表示的.

在平面上建立直角坐标系 xOy,则满足对应关系 $y=f(x)(x\in D_f)$的数组(x,y),对应 xOy 平面上的一个点,当 x 取遍 D_f 上的每一个数值时,就得到点(x,y)的一个集合 P,即

$$P=\{(x,y) \mid y=f(x), x\in D_f\}.$$

点集 P 称为函数 $y=f(x)$的图形.

1.1.3 函数值

如果对于自变量 x 的某一个确定的值 $x=x_0$,函数 f 有一个确定的对应值 $f(x_0)$,则称 $f(x_0)$为函数 f 在点 $x=x_0$ 处的函数值.这时也称函数 f 在点 $x=x_0$ 处是有定义的.

例 1.1 求函数 $y=\sqrt{4-x^2}$ 的定义域 D_f 及函数值 $f(\sqrt{2})$.

解 函数 $y=\sqrt{4-x^2}$ 的定义域由不等式 $4-x^2\geqslant 0$ 决定,有 $D_f=[-2,2]$.

函数值

$$f(\sqrt{2})=\sqrt{4-(\sqrt{2})^2}=\sqrt{2}.$$

例 1.2 求函数 $y=|x|=\begin{cases} x, & \text{当 } x\geqslant 0, \\ -x, & \text{当 } x<0 \end{cases}$ 的定义域 D_f、值域 V_f 及函数值 $f(-1)$.

解 显然函数 $y=|x|$ 的定义域 $D_f=(-\infty,+\infty)$;值域 $V_f=[0,+\infty)$;函数值

$$f(-1)=1.$$

例 1.3 求符号函数 $y=\operatorname{sgn} x=\begin{cases} 1, & \text{当 } x>0, \\ 0, & \text{当 } x=0, \\ -1, & \text{当 } x<0 \end{cases}$ 的定义域 D_f 及值域 V_f.

解 符号函数 $y=\operatorname{sgn} x$ 的定义域 $D_f=(-\infty,+\infty)$;值域为 $V_f=\{-1,0,1\}$.

符号函数又称为克罗尼克(Kronecker)函数或简称为克氏函数,其图形如图 1-1 所示.

当 $x\in\mathbf{R}$ 时,不超过 x 的最大整数,记为$[x]$,对实数 $\frac{4}{7}$,$\sqrt{3}$,$-\pi$ 而言,我们有 $\left[\frac{4}{7}\right]=0$,$[\sqrt{3}]=1$,$[-\pi]=-4$.同理还有$[-2]=-2$,$[3]=3$,$[\pi]=3$.若把函数

$y=[x]$ 称为取整函数,则例 1.4 的结果是显然的.

例 1.4 求取整函数 $y=[x]$的定义域 D_f 及值域 V_f.

解 取整函数 $y=[x]$的图形如图 1-2 所示,显然有 $D_f=(-\infty,+\infty)$,值域 $V_f=\mathbf{Z}$(全体整数).

取整函数 $y=[x]$,也称为高斯(Gauss)函数.

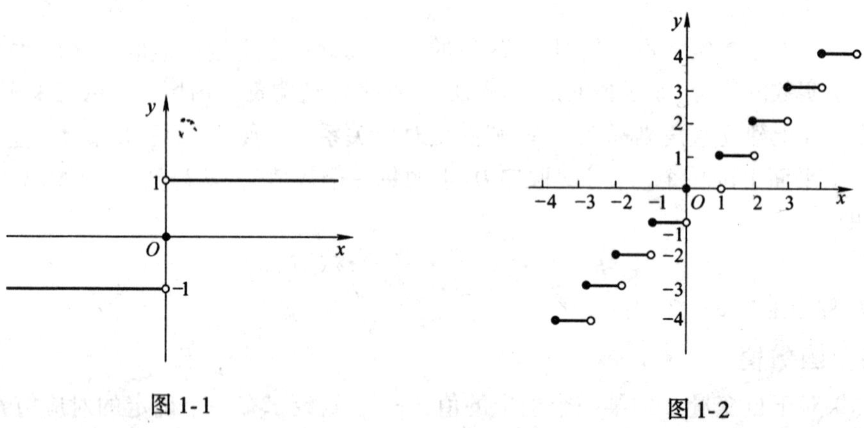

图 1-1 图 1-2

例 1.5 求函数 $y=f(x)=\begin{cases}2x, & 当\ 0\leqslant x\leqslant 1,\\ x+1, & 当\ x>1\end{cases}$ 的定义域 D_f、值域 V_f.

解 函数的定义域 $D_f=[0,+\infty)$,值域 $V_f=[0,+\infty)$.

当 $x\in[0,1]$时,对应的函数值为 $f(x)=2x$,如

$$f\left(\frac{2}{3}\right)=2\cdot\left(\frac{2}{3}\right)=\frac{4}{3};$$

当 $x\in(1,+\infty)$时,对应的函数值为 $f(x)=x+1$,如

$$f(3)=3+1=4.$$

1.1.4 函数的性质

1. 有界性

若有正数 M 存在,使函数 $f(x)$在区间 I 上恒有 $|f(x)|\leqslant M$,则称 $f(x)$在区间 I 上是有界函数;否则,$f(x)$在区间 I 上是无界函数.

如果存在常数 M(不一定局限于正数),使函数 $f(x)$在区间 I 上恒有 $f(x)\leqslant M$,则称 $f(x)$在区间 I 上有上界,并且任意一个 $N\geqslant M$ 的数 N 都是 $f(x)$在区间 I 上的一个上界;如果存在常数 m,使 $f(x)$在区间 I 上恒有 $f(x)\geqslant m$,则称 $f(x)$在区间 I 上有下界,并且任意一个 $l\leqslant m$ 的数 l 都是 $f(x)$在区间 I 上的一个下界.

显然,函数 $f(x)$在区间 I 上有界的充分必要条件是 $f(x)$在区间 I 上既有上界又有下界.

例 1.6 函数 $f(x)=1+\sin x$ 在$(-\infty,+\infty)$内是有界函数.

解 因为无论 x 取任何实数,都有 $|1+\sin x|\leqslant 2$,所以 $f(x)=1+\sin x$ 在$(-\infty,$

$+\infty)$内是有界函数.

从例 1.6 中可以看到,任何大于 2 的常数都可以作为 $1+\sin x$ 的上界;而任何小于 0 的常数都可以作为 $1+\sin x$ 的下界.

例 1.7 试验证函数 $f(x)=\dfrac{1}{x}$ 在区间$[1,2]$上是有界的,在区间$(0,1)$内是无界的.

解 由于 $f(x)=\dfrac{1}{x}$ 在 $x\in[1,2]$上满足 $|f(x)|\leqslant 1$,显然 $f(x)$在$[1,2]$上是有界的.

而 $f(x)=\dfrac{1}{x}$ 在区间$(0,1)$内,无论给定多么大的正数 M(当然会有 $M>1$),必有 $x_1=\dfrac{1}{2M}\in(0,1)$,使 $|f(x_1)|=2M>M$.也就是说,$f(x)$在区间$(0,1)$内的某一点处,对应的函数值的绝对值,必定大于预先给定的任何正数,故 $f(x)=\dfrac{1}{x}$ 在$(0,1)$内是无界的.

2. 单调性

设函数 $f(x)$在区间 I 上的任意两点 $x_1<x_2$,都有 $f(x_1)<f(x_2)$(或 $f(x_1)>f(x_2)$),则称 $y=f(x)$在区间 I 上为严格单调增加(或严格单调减少)的函数.在讨论函数的单调性时,“严格”两字通常也可以略去,也就是说,严格单调增(减)的函数就是单调增(减)的函数.

如果函数 $f(x)$在区间 I 上的任意两点 $x_1<x_2$,都有 $f(x_1)\leqslant f(x_2)$(或 $f(x_1)\geqslant f(x_2)$),则称 $y=f(x)$在区间 I 上为广义单调增加(或广义单调减少)的函数.广义单调增加的函数,通常称为非减函数;广义单调减少的函数则称为非增函数.

显然函数 $y=x^2$ 在区间$(-\infty,0)$内是严格单调减少的;在区间$(0,+\infty)$内是严格单调增加的.

而函数 $y=x$、$y=x^3$ 在区间$(-\infty,+\infty)$内都是严格单调增加的.

3. 奇偶性

若函数 $f(x)$在关于原点对称的区间 I 上满足 $f(-x)=f(x)$(或 $f(-x)=-f(x)$),则称 $f(x)$为偶函数(或奇函数).

偶函数的图形是关于 Oy 轴对称的;奇函数的图形是关于原点对称的.

4. 周期性

对于函数 $y=f(x)$,如果存在一个非零常数 T,对一切的 x 均有 $f(x+T)=f(x)$,则称函数 $f(x)$为周期函数,并把 T 称为 $f(x)$的周期.应当指出的是,通常讲的周期函数的周期是指最小的正周期.

对三角函数而言,$y=\sin x$、$y=\cos x$ 都是以 2π 为周期的周期函数,而 $y=\tan x$、$y=\cot x$ 则是以 π 为周期的周期函数.

关于函数的性质,除了有界性与无界性之外,单调性、奇偶性、周期性都是函数的特殊性质,而不是每一个函数都一定具备的.

1.1.5 复合函数与反函数

1. 复合函数

设 $y=f(u)$是数集 U 上的函数,$u=\varphi(x)$是由数集 X 到数集 U 的一个非空子集 U_φ 的函数.因此,对每一个 $x\in X$,通过 u 都有唯一的y 与它对应,这时在 X 上产生了一个新的函数,用 $f\circ\varphi$ 表示,并称 $f\circ\varphi$ 为 X 上的复合函数,记为

$$(f\circ\varphi)(x)=y \text{ 或 } y=f[\varphi(x)],x\in X.$$

其中 u 称为中间变量,X 是复合函数$f\circ\varphi$ 的定义域,$f\circ\varphi$ 表示由x 产生y 的对应规律.

应当说明的是,复合函数$(f\circ\varphi)(x)$的定义域 X 是不能等同于函数 $u=\varphi(x)$的定义域的.数集 X 是由使函数$u=\varphi(x)$的值域 U_φ 满足 $U_\varphi\subseteq U$ 的实数所组成的.

复合函数是经常遇到的一种函数结构.例如,由物理学知道,物体的动能 E 与速度 v 的函数关系是 $E=\frac{1}{2}mv^2$(这里 m 为物体的质量),如果将此物体以初速度 v_0 垂直向上抛出,由于地球引力的关系,这时速度 v 与时间 t 有函数关系 $v=v_0-gt$,于是,物体的动能成为时间 t 的函数

$$E=\frac{1}{2}m(v_0-gt)^2.$$

它就是复合函数,其中 v 是中间变量.

又例如 $y=\sin x^2$,是由 $y=\sin u$(这里 u 为中间变量)和 $u=x^2$ 复合而成的复合函数,其定义域为 $\mathbf{R}$.而函数 $y=\sqrt{x+4}$是由 $y=\sqrt{u}$和 $u=x+4$ 复合而成的复合函数,其定义域为$[-4,+\infty)$,它是中间变量 $u=x+4$ 的定义域 $\mathbf{R}$ 的子集.

复合函数的中间变量可以不止一个,如 $y=\sqrt{u}$, $u=\cot v$, $v=\frac{x}{2}$构成的复合函数 $y=\sqrt{\cot\frac{x}{2}}$就有 u、v 两个中间变量.

例 1.8 设 $f(x)=x^2$,$\varphi(x)=2^x$.求 $f[\varphi(x)]$、$\varphi[f(x)]$.

解 $f[\varphi(x)]=[\varphi(x)]^2=(2^x)^2=2^{2x}$;

$\varphi[f(x)]=2^{f(x)}=2^{x^2}$.

从例 1.8 可以看出 $f\circ\varphi\neq\varphi\circ f$,也就是说复合函数的复合次序是不能交换的.

2. 反函数

设函数 $y=f(x)$的定义域为 D_f,值域为 V_f.对任意的 $y\in V_f$,在 D_f 上确定了一个x 与 y 对应,且满足 $y=f(x)$.如果把 y 看作自变量,x 看作因变量,就可以得到一个新的函数:$x=f^{-1}(y)$.称 $x=f^{-1}(y)$为函数 $y=f(x)$的反函数,而把函数 $y=f(x)$称为直接函数.一般地说,直接函数 f 与反函数f^{-1}是不相同的两个函数,这是因为定义域和对应规律不相同的缘故.

由于习惯上 x 表示自变量,y 表示因变量,我们约定 $y=f^{-1}(x)$也是直接函数 $y=f(x)$的反函数,通常称为习惯反函数.今后如不特别声明,求某一个直接函数 $y=f(x)$ 的反函数,均指求它的习惯反函数.

例 1.9 求函数 $y=2x-3$ 的反函数.

解 由 $y=2x-3$,有 $x=\frac{1}{2}y+\frac{3}{2}$,于是得到反函数

$$y=\frac{1}{2}x+\frac{3}{2}.$$

类似地,不难求出函数 $y=x^3$ 的反函数为 $y=x^{\frac{1}{3}}$.

应当说明的是直接函数 $y=f(x)$ 与它的反函数 $y=f^{-1}(x)$ 的图形是关于直线 $y=x$ 对称的.并且单调的直接函数的反函数也是单调的.

习题 1-1

1. 求下列函数的定义域:

(1) $y=\frac{x+2}{x^2-4}$; (2) $y=\arcsin\frac{2x-1}{7}$;

(3) $y=\sqrt{\lg(x^2-3)}$; (4) $y=\sqrt{x+1}+\frac{1}{\lg(1-x)}$.

2. 设 $f(x)=\begin{cases}1+x, & -\infty<x\leqslant 0,\\ 2^x, & 0<x<+\infty.\end{cases}$ 求 $f(-2)$、$f(0)$、$f(5)$ 及 $f(x-1)$.

3. 设 $f\left(\sin\frac{x}{2}\right)=1+\cos x$,求 $f(x)$、$f\left(\cos\frac{x}{2}\right)$.

4. 设 $f(u)$ 满足:

$f^2(\lg u)-2uf(\lg u)+u^2\lg u=0, u\in[1,10]$,且 $f(0)=0$,求 $f(x)$.

5. 设 $y=\frac{x}{2}f(t-x)$,且当 $x=1$ 时,$y=\frac{1}{2}t^2-t+\frac{1}{2}$,求 $f(x)$.

6. 判定函数 $f(x)=\left(\frac{1}{2+\sqrt{3}}\right)^x+\left(\frac{1}{2-\sqrt{3}}\right)^x$ 的奇偶性.

7. 求函数 $f(x)=\sin^2 2x$ 的周期.

8. 讨论下列函数的单调性:

(1) $f(x)=3x+2$; (2) $f(x)=\left(\frac{1}{3}\right)^x$;

(3) $f(x)=\lg x$.

9. 求由函数 $f(x)=\frac{1}{1+x}$ 所确定的复合函数 $f[f(x)]$ 的定义域.

1.2 初等函数

1.2.1 基本初等函数

基本初等函数是指:幂函数、指数函数、对数函数、三角函数、反三角函数和常数这

六类函数.这些函数在中学的数学课程里已经学过.

基本初等函数虽然比较简单,但是由于它们的重要性,希望读者熟悉它们的图形、定义域和某些简单的性质.在这里,仅给出它们的图形,以利于读者复习.

1. 幂函数 $y=x^{\alpha}(\alpha\in\mathbf{R})$

它的定义域和值域依 α 的取值不同而不同,但是无论 α 取何值,幂函数在 $x\in(0,+\infty)$内总有定义.常见的幂函数的图形如图 1-3 所示.

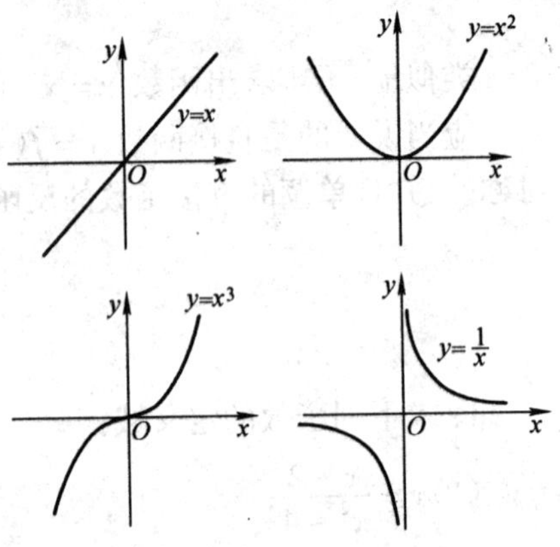

图 1-3

2. 指数函数 $y=a^{x}(a>0,a\neq1)$

它的定义域为$(-\infty,+\infty)$,值域为$(0,+\infty)$.指数函数的图形如图 1-4 所示.

3. 对数函数 $y=\log_a x(a>0,a\neq1)$

定义域为$(0,+\infty)$,值域为$(-\infty,+\infty)$.对数函数 $y=\log_a x$ 是指数函数 $y=a^{x}$ 的反函数.其图形见图 1-5.

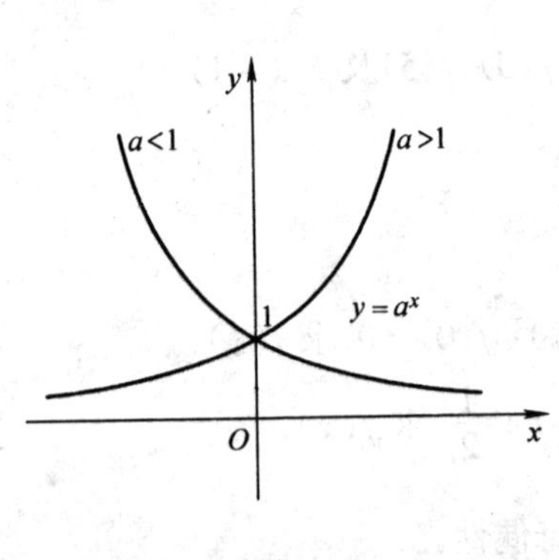

图 1-4

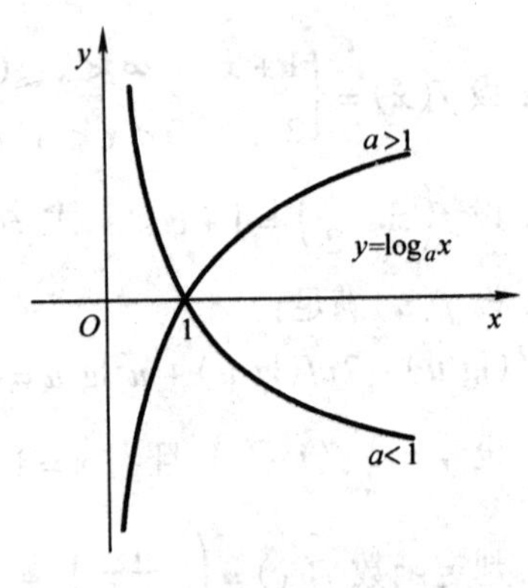

图 1-5

在工程中,常以无理数 e = 2.718 281 828…作为指数函数和对数函数的底,并且记 $e^{x}=\exp x$,$\log_e x=\ln x$,而后者称为自然对数函数.

4. 三角函数

三角函数有正弦函数 $y=\sin x$、余弦函数 $y=\cos x$、正切函数 $y=\tan x$、余切函数 $y=\cot x$、正割函数 $y=\sec x$ 和余割函数 $y=\csc x$.其中正弦、余弦、正切和余切函数的图形见图 1-6.

5. 反三角函数

反三角函数主要包括反正弦函数 $y=\arcsin x$、反余弦函数 $y=\arccos x$、反正切函数 $y=\arctan x$ 和反余切函数 $y=\operatorname{arccot} x$ 等.它们的图形如图 1-7 所示.

6. 常量函数 $y=C$(C 为常数)

定义域为$(-\infty,+\infty)$,函数的图形是一条水平的直线,如图 1-8 所示.

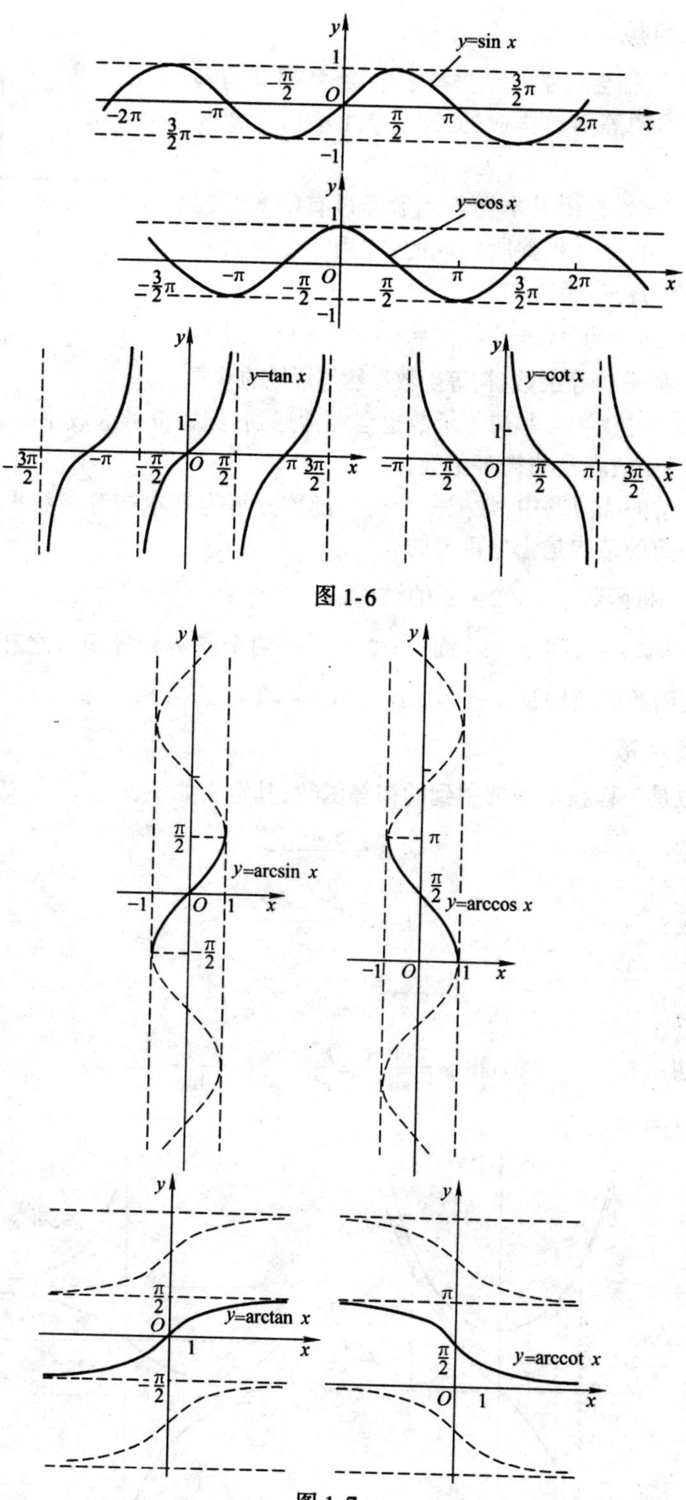
y=sin x
y=cos x
y=tan x
y=cot x
y=arcsin x
y=arccos x
y=arctan x
y=arccot x

图 1-6

图 1-7

1.2.2 初等函数

在自然科学、社会科学及工程技术中,经常遇到的函数大多是由基本初等函数构成的.定义 2.1 给出了初等函数的定义.

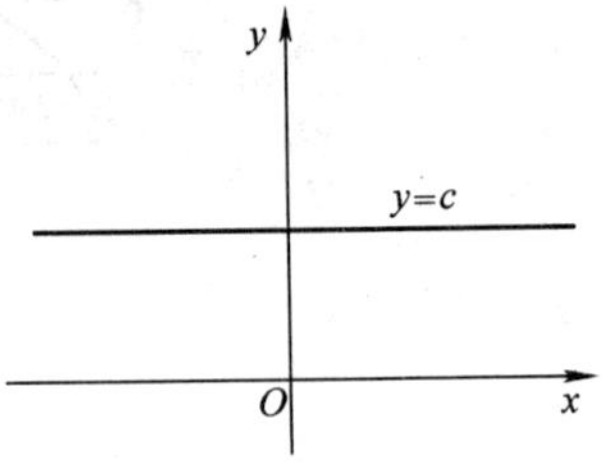

定义 2.1 通常把由基本初等函数经过有限次的四则运算和有限次的复合步骤所构成的,并用一个解析式表达的函数,称为初等函数.

图 1-8

例如,$y=\ln(\sin x+4)$,$y=e^{2x}\sin(3x+1)$,$y=\sqrt[3]{\tan x}$,…都是初等函数.初等函数虽然是常见的重要函数,但是在工程技术中,非初等函数也会经常遇到.例如符号函数 $y=\operatorname{sgn} x$,取整函数 $y=[x]$ 等分段函数就是非初等函数.

在高等数学的练习题中,常把一个初等函数分解为基本初等函数来研究,因此,学会分析初等函数的结构是十分重要的.

例 2.1 分析函数 $y=\sqrt{2+x^2}$ 的结构.

解 令 $u=2+x^2$,则 $y=u^{\frac{1}{2}}$ 而 $u=2+x^2$ 是两个基本初等函数之和.设 $v(x)=2$,$w(x)=x^2$,则函数的结构是 $y=u^{\frac{1}{2}}$,$u=v(x)+w(x)$,$v(x)=2$,$w(x)=x^2$.

1.2.3 双曲函数

双曲函数是工程技术中常用到的初等函数,其定义如下.

双曲正弦:
$$\operatorname{sh} x=\frac{e^x-e^{-x}}{2},$$

双曲余弦:
$$\operatorname{ch} x=\frac{e^x+e^{-x}}{2},$$

双曲正切:
$$\operatorname{th} x=\frac{\operatorname{sh} x}{\operatorname{ch} x}=\frac{e^x-e^{-x}}{e^x+e^{-x}},$$

双曲余切:
$$\operatorname{coth} x=\frac{\operatorname{ch} x}{\operatorname{sh} x}=\frac{e^x+e^{-x}}{e^x-e^{-x}}=\frac{1}{\operatorname{th} x}.$$

其函数图形见图 1-9.

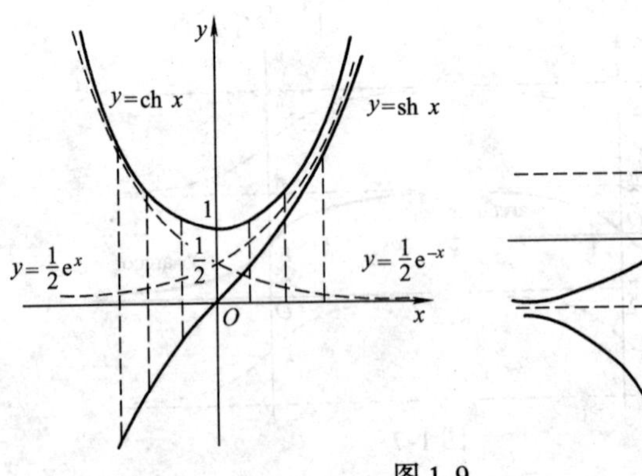

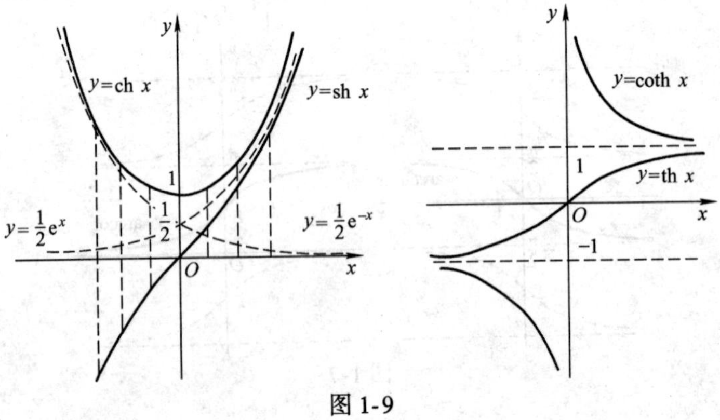

图 1-9

与三角函数相仿,双曲函数之间也有类似的公式,如

$$\operatorname{sh}(-x)=-\operatorname{sh}x;\quad \operatorname{ch}(-x)=\operatorname{ch}x;$$
$$\operatorname{th}(-x)=-\operatorname{th}x;\ \operatorname{coth}(-x)=-\operatorname{coth}x;$$
$$\operatorname{ch}^2 x-\operatorname{sh}^2 x=1$$

等.但是,双曲函数不是周期函数,这一点与三角函数有本质的差别.

双曲函数的反函数叫做反双曲函数.例如由双曲正弦函数

$$y=\operatorname{sh}x=\frac{e^x-e^{-x}}{2},x\in\mathbf{R}$$

有

$$e^{2x}-2ye^x-1=0.$$

可解出

$$e^x=y\pm\sqrt{y^2+1}.$$

因为指数函数只取正值,所以

$$e^x=y+\sqrt{y^2+1},$$

即

$$x=\ln(y+\sqrt{y^2+1}).$$

这就是反双曲正弦函数的解析表达式.从而 $y=\operatorname{sh}x$ 的反函数(记为 $\operatorname{arsh}x$)是

$$y=\operatorname{arsh}x=\ln(x+\sqrt{x^2+1}),x\in\mathbf{R}.$$

对于双曲余弦函数 $y=\operatorname{ch}x,x\in\mathbf{R}$,由于在定义域$(-\infty,+\infty)$内不是单调函数,所以只能分别在它的两个单调区间$(-\infty,0)$及$[0,+\infty)$上来讨论.取 $x\geqslant0$ 所对应的一支作为该函数的主值,则反双曲余弦函数(记为 $\operatorname{arch}x$)的解析表达式为

$$y=\operatorname{arch}x=\ln(x+\sqrt{x^2-1}),x\geqslant1.$$

它在区间$[1,+\infty)$上是严格单调增加的.

类似地,可以推得反双曲正切函数(记为 $\operatorname{arth}x$)的解析表达式为

$$y=\operatorname{arth}x=\frac{1}{2}\ln\frac{1+x}{1-x},x\in(-1,1).$$

1.2.4 函数的应用举例

例 2.2 一种产品的价格为 p,当销量为 x 时,就得到销售收益函数 $R=px$,而销售收益与成本 y_1 之差就是该产品的利润.试写出该产品的利润函数 y 与销量 x 的函数关系.

解 由于收益函数 $R=px$,成本函数为 $y_1=c_1+c_2x$,于是利润函数

$$y=R-y_1=px-(c_1+c_2x).$$

例 2.3 把一个圆心角为 x 弧度的圆扇形卷成一个圆锥(见图 1-10).求圆锥的顶角 α 与 x 的函数关系.

解 设圆扇形 AOB 的圆心角为 x 弧度,圆半径为 r,于是$\overset{\frown}{AB}$的长度为 rx,把这个圆

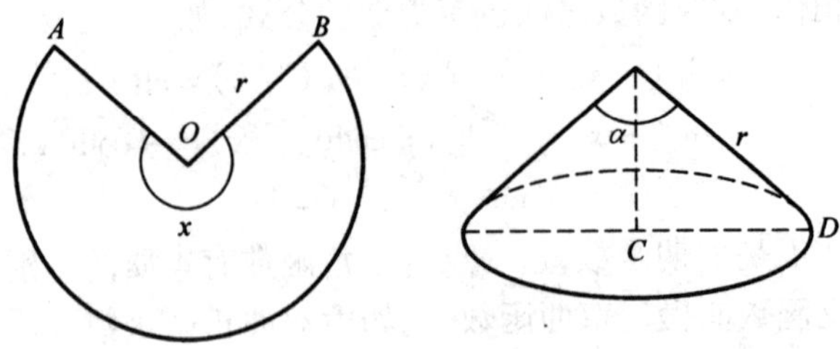

图 1-10

扇形卷成圆锥之后,它的顶角为 α,底圆 C 的周长为 rx,故底圆半径 $CD=\frac{rx}{2\pi}$.因为

$$\sin\frac{\alpha}{2}=\frac{CD}{r}=\frac{x}{2\pi},$$

所以
$$\alpha=2\arcsin\frac{x}{2\pi}.$$

例 2.4 据国家统计局发表的公告,中国 1990 年 7 月 1 日的人口总数为 11.6 亿.若中国人口近期的函数为

$$p(x)=11.6\mathrm{e}^{0.010\,73(x-1990)\left(1-\frac{x-1990}{120}\right)},$$

其中 $p(x)$ 为公元 $x(x\geqslant1990)$ 年时中国人口的数目(单位为亿人).求 $p(2000)$ 和 $p(2010)$.

解 $p(2000)=11.6\mathrm{e}^{0.010\,73\cdot10\cdot\frac{11}{12}}=11.6\mathrm{e}^{0.098\,35}\approx12.8$(亿人),

$p(2010)=11.6\mathrm{e}^{0.010\,73\cdot20\cdot\frac{5}{6}}=11.6\mathrm{e}^{0.178\,8}\approx13.8$(亿人).

应当说明的是,人口与年份的函数只是一个近期的预测函数,对中长期的参考价值较小,不同的时期,还要依据若干外因(如人口政策的变化),再重新建立新的函数.

例 2.5 某送递公司承诺,送递物品的到达时间依据发送地与目的地的铁路里程而定:里程在 500 km 以内的,2 日内送达;里程超过 500 km 时,每增加 500 km,送达日期增加 1 日(里程不足 500 km 时,送达日也按 1 日计算).试写出该公司送递物品到达的时间与铁路里程的函数关系.

解 此函数可以写成分段函数的形式.设送达日期为 D(天),铁路里程为 x(km),对于铁路里程为零的同城送递,把里程视为 $0\leqslant x\leqslant500$(km),则

$$D=\begin{cases}2, & 0\leqslant x\leqslant500,\\ 3, & 500<x\leqslant1\,000,\\ 4, & 1\,000<x\leqslant1\,500,\\ 5, & 1\,500<x\leqslant2\,000.\end{cases}$$

当然,这个函数也可以用高斯函数表示为

$$D=\begin{cases}2, & 0\leqslant x\leqslant500,\\ 2+\left|\left[\frac{500-x}{500}\right]\right|, & x>500.\end{cases}$$

1.2.5 高等数学课程中常见的函数

1. 显函数

在高等数学课程中，有时会遇到显函数的概念．在一元函数中，通常称因变量 y 由自变量 x 的具体表达式明显表示的函数为显函数．显函数它不是某一种单纯的函数，而是一个包含有多类函数的统称．

常见的六类基本初等函数，由 $y=f(u)$ 及 $u=\varphi(x)$ 具体表达的初等复合函数 $y=f[\varphi(x)]$ 及初等函数、初等函数的初等反函数、幂指函数及部分非初等函数等都属于显函数的范畴．例如初等函数 $y=x^2$，$y=\operatorname{arsh} x=\ln(x+\sqrt{x+1})$，$y=\left(\frac{1}{2^x-1}+\frac{1}{2}\right)\cos x$ 及幂指函数 $y=(x+1)^x(x>0)$ 和非初等函数 $y=1+x+x^2+\cdots+x^{n-1}+x^n+\cdots$ 等都是显函数．

2. 隐函数

在二元方程 $F(x,y)=0$ 中，当 $x\in D_f$ 取定某一个实数值时，相应地总有满足此二元方程的 y 存在，则称二元方程 $F(x,y)=0$ 在某一个实数集合 D_f 内确定了一个隐函数 $y=y(x)$．例如，由二元方程 $y-x^2-1=0$，它就确定了函数 $y=x^2+1$，也就是说函数 $y=x^2+1$ 是由二元方程 $y-x^2-1=0$ 确定的，但是这只是隐函数的极个别的情况——可以显化的函数．而隐函数的一般情况它是不可显化的(不能化为显函数)．例如若函数 $y=y(x)$ 由二元方程 $xy-e^x+e^y=0$ 确定时，它就是一个不可显化的隐函数，类似的不可显化的隐函数的例子是由方程：$x+y^3-2xy^2+x^2y+1=0$ 决定的隐函数 $y=y(x)$．

3. 参量函数

若函数 y 与 x 的关系均由参量 t 确定时，则称由参量方程 $\begin{cases}x=\varphi(t),\\ y=\psi(t)\end{cases}(\alpha\leqslant t\leqslant\beta)$ 确定了 y 与 x 的函数为参量方程确定的函数，简称为参量函数或参数函数．众所周知，由参量方程：$\begin{cases}x=R\cos t,\\ y=R\sin t\end{cases}(0\leqslant t\leqslant 2\pi, R>0)$ 确定的函数其图形为一个圆心在原点，半径为 R 的圆周．

在高等数学课程中，除了上述的三种名称的函数之外，还有由极限式确定的函数、分段函数及由积分所确定的函数等，这里就不一一列举了．

习题 1-2

1. 分析下列函数的复合步骤：

(1) $y=\sin^2(2x+1)$； (2) $y=\sqrt{2+x}$；

(3) $y=\lg\left(\sin\frac{\pi}{x}\right)$； (4) $y=\arcsin\sqrt{1-x^2}$．

2. 设 $f\left(\frac{1}{x}\right)=x+\sqrt{1+x^2}\,(x>0)$，求 $f(x)$．

3. 设 $f(x)=\dfrac{3x-2}{x+1}(x\neq -1)$,求函数 $g(x)$,使 $f[g(x)]=x$.

4. 求下列函数的反函数:

(1) $y=1+\lg(x+2)$; (2) $y=\dfrac{1-x}{1+x}$;

(3) $y=\dfrac{a^x}{a^x+1}(a>0,a\neq 0)$; (4) $y=\lg(x+\sqrt{1+x^2})$.

5. 验证等式 $|x|=x\operatorname{sgn} x$ 成立.

6. 设 $f(x)=\dfrac{1}{2}(a^x+a^{-x})(a>0,a\neq 1)$.验证:

$$f(x+t)+f(x-t)=2f(x)f(t).$$

7. 设 $f\left(x+\dfrac{1}{x}\right)=x^2+\dfrac{1}{x^2}$,求 $f\left(x-\dfrac{1}{x}\right)$.

8. 设 $f\left(x-\dfrac{1}{x}\right)=2x^2-4(x>1)$,求 $f(x)$.

9. 北京到上海的铁路里程为 1 463 km,北京到重庆的铁路里程为 2 098 km,利用教材上的例 2.5,求出送递公司送递物品的到达天数.

复习题 1

1. 填空题

(1)函数 $y=\dfrac{1}{x^2-3x+2}$ 的定义域 $D_f=$________.

(2)函数 $y=2x+1$ 的反函数为 $y=$________.

(3)设 $f\left(\dfrac{1}{x}\right)=\dfrac{x}{x-1}(x\neq 0,1)$,则 $f(2x)=$________.

(4)设 $f(x+1)=x(x-1)$,则 $f(x)=$________.

(5)设 $f(x)=x^2+2x$,则当 $h\neq 0$ 时,$\dfrac{f(x_0+h)-f(x_0)}{h}=$________.

2. 选择题

(1)设 $f(x)=\dfrac{1}{\sqrt{a^2+x^2}}\left(a>0,0<x<\dfrac{\pi}{2}\right)$,则 $f(a\tan x)$ 等于

(A) $\dfrac{\sin x}{a}$ (B) $-\dfrac{\cos x}{a}$ (C) $\dfrac{\cos x}{a}$ (D) $-\dfrac{\sin x}{a}$

答( ).

(2)函数 $y=\lg(x-1)$ 的有界区间为

(A) $(1,2)$ (B) $(1,+\infty)$ (C) $(2,+\infty)$ (D) $(2,3)$

答( ).

(3)若 $y=\dfrac{1}{2}(a^x-a^{-x})(a>0,a\neq 1)$ 的反函数为 $\varphi(x)$,则 $\varphi(1)$ 等于

(A)$\log_a(1+\sqrt{2})$ (B)$\log_a(1-\sqrt{2})$

(C)$\frac{1}{2}\left(a-\frac{1}{a}\right)$ (D)$\frac{1}{2}\left(a+\frac{1}{a}\right)$

答(　　).

(4)函数 $f(x)=\lg(x+\sqrt{1+x^2})$是

(A)偶函数 (B)奇函数

(C)有界函数 (D)周期函数

答(　　).

(5)已知 $f(3x)=\log_2\sqrt{\frac{9x+1}{2}}$,则 $f(1)$等于

(A)0 (B)$\frac{1}{3}$ (C)$\frac{1}{2}$ (D)1

答(　　).

3. 解下列各题:

(1)求 $y=\lg(x-1)+\frac{1}{\sqrt{x+1}}$的定义域;

(2)设 $f(x)$的定义域为 $x\in[0,1]$,求函数 $f(3x-1)$的定义域;

(3)若 $f(x)=2x+1$,求 $f(\sin x)$及 $f[f(x)]$;

(4)若 $f(x)=\ln(1+x)$,$f[\varphi(x)]=x$,求 $\varphi(x)$;

(5)判定函数 $f(x)=\lg x$ 的增减性;

(6)判定函数 $f(x)=\lg\frac{1-x}{1+x}$的奇偶性.

4. 求下列各题的解:

(1)设 $f(\ln x)=x^2(1+\ln^2 x)$,求 $f(x)$;

(2)设 $f(x)=ax^2+bx+c$(a,b,c 均为常数),计算 $f(x+3)-3f(x+2)+3f(x+1)-f(x)$的值;

(3)设 $g(x)=1+x$,且当 $x\neq0,1$ 时,$f[g(x)]=\frac{1-x}{x}$.求 $f(x)$;

(4)已知某个函数的图形由图所示,写出这个函数 $y=f(x)$的表达式.

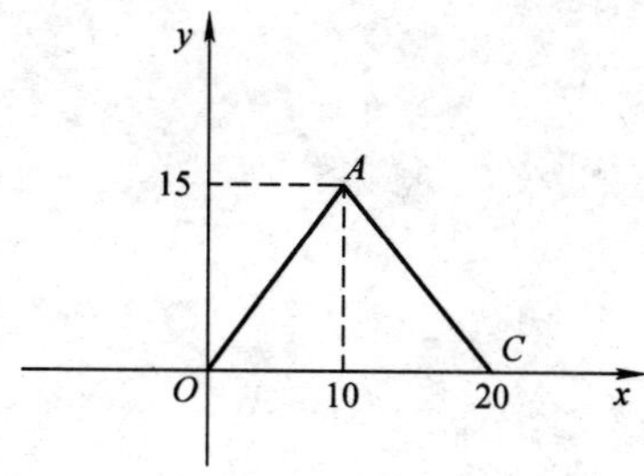

题 4(4)图

(5)设 $f(x)$ 对任意的 $x,y\in\mathbf{R}$,均有

$$f(xy)=f(x)f(y),$$

且 $f(0)\neq 0$,求 $f(x)$.

5. 在温度计上0℃(摄氏)对应于32℉(华氏),100℃对应于212℉,若摄氏温度 y 与华氏温度 x 之间的对应关系为 $y=kx+b$(k,b 为待定常数),求摄氏温度 y 与华氏温度 x 之间的函数表达式.

2

极限与连续

本章学习要点

1. 理解数列极限与函数极限的概念,知道函数左右极限的概念.

2. 知道数列极限及函数极限的一些基本性质(包括有界性、唯一性、同号性及函数极限与无穷小的关系).

3. 掌握极限运算的法则,知道极限存在的准则,会用两个重要极限、等价无穷小代换及变量代换求一些简单的极限.

4. 了解函数连续的概念,会讨论函数的连续性(即指出函数的连续区间,如有间断点,能确定其类型),知道闭区间上连续函数的性质.

5. 理解本章中的主要内容(包括例题),能独立完成本章中的习题.

2.1 数列的极限

极限方法是高等数学的基本方法,高等数学中的主要概念都是用极限来定义的.本章首先讨论数列极限的概念,再讨论函数的极限与函数的连续性.

2.1.1 数列

按照某一种规律排列成的无穷多个数,叫做无穷数列,简称为数列,记为 $u_1,u_2,\cdots,u_n,\cdots$ 或者 $\{u_n\}$.其中每一个数叫做数列的项,第 n 项 u_n 叫做数列的通项.

例 1.1 设 $u_n=2^n$,写出此数列.

解 $u_1=2^1=2,u_2=2^2=4,\cdots,$

$$u_{n-1}=2^{n-1},u_n=2^n,\cdots.$$

故此数列为

$$2,4,8,\cdots 2^{n-1},2^n,\cdots.$$

例 1.2 设数列的通项 $u_n=1-\frac{1}{n}$,写出此数列.

解 $u_1=1-\frac{1}{1}=0,u_2=1-\frac{1}{2}=\frac{1}{2},\cdots,$

$$u_{n-1}=1-\frac{1}{n-1}=\frac{n-2}{n-1},u_n=1-\frac{1}{n}=\frac{n-1}{n},\cdots.$$

故此数列为

$$0,\frac{1}{2},\frac{2}{3},\cdots\frac{n-2}{n-1},\frac{n-1}{n},\cdots.$$

例 1.3 设 $u_n=(-1)^{n-1}$,写出此数列.

解 $u_1=1,u_2=-1,\cdots,u_{n-1}=(-1)^{n-2},u_n=(-1)^{n-1},\cdots.$

故此数列为

$$1,-1,1,-1,\cdots,(-1)^{n-1},\cdots.$$

例 1.4 设 $u_n=(-1)^{n-1}\frac{1}{n}$,写出此数列.

解 $u_1=1,u_2=-\frac{1}{2},\cdots,u_n=(-1)^{n-1}\frac{1}{n},\cdots,$

故此数列为

$$1,-\frac{1}{2},\frac{1}{3},\cdots,(-1)^{n-1}\frac{1}{n},\cdots.$$

由于 n 与 u_n 之间存在着对应关系,可以把 u_n 视为正整数 n 的函数值,即

$$u_n=f(n),n=1,2,3\cdots.$$

通常称这个函数为整标函数,其定义域是全体正自然数,即 $n\in\mathbf{N}^+$.

2.1.2 数列的极限

当 n 无限增大时,数列 u_n 的变化趋势如何? 这是我们要研究的问题.

考察上面的 4 个例子,当 n 无限增大时,u_n 的变化趋势是不同的.在例 1.1 中,随着 n 的增大,$u_n=2^n$ 的数值越来越大,而且无限增大.在例 1.3 中的 $u_n=(-1)^{n-1}$,随着 n 的增大,u_n 的值交替地取 1 和 -1;在例 1.2 中,$u_n=1-\frac{1}{n}$,随着 n 的增大,u_n 的值趋近于 1;在例 1.4 中,$u_n=(-1)^{n-1}\frac{1}{n}$,随着 n 的增大,u_n 的值趋近于 0.

当 n 无限增大时,数列的通项 u_n 能够无限地接近某一个固定的常数 A,能否说 A 就是数列 u_n 的极限呢? 实际上,这种关于数列极限的描述是不严格的.

我们知道,点 A 的 ε 邻域 $N(A,\varepsilon)$ 是一个与点 A 的距离小于 ε 的点集.因此,若 $u_n\in N(A,\varepsilon)$,则点 u_n 与点 A 的距离必定小于 ε.我们可以用 $|u_n-A|<\varepsilon$ 这个不等式中

的 ε 来衡量点 u_n 与点 A 的接近程度：ε 越小，点 u_n 就越接近 A.如果对于任意给定的正数 ε，无论它多么的小，当 n 增大到一定的程度之后（当 n 大于某一个正整数 N 时），总有 $u_n \in N(A,\varepsilon)$.即 $|u_n - A| < \varepsilon$.这就可以对"n 无限增大"和"u_n 无限地接近 A"给出精确的定量的描述.于是可以得到数列 u_n 以 A 为极限的定义.

定义 1.1 对于数列 $\{u_n\}$ 及常数 A，若任给 $\varepsilon > 0$，总存在着正整数 N，当 $n > N$ 时，恒有

$$|u_n - A| < \varepsilon,$$

则称数列 $\{u_n\}$ 当 $n \to \infty$ 时，以 A 为极限，记为 $\lim\limits_{n\to\infty} u_n = A$，或者简记为 $u_n \to A(n \to \infty)$.

如果数列 $\{u_n\}$ 的极限是 A，则称数列 $\{u_n\}$ 收敛于 A；若数列 $\{u_n\}$ 没有极限，则称数列 $\{u_n\}$ 发散.

定义 1.1 中正数 ε 的任意性是很重要的，因为只有这样，不等式 $|u_n - A| < \varepsilon$ 才能表达出 u_n 与 A 无限接近的意思；同时，定义 1.1 中的正整数 N 与 ε 有关，一般说来，N 随正数 ε 的减小而增大.当然这样的 N 也是不唯一的.

应当说明，数列极限的定义 1.1，并没有直接给出求数列极限的方法，我们只能根据定义，用"$\varepsilon - N$"式的语言去验证给定的数列 $\{u_n\}(n \in \mathbf{N}^+)$ 是否以常数 A 为极限.关于数列极限的计算，则要等到学了函数极限的计算之后再讨论的问题.

例 1.5 证明 $\lim\limits_{n\to\infty} \dfrac{n+2}{n} = 1$.

证 任给 $\varepsilon > 0$，要使 $\left|\dfrac{n+2}{n} - 1\right| = \dfrac{2}{n} < \varepsilon$，只要 $n > \dfrac{2}{\varepsilon}$ 就可以了.

因此，任给 $\varepsilon > 0$，取 $N = \left[\dfrac{2}{\varepsilon}\right]$，则当 $n > N$ 时，恒有 $\left|\dfrac{n+2}{n} - 1\right| < \varepsilon$ 成立，故

$$\lim_{n\to\infty} \frac{n+2}{n} = 1.$$

类似例 1.5，我们可以证明：当 $|q| < 1$ 时，$\lim\limits_{n\to\infty} q^n = 0$.

2.1.3 数列极限的性质

定理 1.1 （唯一性）收敛数列的极限是唯一的.

证 用反证法.若 $\{u_n\}$ 收敛，且极限不唯一，有

$$\lim_{n\to\infty} u_n = A, \lim_{n\to\infty} u_n = B.$$

不妨设 $A < B$.由极限的定义知，对 $\varepsilon = \dfrac{B-A}{4} > 0$，存在 $N_1 > 0$，当 $n > N_1$ 时有

$$|u_n - A| < \frac{B-A}{4}; \tag{1.1}$$

存在 $N_2 > 0$，当 $n > N_2$ 时有

$$|u_n - B| < \frac{B-A}{4}. \tag{1.2}$$

取 $N = \max\{N_1, N_2\}$，则当 $n > N$ 时，式(1.1)与(1.2)都成立.于是有

$$B-A=B-u_n+u_n-A\leqslant|B-u_n|+|u_n-A|<\frac{B-A}{4}+\frac{B-A}{4}=\frac{B-A}{2}.$$

这是矛盾的,故原命题正确. 证毕.

定理 1.2 (有界性)若数列$\{u_n\}$收敛,则数列$\{u_n\}$有界.

证 设$\lim\limits_{n\to\infty}u_n=A$,则对 $\varepsilon=1$,必存在 $N>0$,当 $n>N$ 时,恒有

$$|u_n-A|<1.$$

于是,当 $n>N$ 时,

$$|u_n|=|u_n-A+A|\leqslant|u_n-A|+|A|<1+|A|.$$

取 $M=\max\{|u_1|,|u_2|,\cdots,|u_N|,1+|A|\}$,则有$|u_n|\leqslant M$ 对一切 $n=1,2,\cdots$都成立.

故数列$\{u_n\}$有界. 证毕.

根据定理 1.2 可知无界数列一定是发散的.但是有界数列,并不一定就收敛.读者可以从例 1.3 得出这个结论.

习题 2-1

1. 写出下列数列的前 4 项:

(1) $u_n=\dfrac{1}{10^n}$;　　(2) $u_n=\dfrac{1}{n}\cos\dfrac{\pi}{n}$;

(3) $u_n=\left(1+\dfrac{1}{n}\right)^n$;　　(4) $u_n=\dfrac{(-1)^n}{\sqrt{n^2+1}}$.

2. 观察下列数列的变化趋势,若有极限,写出其极限值:

(1) $u_n=\dfrac{n-1}{2n+1}$;　　(2) $u_n=\dfrac{1+(-1)^n}{n}$;

(3) $u_n=\dfrac{1+(-1)^n}{2}$;　　(4) $u_n=\dfrac{1}{2^n}$.

3. 根据数列极限的定义,试验证下列极限:

(1) $\lim\limits_{n\to\infty}\dfrac{1}{n^2}=0$;　　(2) $\lim\limits_{n\to\infty}\left(1-\dfrac{1}{3n}\right)=1$;

(3) $\lim\limits_{n\to\infty}\dfrac{\sin n}{n}=0$;　　(4) $\lim\limits_{n\to\infty}\left(1-\dfrac{1}{3^n}\right)=1$.

4. 举出两个有界而没有极限的数列的例子.

2.2 函数的极限

数列$\{u_n\}$的极限可以看作整标函数 $u_n=f(n)$当自变量按自然数的顺序无限增大时的极限.推广此概念,令自变量的变化是连续的,便得到函数 $f(x)$当 $x\to\infty$时的极限.

2.2.1 当 $x\to\infty$ 时函数 $f(x)$ 的极限

因为 x 可正可负,这种极限可以有几种不同的情况.

定义 2.1 设 $f(x)$ 在 $(M,+\infty)$（或 $(-\infty,-M)$）内有定义．任给 $\varepsilon>0$，若总存在 $N>0$，当 $x>N$（或 $x<-N$）时，恒有 $|f(x)-A|<\varepsilon$，则称 $f(x)$ 当 $x\to+\infty$（或 $x\to-\infty$）时，以常数 A 为极限．记为

$$\lim_{x\to+\infty}f(x)=A\left(\text{或}\lim_{x\to-\infty}f(x)=A\right).$$

$\lim\limits_{x\to+\infty}f(x)=A$ 也可以简记为 $f(x)\to A(x\to+\infty)$；同理 $\lim\limits_{x\to-\infty}f(x)=A$ 也可以简记为 $f(x)\to A(x\to-\infty)$．

定义 2.2 设 $f(x)$ 在 $|x|$ 充分大时有定义．若对任给的正数 $\varepsilon>0$，总存在 $N>0$，当 $|x|>N$ 时，恒有 $|f(x)-A|<\varepsilon$ 成立，则称 $f(x)$ 当 $x\to\infty$ 时，以常数 A 为极限．记为

$$\lim_{x\to\infty}f(x)=A,\text{或}f(x)\to A(x\to\infty).$$

由定义 2.1 和定义 2.2 容易得出下面的定理．

定理 2.1 $\lim\limits_{x\to\infty}f(x)=A$ 的充分必要条件是 $\lim\limits_{x\to+\infty}f(x)=\lim\limits_{x\to-\infty}f(x)=A$．

定理 2.1 的证明从略．

极限 $\lim\limits_{x\to\infty}f(x)=A$ 的几何意义如图 2-1 所示．

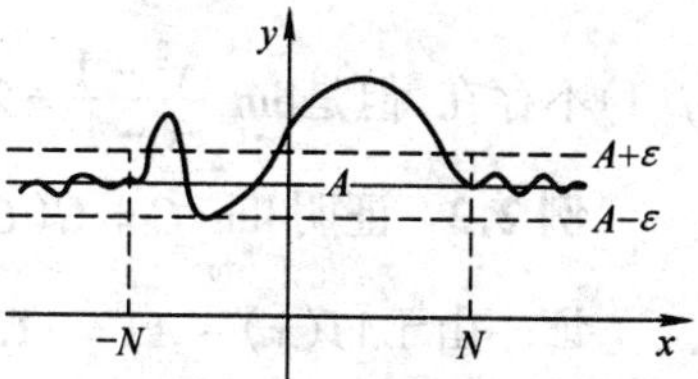

例 2.1 证明 $\lim\limits_{x\to\infty}\dfrac{2}{x}=0$．

证 任给 $\varepsilon>0$，要使 $\left|\dfrac{2}{x}-0\right|<\varepsilon$，只需 $|x|>\dfrac{2}{\varepsilon}$．如果取 $N=\dfrac{2}{\varepsilon}$，则当 $|x|>N$ 时，不等式 $\left|\dfrac{2}{x}-0\right|<\varepsilon$ 恒成立．由定义 2.2 知 $\lim\limits_{x\to\infty}\dfrac{2}{x}=0$．

图 2-1

2.2.2 当 $x\to x_0$ 时函数 $f(x)$ 的极限

对于函数 $y=f(x)$，除了研究 $x\to\infty$ 时的极限以外，还要研究 x 趋近于某一个常数 x_0 时，$f(x)$ 的变化趋势．

考查当 $x\to1$ 时函数 $f(x)=\dfrac{x^2-1}{x-1}$ 的变化趋势．由于当 $x=1$ 时，$f(x)$ 没有定义，而当 $x\neq1$ 时，$f(x)=\dfrac{x^2-1}{x-1}=x+1$．可知当 $x\to1(x\neq1)$ 时，$f(x)$ 无限地接近于 2．

仿照函数极限的定义 2.2，我们用"$\varepsilon—\delta$"语言给出函数极限的定义．

定义 2.3 设 $f(x)$ 在 $x\in N(\hat{x}_0,\delta)$ 内有定义，任给 $\varepsilon>0$，存在着 $\delta>0$，使得对一切满足 $0<|x-x_0|<\delta$ 的 x，恒有

$$|f(x)-A|<\varepsilon,$$

则称 $f(x)$ 当 $x\to x_0$ 时以常数 A 为极限．记为

$$\lim_{x\to x_0}f(x)=A,\text{或}f(x)\to A(x\to x_0).$$

定义 2.3 中的 $0<|x-x_0|<\delta$ 就是 $x\in(x_0-\delta,x_0)\cup(x_0,x_0+\delta)$，而 $|f(x)-A|<\varepsilon$ 即是 $f(x)\in(A-\varepsilon,A+\varepsilon)$．这样，定义 2.3 可以做如下几何解释：对 A 的任意一个 ε 邻

域$(A-\varepsilon,A+\varepsilon)$,若总存在 x_0 的一个去心 δ 邻域,使得对一切 $x\in(x_0-\delta,x_0)\cup(x_0,x_0+\delta)$,恒有 $f(x)\in(A-\varepsilon,A+\varepsilon)$,那么就有 $\lim\limits_{x\to x_0}f(x)=A$,如图 2-2 所示.

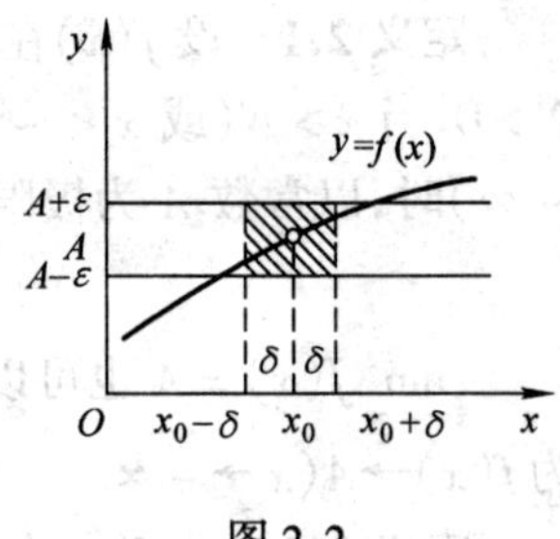

图 2-2

在极限的定义 2.3 中,ε 是预先给定的正数,由于 ε 的任意性,才能使$|f(x)-A|$要多小,就有多小,从而刻画出 $f(x)$在自变量变化的过程中($x\to x_0$)$f(x)$无限趋近于常数 A.

极限定义 2.3 中,强调了 $0<|x-x_0|<\delta$ 与$|f(x)-A|<\varepsilon$ 两个不等式的关系(通常称为 ε—δ 式的语言).一般说来 δ 总是依赖于 ε 的,ε 越小,δ 相应地也越小.只有体会了 ε 的任意性、ε 与 δ 的关系才能理解极限概念的实质.

必须指出的是函数 $f(x)$当 $x\to x_0$ 时的极限值 A 与函数值$f(x_0)$是两个不同的概念.函数值 $f(x_0)$不存在但极限 $\lim\limits_{x\to x_0}f(x)$可能存在.例如前面提到的函数 $f(x)=\dfrac{x^2-1}{x-1}$,$f(1)$不存在.但是$\lim\limits_{x\to 1}\dfrac{x^2-1}{x-1}=2$,即极限是存在的,在例 2.5 中将给出证明.

例 2.2 证明 $\lim\limits_{x\to x_0}C=C$($C$ 为常数).

证 由于$|f(x)-A|=|C-C|=0<\varepsilon$,对一切的 x 都成立,因此定义 2.3 中要求的 δ 可以取任意的正数.

任给 $\varepsilon>0$,对任意的 $\delta>0$,当 $0<|x-x_0|<\delta$ 时,恒有

$$|f(x)-A|=|C-C|=0<\varepsilon.$$

故

$$\lim_{x\to x_0}C=C.$$

例 2.3 证明 $\lim\limits_{x\to x_0}x=x_0$.

证 任给 $\varepsilon>0$,要使$|f(x)-A|=|x-x_0|<\varepsilon$.只需取 $\delta=\varepsilon$ 即可.故任给 $\varepsilon>0$,取 $\delta=\varepsilon$,当 $0<|x-x_0|<\delta$ 时,恒有

$$|f(x)-A|=|x-x_0|<\varepsilon,$$

因此

$$\lim_{x\to x_0}x=x_0.$$

例 2.4 证明 $\lim\limits_{x\to 2}(2x-1)=3$.

证 任给 $\varepsilon>0$,要使$|f(x)-A|=|(2x-1)-3|=2|x-2|<\varepsilon$,只需取 $\delta=\dfrac{\varepsilon}{2}$.故任给 $\varepsilon>0$,取 $\delta=\dfrac{\varepsilon}{2}$,当 $0<|x-2|<\delta$ 时,恒有

$$|f(x)-A|=|(2x-1)-3|<\varepsilon,$$

故

$$\lim_{x\to 2}(2x-1)=3.$$

例 2.5 证明$\lim\limits_{x\to 1}\dfrac{x^2-1}{x-1}=2$.

证 任给 $\varepsilon>0$,要使$|f(x)-A|=\left|\dfrac{x^2-1}{x-1}-2\right|=|x-1|<\varepsilon$.只需取 $\delta=\varepsilon$ 即可.故任给 $\varepsilon>0$,取 $\delta=\varepsilon$,当$0<|x-1|<\delta$时,恒有

$$|f(x)-A|=\left|\frac{x^2-1}{x-1}-2\right|=|x-1|<\delta=\varepsilon,$$

故

$$\lim_{x\to 1}\frac{x^2-1}{x-1}=2.$$

例 2.6 证明$|x|\geqslant|\sin x|$.

证 考虑圆心角为 x,半径为 R 的圆扇形 AOB,如图 2-3 所示.把圆扇形 AOB 的面积记为 $S_{扇AOB}$,$\triangle AOB$ 的面积记为 $S_{\triangle AOB}$,由于

$$S_{扇AOB}\geqslant S_{\triangle AOB}\geqslant 0,$$

有

$$\frac{1}{2}R^2x\geqslant\frac{1}{2}R^2\sin x\geqslant 0$$

即

$$x\geqslant\sin x\geqslant 0.$$

故

$$|x|\geqslant|\sin x|.$$

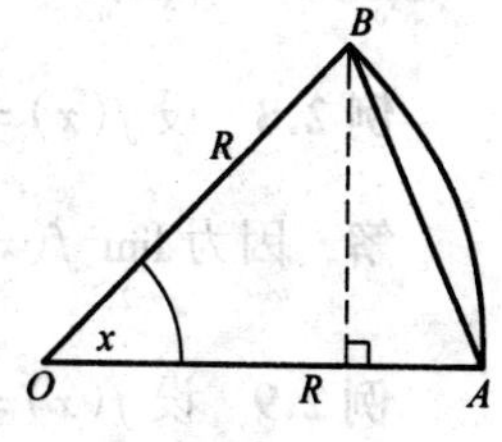

图 2-3

例 2.7 证明$\lim\limits_{x\to x_0}\cos x=\cos x_0$.

证 任给 $\varepsilon>0$,要使

$$\begin{aligned}|f(x)-A|=|\cos x-\cos x_0|&=\left|-2\sin\frac{x+x_0}{2}\sin\frac{x-x_0}{2}\right|\\&=2\left|\sin\frac{x+x_0}{2}\right|\cdot\left|\sin\frac{x-x_0}{2}\right|\leqslant 2\left|\sin\frac{x-x_0}{2}\right|\\&\leqslant 2\left|\frac{x-x_0}{2}\right|=|x-x_0|<\varepsilon,\end{aligned}$$

只需取 $\delta=\varepsilon$.故任给 $\varepsilon>0$,取 $\delta=\varepsilon$.当$0<|x-x_0|<\delta$时,恒有

$$|\cos x-\cos x_0|<\varepsilon.$$

即

$$\lim_{x\to x_0}\cos x=\cos x_0.$$

类似地,可以证明$\lim\limits_{x\to x_0}\sin x=\sin x_0$.

有些实际问题只需要考虑从 x_0 的一侧趋于 x_0 时,$f(x)$的变化趋势.这就需要引入函数的左极限和右极限的概念.

定义 2.4 若任给 $\varepsilon>0$,总存在 $\delta>0$,对一切满足 $0<x-x_0<\delta$ 的 x,恒有 $|f(x)-A|<\varepsilon$,则称常数 A 为 $f(x)$ 在点 x_0 处的右极限.记为 $\lim\limits_{x\to x_0^+}f(x)=A$ 或 $f(x_0+0)=A$.

定义 2.5 若任给 $\varepsilon>0$,总存在 $\delta>0$,使一切满足 $0<x_0-x<\delta$ 的 x,恒有 $|f(x)-A|<\varepsilon$,则称常数 A 为 $f(x)$ 在点 x_0 处的左极限.记为 $\lim\limits_{x\to x_0^-}f(x)=A$ 或 $f(x_0-0)=A$.

用定义 2.4 和定义 2.5 容易证明下面的定理.

定理 2.2 函数 $f(x)$ 当 $x\to x_0$ 时,极限存在的充分必要条件是 $f(x)$ 在点 x_0 处的左、右极限存在且相等.即 $\lim\limits_{x\to x_0}f(x)=A$ 的充分必要条件是

$$f(x_0-0)=f(x_0+0)=A.$$

定理 2.2 的证明从略.

定理 2.2 说明:$\lim\limits_{x\to x_0}f(x)=A$ 的充分必要条件是 $\lim\limits_{x\to x_0^-}f(x)=\lim\limits_{x\to x_0^+}f(x)=A$.显然,当 $\lim\limits_{x\to x_0^-}f(x)\neq\lim\limits_{x\to x_0^+}f(x)$时,$\lim\limits_{x\to x_0}f(x)$不存在.

例 2.8 设 $f(x)=\begin{cases}2x-1, & x\geqslant 2,\\ 3, & x<2.\end{cases}$ 判定 $f(x)$在点 $x=2$ 处极限是否存在.

解 因为 $\lim\limits_{x\to 2^-}f(x)=3$, $\lim\limits_{x\to 2^+}f(x)=3$.所以由定理 2.2 知$\lim\limits_{x\to 2}f(x)=3$.

例 2.9 设 $f(x)=\begin{cases}x, & x\geqslant 1,\\ 2, & x<1.\end{cases}$ 判定 $f(x)$在点 $x=1$ 处的极限是否存在.

解 因为 $\lim\limits_{x\to 1^-}f(x)=2$, $\lim\limits_{x\to 1^+}f(x)=1$,知 $\lim\limits_{x\to 1^-}f(x)\neq\lim\limits_{x\to 1^+}f(x)$,所以由定理 2.2 可知,$\lim\limits_{x\to 1}f(x)$不存在.

2.2.3 函数极限的性质

函数的极限是函数的局部性质,它与数列的极限有相似的性质.

定理 2.3 (唯一性)如果函数的极限存在,则极限值是唯一的.

定理 2.3 的证明从略.

定理 2.4 (局部有界性)若 $\lim\limits_{x\to x_0}f(x)=A$,则存在 $\delta>0$,及 $M>0$,对一切满足 $0<|x-x_0|<\delta$ 的 x,均有 $|f(x)|\leqslant M$.

定理 2.4 的证明从略.

类似地,若 $\lim\limits_{x\to\infty}f(x)=A$,则存在 $N>0$ 及 $M>0$,对一切满足 $|x|>N$ 的 x,均有

$$|f(x)|\leqslant M.$$

定理 2.5 (局部保号性)若 $\lim\limits_{x\to x_0}f(x)=A>0$(或 $A<0$),则存在 $\delta>0$,对一切满足 $0<|x-x_0|<\delta$ 的 x,均有 $f(x)>0$(或 $f(x)<0$).

证 我们仅证 $A>0$ 的情形.由于

$$\lim_{x\to x_0}f(x)=A>0.$$

对 $\varepsilon = A$,必存在 $\delta>0$,当 $0<|x-x_0|<\delta$ 时,恒有

$$|f(x)-A|<\varepsilon = A.$$

即

$$-A<f(x)-A<A,$$

有

$$0<f(x)<2A.$$

证毕.

对 $A<0$ 的情形,同理可证.

推论 1 若 $\lim\limits_{x\to\infty} f(x)=A>0$(或 $A<0$),则存在 $N>0$,当 $|x|>N$ 时,$f(x)>0$(或 $f(x)<0$).

推论 2 若 $f(x)\geqslant 0$(或 $f(x)\leqslant 0$),且 $\lim\limits_{\substack{x\to x_0\\(\text{或}x\to\infty)}} f(x)=A$,则 $A\geqslant 0$(或 $A\leqslant 0$).

应当指出的是,当推论 2 的条件改为 $f(x)>0$(或 $f(x)<0$),且 $\lim\limits_{\substack{x\to x_0\\(\text{或}x\to\infty)}} f(x)=A$,也只能得到 $A\geqslant 0$(或 $A\leqslant 0$)的结论.而不是得到 $A>0$(或 $A<0$)的结论.

2.2.4 无穷小量与无穷大量

从现在开始,我们用未标明自变量变化过程的极限符号“lim”表示定理或运算对任一种极限过程($x\to x_0$ 或 $x\to\infty$)都成立.

1. 无穷大量

在 $\lim f(x)$不存在的各种情况下,有一种情况较有规律,就是当 $x\to x_0$(或 $x\to\infty$)时,对应的函数的绝对值$|f(x)|$无限增大,此时称 $f(x)$为无穷大量.

定义 2.6 任给 $M>0$(无论它多么大),若总存在 $\delta>0$(或 $N>0$),当 $0<|x-x_0|<\delta$(或$|x|>N$)时,恒有$|f(x)|>M$ 成立,则称 $f(x)$当 $x\to x_0$(或 $x\to\infty$)时是无穷大量,简称为无穷大.记为 $\lim f(x)=\infty$.

若用 $f(x)>M$(或 $f(x)<-M$)替换上述定义中的$|f(x)|>M$,则称 $f(x)$为正(或负)无穷大,记为 $\lim f(x)=+\infty$(或 $\lim f(x)=-\infty$).

例 2.10 证明$\lim\limits_{x\to 1}\dfrac{1}{x-1}=\infty$.

证 任给 $M>0$,要使$\left|\dfrac{1}{x-1}\right|>M$,即$|x-1|<\dfrac{1}{M}$,只要取 $\delta=\dfrac{1}{M}$,则当 $0<|x-1|<\delta$ 时,$\left|\dfrac{1}{x-1}\right|>M$ 恒成立.由定义 2.6,$\lim\limits_{x\to 1}\dfrac{1}{x-1}=\infty$.

应该注意,无穷大量是无界量,但其逆命题不成立,例如数列$\{u_n\}$定义为:1,0,2,0,3,0,…,当 $n\to\infty$ 时是无界量,但 u_n 不是无穷大.

2. 无穷小量

定义 2.7 若 $\lim f(x)=0$,则称 $f(x)$是该极限过程中的无穷小量,简称为无穷小.

例如,因为$\lim\limits_{x\to 2}(x-2)=0$,所以函数 $x-2$ 当 $x\to 2$ 时是无穷小;因为 $\lim\limits_{x\to\infty}\dfrac{1}{x^2}=0$,所

以函数$\frac{1}{x^2}$当$x\to\infty$时是无穷小.

在略去自变量变化趋势的情况下,无穷小常用$\alpha(x)$,$\beta(x)$或α,β来表示.在自变量同一变化过程中,无穷小与函数极限的关系由下面的定理2.6揭示.

定理2.6 $\lim\limits_{\substack{x\to x_0\\(\text{或}x\to\infty)}} f(x)=A$的充分必要条件是$f(x)=A+\alpha(x)$,其中$\lim\limits_{\substack{x\to x_0\\(\text{或}x\to\infty)}}\alpha(x)=0$.

证 仅证$x\to x_0$的情况.

若$\lim\limits_{x\to x_0} f(x)=A$,则对任给$\varepsilon>0$,总存在$\delta>0$,当$0<|x-x_0|<\delta$时,恒有$|f(x)-A|<\varepsilon$,由定义2.7知$f(x)-A$是无穷小,记$f(x)-A=\alpha(x)$,即$f(x)=A+\alpha(x)$.

反之,设$f(x)=A+\alpha(x)$,其中A是常数,由$\lim\limits_{x\to x_0}\alpha(x)=0$,则有$|f(x)-A|=|\alpha(x)|$,可知任给$\varepsilon>0$,必存在$\delta>0$,当$0<|x-x_0|<\delta$时,有$|\alpha(x)|=|f(x)-A|<\varepsilon$.这就证明了$\lim\limits_{x\to x_0} f(x)=A$. 证毕.

3. 无穷大量与无穷小量的关系

定理2.7 在某一极限过程中,若$f(x)$为无穷大,则其倒数$\frac{1}{f(x)}$为无穷小;反之,若$f(x)$为无穷小,且$f(x)\neq 0$,则$\frac{1}{f(x)}$为无穷大.

证 仅对$x\to x_0$的情形证明,设$\lim\limits_{x\to x_0} f(x)=\infty$,则任给$\varepsilon>0$,取$M=\frac{1}{\varepsilon}>0$,必存在$\delta>0$,当$0<|x-x_0|<\delta$时,有$|f(x)|>M$,即$\left|\frac{1}{f(x)}\right|<\frac{1}{M}=\varepsilon$,故当$x\to x_0$时$\frac{1}{f(x)}$为无穷小.

反之,若$\lim\limits_{x\to x_0} f(x)=0$,且$f(x)\neq 0$,则任给$M>0$,对$\varepsilon=\frac{1}{M}>0$.存在$\delta>0$,当$0<|x-x_0|<\delta$时,有$|f(x)|<\varepsilon=\frac{1}{M}$,由于$f(x)\neq 0$,从而有$\left|\frac{1}{f(x)}\right|>M$,可知当$x\to x_0$时$\frac{1}{f(x)}$为无穷大. 证毕.

定理2.7说明,当$x\to\infty$时,函数x^2是无穷大,则当$x\to\infty$时,函数$\frac{1}{x^2}$为无穷小;当$x\to 2$时,函数$\frac{1}{x-2}$为无穷大,则当$x\to 2$时,函数$x-2$为无穷小.

2.2.5 数列极限与函数极限的关系

定理2.8* 海涅(Heine)定理 $\lim\limits_{\substack{x\to x_0\\(x\to\infty)}} f(x)=A$的充分必要条件是:对任意数列$\{x_n\}$,当$x_n\to x_0$(或$x_n\to\infty$),且$x_n\neq x_0$时都有$\lim\limits_{n\to\infty} f(x_n)=A$.

定理2.8的证明从略.

定理 2.8 揭示了函数极限与数列极限的关系.根据这个定理,当函数极限存在时,求对应的数列的极限可归结为求函数的极限;也可以利用对应数列极限不存在或不相等来证明函数极限不存在.

例 2.10 证明 $\lim\limits_{x\to\infty}\sin x$ 不存在.

证 取数列 $x_n=n\pi$, $n\to\infty$ 时 $x_n\to+\infty$,这时 $\lim\limits_{n\to\infty}\sin x_n=\lim\limits_{n\to\infty}\sin n\pi=0$.

再取数列 $x'_n=\left(2n+\dfrac{1}{2}\right)\pi$, $n\to\infty$ 时, $x'_n\to+\infty$,这时

$$\lim_{n\to\infty}\sin x'_n=\lim_{n\to\infty}\sin\left[\left(2n+\frac{1}{2}\right)\pi\right]=1.$$

由海涅定理可知 $\lim\limits_{x\to+\infty}\sin x$ 不存在.

习题 2-2

1. 用极限定义证明:

(1) $\lim\limits_{x\to3}(3x-4)=5$; (2) $\lim\limits_{x\to-2}\dfrac{x^2-4}{x+2}=-4$;

(3) $\lim\limits_{x\to+\infty}\dfrac{1}{x^2}=0$; (4) $\lim\limits_{x\to+\infty}2^{-x}=0$.

2. 设 $f(x)=\begin{cases}x+4, x<1,\\ 2x-1, x\geqslant1,\end{cases}$ 求 $\lim\limits_{x\to1^-}f(x)$ 及 $\lim\limits_{x\to1^+}f(x)$,问 $\lim\limits_{x\to1}f(x)$ 是否存在?

3. 设 $f(x)=\begin{cases}x^2, 0<x\leqslant1,\\ 1, 1<x<2,\end{cases}$ 问 $\lim\limits_{x\to1}f(x)$ 是否存在?

4. 证明 $\lim\limits_{x\to0}\dfrac{1+x}{x}=\infty$.

5. 根据函数图形写出下列各题的极限值:

(1) $\lim\limits_{x\to0}3^x=$________; (2) $\lim\limits_{x\to0^+}\dfrac{1}{3x}=$________;

(3) $\lim\limits_{x\to0^-}e^{\frac{1}{x}}=$________; (4) $\lim\limits_{x\to+\infty}\arctan x=$________;

(5) $\lim\limits_{x\to-\infty}\arctan x=$________; (6) $\lim\limits_{x\to0^+}\ln x=$________.

6. 指出下列哪些是无穷大量,哪些是无穷小量:

(1) $f(x)=\dfrac{x^3}{x+2}$,当 $x\to0$ 时; (2) $f(x)=\dfrac{2}{x-1}$,当 $x\to1$ 时;

(3) $f(x)=e^{\frac{1}{x}}$,当 $x\to0^+$ 时.

7. 举出一个例子:当 $f(x)>0$ 时,有 $\lim\limits_{x\to x_0}f(x)=0$.

8.* 仿照极限定义的"ε—δ"式的语言,叙述 $\lim\limits_{x\to x_0^+}f(x)=-\infty$.

9.* 证明$\lim\limits_{x \to x_0} f(x) = A$的充分必要条件是$\lim\limits_{x \to x_0^-} f(x) = \lim\limits_{x \to x_0^+} f(x) = A$.

2.3 极限的运算法则

2.3.1 无穷小的运算法则

定理 3.1 有限个无穷小的和是无穷小.

证 设$\lim \alpha(x) = 0, \lim \beta(x) = 0$.我们只需证明$\lim [\alpha(x) + \beta(x)] = 0$.

这里,仅对$x \to x_0$的情况给出证明,其他情形留给读者自己练习.

由$\lim\limits_{x \to x_0} \alpha(x) = 0$,知任给$\varepsilon > 0$,必存在$\delta_1 > 0$,当$0 < |x - x_0| < \delta_1$时,有

$$|\alpha(x)| < \frac{\varepsilon}{2}. \tag{3.1}$$

又由$\lim\limits_{x \to x_0} \beta(x) = 0$,对上述的$\varepsilon > 0$,必存在$\delta_2 > 0$,当$0 < |x - x_0| < \delta_2$时,有

$$|\beta(x)| < \frac{\varepsilon}{2}. \tag{3.2}$$

取$\delta = \min\{\delta_1, \delta_2\}$,当$0 < |x - x_0| < \delta$时,(3.1)与(3.2)两式同时成立,即

$$\begin{aligned} |\alpha(x) + \beta(x)| &\leqslant |\alpha(x)| + |\beta(x)| \\ &< \frac{\varepsilon}{2} + \frac{\varepsilon}{2} = \varepsilon. \end{aligned}$$

由无穷小的定义,知

$$\lim_{x \to x_0} [\alpha(x) + \beta(x)] = 0.$$

证毕.

定理 3.2 无穷小乘有界变量还是无穷小.

证 我们仅证$x \to \infty$的情况,对$x \to x_0$的情况,类似可证.

设$f(x)$当$x \to \infty$时为有界变量,即存在$M > 0$和$N_1 > 0$,当$|x| > N_1$时,恒有

$$|f(x)| \leqslant M.$$

因为$\lim\limits_{x \to \infty} \alpha(x) = 0$,所以任给$\varepsilon > 0$,必存在$N_2 > 0$.当$|x| > N_2$时,恒有

$$|\alpha(x)| < \frac{\varepsilon}{M}.$$

取$N = \max\{N_1, N_2\}$,则当$|x| > N$时,有

$$|\alpha(x) f(x)| = |\alpha(x)| |f(x)| < \frac{\varepsilon}{M} \cdot M = \varepsilon.$$

这说明当$x \to \infty$时,$\alpha(x) f(x)$是无穷小.

证毕.

推论 1 有限个无穷小之积,还是无穷小.

推论 2 常量乘无穷小,还是无穷小.

定理 3.3 若$\lim \alpha(x) = 0, \lim f(x) = A \neq 0$,则

$$\lim \frac{\alpha(x)}{f(x)} = 0.$$

证 只需证$\frac{1}{f(x)}$为该极限过程中的有界变量,再用定理3.2的结论即可.

设$\lim\limits_{x\to x_0} f(x)=A\neq 0$,则对$\varepsilon=\frac{|A|}{2}>0$,当$0<|x-x_0|<\delta$,有

$$||f(x)|-|A||\leqslant|f(x)-A|<\frac{|A|}{2},$$

即
$$\frac{|A|}{2}<|f(x)|<\frac{3|A|}{2}.$$

故
$$\left|\frac{1}{f(x)}\right|<\frac{2}{|A|}=M.$$

这说明,当$x\to x_0$时$\frac{1}{f(x)}$为有界量. 证毕.

2.3.2 极限的四则运算法则

根据上一节无穷小与函数极限的关系,以及无穷小的运算法则,可以得到函数极限的运算法则.

定理3.4 若$\lim f(x)=A$,$\lim g(x)=B$,则

(1)$\lim[f(x)\pm g(x)]=A\pm B=\lim f(x)\pm\lim g(x)$;

(2)$\lim[f(x)g(x)]=A\cdot B=[\lim f(x)]\cdot[\lim g(x)]$;

(3)当$B\neq 0$,有$\lim\frac{f(x)}{g(x)}=\frac{A}{B}=\frac{\lim f(x)}{\lim g(x)}$.

证 这里仅证(2)、(3),把(1)留给读者证明.由定理2.6:$f(x)=A+\alpha(x)$,$g(x)=B+\beta(x)$,这里,$\lim\alpha(x)=\lim\beta(x)=0$.故有

$$\begin{aligned}f(x)g(x)&=[A+\alpha(x)][B+\beta(x)]\\&=AB+B\alpha(x)+A\beta(x)+\alpha(x)\beta(x).\end{aligned}$$

显然

$$\lim[f(x)g(x)]=AB.$$

同理,对(3),只需证$\frac{f(x)}{g(x)}-\frac{A}{B}$是无穷小量就可以了.

$$\frac{f(x)}{g(x)}-\frac{A}{B}=\frac{A+\alpha(x)}{B+\beta(x)}-\frac{A}{B}=\frac{B\alpha(x)-A\beta(x)}{B[B+\beta(x)]}\to 0(\text{因 }B\neq 0).$$ 证毕.

推论3 若k为常数,并且$\lim f(x)$存在,则

$$\lim[kf(x)]=k\lim f(x).$$

推论4 若n是自然数,并且$\lim f(x)$存在,则

$$\lim[f(x)]^n=[\lim f(x)]^n.$$

例3.1 求极限$\lim\limits_{x\to 1}(2x+3)$.

解 $\lim\limits_{x\to 1}(2x+3)=\lim\limits_{x\to 1}(2x)+\lim\limits_{x\to 1}3=2\lim\limits_{x\to 1}x+3$
$=2+3=5.$

例3.2 若$f(x)=a_0x^n+a_1x^{n-1}+\cdots+a_{n-1}x+a_n$,求$\lim\limits_{x\to x_0}f(x)$.

解

$$\begin{aligned}\lim_{x\to x_0} f(x) &= \lim_{x\to x_0}(a_0x^n)+\lim_{x\to x_0}(a_1x^{n-1})+\cdots+\lim_{x\to x_0}(a_{n-1}x)+\lim_{x\to x_0}a_n\\&=a_0(\lim_{x\to x_0}x)^n+a_1(\lim_{x\to x_0}x)^{n-1}+\cdots+a_{n-1}\lim_{x\to x_0}x+a_n\\&=a_0x_0^n+a_1x_0^{n-1}+\cdots+a_{n-1}x_0+a_n\\&=f(x_0).\end{aligned}$$

此例说明:求多项式当 $x\to x_0$ 的极限时,只需用 x_0 代替函数中的 x 就行了.例如

$$\lim_{x\to 1}(2x^2+1)=2\times 1^2+1=3.$$

例 3.3 设 $F(x)=\dfrac{P(x)}{Q(x)}$,这里 $P(x)$、$Q(x)$都是多项式,求 $\lim\limits_{x\to x_0}F(x)$.

解 由例 3.2 知:$\lim\limits_{x\to x_0}P(x)=P(x_0)$,$\lim\limits_{x\to x_0}Q(x)=Q(x_0)$.

(1)当 $Q(x_0)\neq 0$,由极限除法运算法则:

$$\lim_{x\to x_0}F(x)=\frac{P(x_0)}{Q(x_0)}=F(x_0).$$

(2)当 $Q(x_0)=0$ 但 $P(x_0)\neq 0$,则 $\lim\limits_{x\to x_0}F(x)=\infty$.

(3)当 $Q(x_0)=P(x_0)=0$,则分子、分母约去$(x-x_0)^k$ 的公因式,化成情况(1)或(2).这里,约分能进行是因为 $x\to x_0$ 时,$x\neq x_0$,故 $x-x_0\neq 0$.

如

$$\lim_{x\to 2}\frac{x^2-1+x}{x-1}=5;\lim_{x\to 1}\frac{x^2-1+x}{x-1}=\infty;$$

$$\lim_{x\to 1}\frac{x^2-1}{x-1}=\lim_{x\to 1}\frac{x+1}{1}=2.$$

例 3.4 求 $\lim\limits_{x\to\infty}F(x)=\lim\limits_{x\to\infty}\dfrac{a_0x^n+a_1x^{n-1}+\cdots+a_{n-1}x+a_n}{b_0x^m+b_1x^{m-1}+\cdots+b_{m-1}x+b_m}$(这里 $a_0b_0\neq 0$,m,n 为自然数).

解
$$\lim_{x\to\infty}F(x)=\lim_{x\to\infty}x^{n-m}\frac{a_0+\dfrac{a_1}{x}+\cdots+\dfrac{a_n}{x^n}}{b_0+\dfrac{b_1}{x}+\cdots+\dfrac{b_m}{x^m}}=\frac{a_0}{b_0}\lim_{x\to\infty}x^{n-m}$$

$$=\begin{cases}\dfrac{a_0}{b_0}, & 当\ m=n,\\ 0, & 当\ m>n,\\ \infty, & 当\ m<n.\end{cases}$$

有了这个结果,很多类似的极限可以直接写出结果来.例如:

$$\lim_{x\to\infty}\frac{x^3-2x+5}{4x^3+5x^2+1}=\frac{1}{4};\lim_{x\to\infty}\frac{x^3-2x+4}{x+1}=\infty;$$

$$\lim_{x\to\infty}\frac{x^2+2x-1}{x^4-x^3+x}=0.$$

例 3.5 求极限$\lim\limits_{x\to1}\left(\dfrac{1}{1-x}-\dfrac{3}{1-x^3}\right)$.

解 当 $x\to1$ 时$\dfrac{1}{1-x}$和$\dfrac{3}{1-x^3}$的极限都不存在,因此不能直接用极限的四则运算法则.因为 $x\neq1$,可将函数恒等变形得

$$\frac{1}{1-x}-\frac{3}{1-x^3}=\frac{1+x+x^2-3}{1-x^3}=\frac{(x+2)(x-1)}{1-x^3}$$

$$=-\frac{x+2}{x^2+x+1},$$

所以

$$\lim_{x\to1}\left(\frac{1}{1-x}-\frac{3}{1-x^3}\right)=\lim_{x\to1}\frac{-(x+2)}{x^2+x+1}=-1.$$

例 3.6 求极限$\lim\limits_{x\to0}\dfrac{\sqrt{1+2x}-1}{x}$.

解 $\lim\limits_{x\to0}\dfrac{\sqrt{1+2x}-1}{x}=\lim\limits_{x\to\infty}\dfrac{(\sqrt{1+2x})^2-1^2}{x(\sqrt{1+2x}+1)}$

$=\lim\limits_{x\to0}\dfrac{2}{\sqrt{1+2x}+1}=1.$

例 3.7 求极限 $\lim\limits_{x\to+\infty}(\sqrt{x^2+x}-\sqrt{x^2+1})$.

解 $\lim\limits_{x\to+\infty}(\sqrt{x^2+x}-\sqrt{x^2+1})$

$=\lim\limits_{x\to+\infty}\dfrac{x-1}{\sqrt{x^2+x}+\sqrt{x^2+1}}$

$=\lim\limits_{x\to+\infty}\dfrac{1-\dfrac{1}{x}}{\sqrt{1+\dfrac{1}{x}}+\sqrt{1+\dfrac{1}{x^2}}}=\dfrac{1}{2}.$

例 3.8 求$\lim\limits_{x\to\infty}\dfrac{\sin x}{x}$.

解 当 $x\to\infty$ 时,分子分母的极限都不存在.所以不能用商的极限运算法则.因为$\lim\limits_{x\to\infty}\dfrac{1}{x}=0$,而 $\sin x$ 是有界函数,根据定理 3.2 有

$$\lim_{x\to\infty}\frac{\sin x}{x}=\lim_{x\to\infty}\left(\frac{1}{x}\sin x\right)=0.$$

注意:当 $x\to\infty$ 时 $\sin x$ 的极限不存在,因此本题也不能用乘积的极限运算法则来解.

除了极限的运算法则之外,在极限的计算中,变量代换也是极限计算的重要方法之一.

例 3.9 求$\lim\limits_{x\to0}\dfrac{\sqrt[4]{1+x}-1}{\sqrt[3]{1+x}-1}$.

解　令$\sqrt[12]{1+x}=t$,则当$x\to 0$时,有$t\to 1$.于是

$$\lim_{x\to 0}\frac{\sqrt[4]{1+x}-1}{\sqrt[3]{1+x}-1}\xlongequal{\sqrt[12]{1+x}=t}\lim_{t\to 1}\frac{t^3-1}{t^4-1}=\lim_{t\to 1}\frac{t^2+t+1}{(t+1)(t^2+1)}$$

$$=\frac{3}{4}.$$

习题　2-3

1. 若$\lim\limits_{x\to x_0}f(x)$存在,$\lim\limits_{x\to x_0}g(x)$不存在.问$\lim\limits_{x\to x_0}[f(x)\cdot g(x)]$是否存在?举例说明.

2. 若$\lim\limits_{x\to x_0}f(x)$、$\lim\limits_{x\to x_0}g(x)$均不存在,问$\lim\limits_{x\to x_0}[f(x)+g(x)]$是否存在?举例说明.

3. 求下列各极限:

(1)$\lim\limits_{x\to 1}(x^2-2x+3)$;　　(2)$\lim\limits_{x\to 2}\dfrac{x^2+4}{3-x}$;

(3)$\lim\limits_{x\to -1}\dfrac{x^2+2x+5}{x^2+1}$;　　(4)$\lim\limits_{x\to\infty}\dfrac{3x^3+2x^2+1}{x^3-x+2}$;

(5)$\lim\limits_{x\to\infty}\dfrac{x^2+2x}{x^3-3x+2}$;　　(6)$\lim\limits_{x\to\infty}\dfrac{x^4+x^3-1}{x^3+2x^2+1}$.

4. 求下列极限:

(1)$\lim\limits_{x\to\infty}x^2\left(\dfrac{1}{x-1}-\dfrac{1}{x+1}\right)$;　　(2)$\lim\limits_{x\to 1}\dfrac{\sqrt[3]{x}-1}{x-1}$;

(3)$\lim\limits_{h\to 0}\dfrac{(x+h)^2-x^2}{h}$;　　(4)$\lim\limits_{h\to 0}\dfrac{\sqrt{x+h}-\sqrt{x}}{h}$.

5. 计算下列极限:

(1)$\lim\limits_{x\to\infty}\dfrac{x+\sin x}{x-\sin x}$;　　(2)$\lim\limits_{x\to\infty}(\sqrt{x^2+x}-\sqrt{x^2-x})$;

(3)$\lim\limits_{x\to+\infty}\dfrac{\sqrt{x^2+1}}{3x+1}$;　　(4)$\lim\limits_{x\to+\infty}\mathrm{e}^{-x}\sin x$.

6.* 求下列数列的极限:

(1)$\lim\limits_{n\to\infty}\dfrac{2^n+3^n}{2^{n+1}+3^{n+1}}$;　　(2)$\lim\limits_{n\to\infty}\left(\dfrac{1+2+\cdots+n}{n^2}\right)$;

(3)$\lim\limits_{n\to\infty}\left[\dfrac{1}{1\times 2}+\dfrac{1}{2\times 3}+\cdots+\dfrac{1}{n(n+1)}\right]$.

2.4　极限的存在准则　两个重要极限

本节给出判定极限存在的两个准则:夹挤准则及单调有界准则,并且讨论两个重要的极限.

2.4.1 极限存在的两个准则

定理 4.1 (夹挤准则)若函数 $f(x)$在 $x\in N(\hat{x}_0,\delta)$内(或$|x|>N$时)满足不等式:

$$G(x)\leqslant f(x)\leqslant F(x),$$

且

$$\lim_{\substack{x\to x_0\\(x\to\infty)}} G(x)=\lim_{\substack{x\to x_0\\(x\to\infty)}} F(x)=A,$$

则有

$$\lim_{\substack{x\to x_0\\(x\to\infty)}} f(x)=A.$$

证 仅证 $x\to x_0$ 的情形.

由于$\lim\limits_{x\to x_0} G(x)=\lim\limits_{x\to x_0} F(x)=A$,

故任给 $\varepsilon>0$,必存在 $\delta_1>0$,当$0<|x-x_0|<\delta_1$ 时,恒有

$$|G(x)-A|<\varepsilon;$$

也必存在 $\delta_2>0$,当$0<|x-x_0|<\delta_2$ 时,恒有

$$|F(x)-A|<\varepsilon.$$

取 $\delta=\min\{\delta_1,\delta_2\}$,则当$0<|x-x_0|<\delta$ 时,$|G(x)-A|<\varepsilon$,$|F(x)-A|<\varepsilon$ 同时成立,即

$$A-\varepsilon<G(x)<A+\varepsilon,A-\varepsilon<F(x)<A+\varepsilon.$$

于是有

$$A-\varepsilon<G(x)\leqslant f(x)\leqslant F(x)<A+\varepsilon.$$

即当$0<|x-x_0|<\delta$ 时,恒有$|f(x)-A|<\varepsilon$.故

$$\lim_{x\to x_0} f(x)=A.$$ 证毕.

应当指出的是:夹挤准则中的条件 $G(x)\leqslant f(x)\leqslant F(x)$,改为严格的不等式 $G(x)<f(x)<F(x)$时结论仍然成立.

定理 4.2 (单调有界准则)单调增加有上界的数列必有极限;单调减少有下界的数列必有极限.

定理 4.2 的证明从略.

定理 4.2 说明单调有界的数列必有极限.

2.4.2 两个重要的极限

1. $\lim\limits_{x\to 0}\dfrac{\sin x}{x}=1$

我们先证明:$\lim\limits_{x\to 0^+}\dfrac{\sin x}{x}=1$.考虑如图 2-4 所示的单位圆 O,若把$\triangle BOC$、$\triangle AOT$ 的面积分别记为$S_{\triangle BOC}$、$S_{\triangle AOT}$.扇形 AOB 的面积记为$S_{扇AOB}$.由 $S_{\triangle BOC}<S_{扇AOB}<S_{\triangle AOT}$,有

$$\frac{1}{2}\sin x\cos x<\frac{1}{2}x\cdot 1^2<\frac{1}{2}\tan x\cdot 1$$

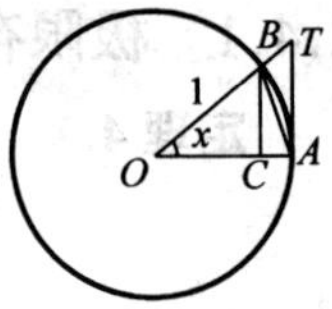

即

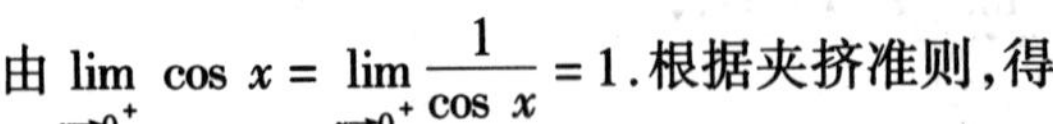

$$\sin x\cos x < x < \tan x .$$

有

$$\cos x < \frac{\sin x}{x} < \frac{1}{\cos x},$$

图 2-4

由 $\lim\limits_{x\to 0^+} \cos x = \lim\limits_{x\to 0^+} \frac{1}{\cos x} = 1$.根据夹挤准则,得

$$\lim_{x\to 0^+} \frac{\sin x}{x} = 1.$$

由于$\frac{\sin x}{x}$是偶函数,故有

$$\lim_{x\to 0^-} \frac{\sin x}{x} = \lim_{x\to 0^-} \frac{\sin(-x)}{-x} = \lim_{x\to 0^+} \frac{\sin x}{x} = 1.$$

综上所述,有

$$\lim_{x\to 0} \frac{\sin x}{x} = 1.$$

证毕.

例 4.1 计算$\lim\limits_{x\to 0} \frac{\tan x}{x}$.

解 $$\lim_{x\to 0} \frac{\tan x}{x} = \lim_{x\to 0} \left(\frac{\sin x}{x}\frac{1}{\cos x}\right) = \lim_{x\to 0} \frac{\sin x}{x}\cdot\lim_{x\to 0} \frac{1}{\cos x} = 1.$$

例 4.2 计算$\lim\limits_{x\to 0} \frac{\sin 3x}{\sin 2x}$.

解 $$\lim_{x\to 0} \frac{\sin 3x}{\sin 2x} = \lim_{x\to 0}\left(\frac{\sin 3x}{3x}\cdot\frac{2x}{\sin 2x}\cdot\frac{3x}{2x}\right) = \lim_{x\to 0} \frac{\sin 3x}{3x}\cdot\lim_{x\to 0} \frac{2x}{\sin 2x}\cdot\lim_{x\to 0} \frac{3x}{2x} = 1\times 1\times\frac{3}{2} = \frac{3}{2}.$$

例 4.3 计算$\lim\limits_{x\to 0} \frac{1-\cos x}{x^2}$.

解 $$\lim_{x\to 0} \frac{1-\cos x}{x^2} = \lim_{x\to 0} \frac{2\left(\sin^2\frac{x}{2}\right)}{x^2} = \frac{1}{2}\lim_{x\to 0}\left(\frac{\sin\frac{x}{2}}{\frac{x}{2}}\right)^2 = \frac{1}{2}.$$

例 4.4 计算$\lim\limits_{x\to\infty}\left(x\sin\frac{1}{x}\right)$.

解 $$\lim_{x\to\infty}\left(x\sin\frac{1}{x}\right) = \lim_{x\to\infty} \frac{\sin\frac{1}{x}}{\frac{1}{x}} \xlongequal{u=\frac{1}{x}} \lim_{u\to 0} \frac{\sin u}{u} = 1.$$

2. $\lim\limits_{x\to\infty}\left(1+\frac{1}{x}\right)^x = \mathrm{e}$

首先考虑 x 取正整数且趋于 $+\infty$ 的情形.

令 $u_n=\left(1+\frac{1}{n}\right)^n$,下面证明数列$\{u_n\}$单调增加有上界.

由代数的知识可知,当 $0\leqslant a<b$ 时有

$$\begin{aligned} b^{n+1}-a^{n+1} &= (b^n+ab^{n-1}+a^2b^{n-2}+\cdots+a^{n-1}b+a^n)(b-a) \\ &< (b^n+bb^{n-1}+b^2b^{n-2}+\cdots+b^{n-1}b+b^n)(b-a) \\ &= (n+1)b^n(b-a). \end{aligned}$$

移项得

$$b^n[b-(n+1)(b-a)]<a^{n+1}. \tag{4.1}$$

在式(4.1)中令 $a=1+\frac{1}{n+1}$, $b=1+\frac{1}{n}$,有

$$\left(1+\frac{1}{n}\right)^n\left[1+\frac{1}{n}-(n+1)\left(\frac{1}{n}-\frac{1}{n+1}\right)\right]<\left(1+\frac{1}{n+1}\right)^{n+1},$$

即

$$\left(1+\frac{1}{n}\right)^n<\left(1+\frac{1}{n+1}\right)^{n+1}.$$

这说明数列$\left\{\left(1+\frac{1}{n}\right)^n\right\}$是单调增加的.

再令 $a=1$, $b=1+\frac{1}{2n}$代入式(4.1)得

$$\left(1+\frac{1}{2n}\right)^n\left(1+\frac{1}{2n}-\frac{n+1}{2n}\right)<1,$$

即
$$\left(1+\frac{1}{2n}\right)^n<2,$$

从而
$$\left(1+\frac{1}{2n}\right)^{2n}<4.$$

这说明数列$\left\{\left(1+\frac{1}{n}\right)^n\right\}$有界.由单调有界准则知数列$\left(1+\frac{1}{n}\right)^n$的极限存在,通常用字母 e 表示它,即

$$\lim_{n\to\infty}\left(1+\frac{1}{n}\right)^n=\mathrm{e}.$$

可以证明 e 是一个无理数,若取它的小数到第 15 位,其值是

$$\mathrm{e}=2.718\,281\,828\,459\,045\cdots.$$

当 x 取实数而趋于 $+\infty$ 或 $-\infty$ 时,函数$\left(1+\frac{1}{x}\right)^x$的极限都存在且都等于 e.其证明如下.

任给 $x>0$,必存在自然数 n,使 $n\leqslant x<n+1$,则有

$$\left(1+\frac{1}{n+1}\right)^n<\left(1+\frac{1}{x}\right)^x\leqslant\left(1+\frac{1}{n}\right)^x<\left(1+\frac{1}{n}\right)^{n+1}$$

当 $x \to +\infty$ 时，$n \to \infty$，且

$$\lim_{n\to\infty}\left(1+\frac{1}{n+1}\right)^{n}=\lim_{n\to\infty}\left(1+\frac{1}{n+1}\right)^{n+1}\cdot\frac{1}{1+\frac{1}{n+1}}=\mathrm{e},$$

$$\lim_{n\to\infty}\left(1+\frac{1}{n}\right)^{n+1}=\lim_{n\to\infty}\left(1+\frac{1}{n}\right)^{n}\cdot\left(1+\frac{1}{n}\right)=\mathrm{e}.$$

由夹挤准则，有

$$\lim_{x\to+\infty}\left(1+\frac{1}{x}\right)^{x}=\mathrm{e}.$$

另一方面，若令 $x=-(t+1)$，则当 $x\to-\infty$ 时，$t\to+\infty$. 有

$$\begin{aligned}\lim_{x\to-\infty}\left(1+\frac{1}{x}\right)^{x}&=\lim_{t\to+\infty}\left(1-\frac{1}{t+1}\right)^{-(t+1)}\\&=\lim_{t\to+\infty}\left(\frac{t}{t+1}\right)^{-(t+1)}=\lim_{t\to+\infty}\left(1+\frac{1}{t}\right)^{t+1}\\&=\lim_{t\to+\infty}\left[\left(1+\frac{1}{t}\right)^{t}\cdot\left(1+\frac{1}{t}\right)\right]=\mathrm{e}.\end{aligned}$$

综上所述，我们证明了重要极限：

$$\lim_{x\to\infty}\left(1+\frac{1}{x}\right)^{x}=\mathrm{e}. \tag{4.2}$$

如果令 $z=\frac{1}{x}$，则当 $x\to\infty$ 时，$z\to0$. 有

$$\lim_{x\to\infty}\left(1+\frac{1}{x}\right)^{x}=\lim_{z\to0}(1+z)^{\frac{1}{z}}=\mathrm{e}.$$

因此，式(4.2)又可以写成

$$\lim_{x\to0}(1+x)^{\frac{1}{x}}=\mathrm{e}.$$

例 4.5　计算 $\lim\limits_{x\to\infty}\left(1+\frac{k}{x}\right)^{x}\ (k\neq0)$.

解　$\lim\limits_{x\to\infty}\left(1+\frac{k}{x}\right)^{x}=\lim\limits_{x\to\infty}\left(1+\frac{k}{x}\right)^{\frac{x}{k}\cdot k}=\lim\limits_{x\to\infty}\left[\left(1+\frac{k}{x}\right)^{\frac{x}{k}}\right]^{k}=\mathrm{e}^{k}$.

由例 4.5 不难得出 $\lim\limits_{x\to\infty}\left(1-\frac{3}{x}\right)^{x}=\mathrm{e}^{-3}$.

例 4.6　计算 $\lim\limits_{x\to0}(1-x)^{\frac{2}{x}}$.

解　$\lim\limits_{x\to0}(1-x)^{\frac{2}{x}}=\lim\limits_{x\to0}\{[1+(-x)]^{\frac{1}{-x}}\}^{-2}=\mathrm{e}^{-2}$.

例 4.7　求 $\lim\limits_{x\to\infty}\left(\frac{2+x}{x}\right)^{x}$.

解　$\lim\limits_{x\to\infty}\left(\frac{2+x}{x}\right)^{x}=\lim\limits_{x\to\infty}\left(1+\frac{2}{x}\right)^{x}=\mathrm{e}^{2}$.

例 4.8　求 $\lim\limits_{x\to\infty}\left(\frac{x+2}{x-1}\right)^{x}$.

解 $\lim\limits_{x\to\infty}\left(\frac{x+2}{x-1}\right)^x=\lim\limits_{x\to\infty}\left(1+\frac{3}{x-1}\right)^x\xlongequal{t=x-1}\lim\limits_{t\to\infty}\left(1+\frac{3}{t}\right)^{t+1}$

$$=\lim_{t\to\infty}\left(1+\frac{3}{t}\right)^t\cdot\lim_{t\to\infty}\left(1+\frac{3}{t}\right)=\mathrm{e}^3\cdot 1=\mathrm{e}^3.$$

例 4.7 与例 4.8 的解题过程中都用到了例 4.5 的结果.

习题 2-4

1. 计算下列极限:

(1) $\lim\limits_{x\to 0}\frac{\sin 2x}{x}$; (2) $\lim\limits_{x\to 0}\frac{\sin mx}{\sin nx}(m、n\neq 0)$;

(3) $\lim\limits_{x\to 0}\frac{\arcsin x}{x}$; (4) $\lim\limits_{x\to \pi}\frac{\sin x}{\pi-x}$;

(5) $\lim\limits_{x\to 0}\frac{\sin x+x}{2x-\sin x}$; (6) $\lim\limits_{x\to 0^+}\frac{x}{\sqrt{1-\cos x}}$.

2. 计算下列极限:

(1) $\lim\limits_{x\to\infty}\left(1+\frac{3}{x}\right)^x$; (2) $\lim\limits_{x\to\infty}\left(\frac{x}{x+1}\right)^x$;

(3) $\lim\limits_{x\to 0}(1-3x)^{\frac{1}{x}}$; (4) $\lim\limits_{x\to\infty}\left(\frac{x+3}{x-2}\right)^x$;

(5) $\lim\limits_{x\to 0}(1+\tan x)^{\cot x}$; (6) $\lim\limits_{x\to\frac{\pi}{2}}(1+\cos x)^{2\sec x}$.

3. 求下列数列的极限:

(1) $\lim\limits_{n\to\infty}\left(n\sin\frac{\pi}{n}\right)$; (2) $\lim\limits_{x\to\infty}\left(1+\frac{1}{n+1}\right)^{n+3}$;

(3) $\lim\limits_{n\to\infty}\left(1+\frac{2x}{n}\right)^n$; (4) $\lim\limits_{n\to\infty}\left[\left(1-\frac{1}{2^2}\right)\left(1-\frac{1}{3^2}\right)\cdots\left(1-\frac{1}{n^2}\right)\right]$.

4. 设 $a>b>c>0$,求 $\lim\limits_{n\to\infty}(a^n+b^n+c^n)^{\frac{1}{n}}$.

5. 设 $u_n=\frac{1}{3+1}+\frac{1}{3^2+1}+\cdots+\frac{1}{3^n+1}$,利用极限存在的准则,证明 $\lim\limits_{n\to\infty}u_n$ 存在.

2.5 无穷小的比较

2.5.1 无穷小的比较

大家知道,两个无穷小的和、差、积仍然是无穷小,但是两个无穷小的商却会出现不同的结果.

当 $x\to 0$ 时,x,x^2 及 $\sin 2x$ 都是无穷小,却有

$$\lim_{x\to 0}\frac{x^2}{x}=0,\lim_{x\to 0}\frac{\sin 2x}{x^2}=\infty,\lim_{x\to 0}\frac{\sin 2x}{x}=2.$$

两个无穷小之比的极限结果的不同,反映了不同的无穷小趋于零的“速度”不相同.我们可以用两个无穷小的比值极限来讨论它们趋于零的“速度”的快慢.

定义 5.1 设 α,β 是同一个极限过程中的两个无穷小量,若 $\lim \dfrac{\alpha}{\beta}=A$,则

(1)$A\neq 0$ 时,称 α 与 β 为同阶无穷小,记为 $\beta=O(\alpha)$;

(2)$A=1$ 时,称 α 与 β 为等价无穷小,记为 $\alpha\sim\beta$;

(3)$A=0$ 时,称 α 是比 β 高阶的无穷小,记为 $\alpha=o(\beta)$.

当 $\alpha=o(\beta)$ 时,也可以称 β 是比 α 低阶的无穷小,显然此时 $\lim \dfrac{\beta}{\alpha}=\infty$.从定义 5.1 还可以知道,$\alpha\sim\beta$ 是同阶无穷小中的特殊情况.

由定义 5.1 可知,当 $x\to 0$ 时,x^2 是比 x 更高阶的无穷小;x 与 $\sin 2x$ 是同阶无穷小.

例 5.1 验证当 $x\to 0$ 时,$\tan x\sim x$,$1-\cos x\sim \dfrac{1}{2}x^2$.

解 因为 $\lim\limits_{x\to 0}\dfrac{\tan x}{x}=\lim\limits_{x\to 0}\left(\dfrac{\sin x}{x}\cdot\dfrac{1}{\cos x}\right)=1$,所以当 $x\to 0$ 时,$\tan x\sim x$.

因为 $\lim\limits_{x\to 0}\dfrac{1-\cos x}{\dfrac{1}{2}x^2}=\lim\limits_{x\to 0}\dfrac{4\sin^2\dfrac{x}{2}}{x^2}=1$,所以当 $x\to 0$ 时,$1-\cos x\sim\dfrac{1}{2}x^2$.

等价无穷小可以用于简化求极限的运算.

若 $\lim\limits_{\substack{x\to x_0\\(\text{或}x\to\infty)}}$ 用记号 lim 来表示,则有下面的定理.

定理 5.1 设 $\lim\alpha=0$,$\lim\beta=0$,$\alpha\sim\alpha'$,$\beta\sim\beta'$,若 $\lim\dfrac{\beta'}{\alpha'}$ 存在,则有 $\lim\dfrac{\beta}{\alpha}=\lim\dfrac{\beta'}{\alpha'}$.

证 $\lim\dfrac{\beta}{\alpha}=\lim\left(\dfrac{\beta}{\beta'}\cdot\dfrac{\beta'}{\alpha'}\cdot\dfrac{\alpha'}{\alpha}\right)=\lim\dfrac{\beta}{\beta'}\cdot\lim\dfrac{\beta'}{\alpha'}\cdot\lim\dfrac{\alpha'}{\alpha}=\lim\dfrac{\beta'}{\alpha'}$. 证毕.

根据定理 5.1,在求极限的乘除运算中,无穷小作为因子可以用它的等价无穷小来代替.

例 5.2 求 $\lim\limits_{x\to 0}\dfrac{\sin 2x}{\tan 5x}$.

解 因为当 $x\to 0$ 时,$\sin 2x\sim 2x$,$\tan 5x\sim 5x$,所以

$$\lim_{x\to 0}\frac{\sin 2x}{\tan 5x}=\lim_{x\to 0}\frac{2x}{5x}=\frac{2}{5}.$$

例 5.3 求 $\lim\limits_{x\to 0}\dfrac{x^3+4x^2}{\sin x^2}$

解 因为当 $x\to 0$ 时,$\sin x^2\sim x^2$,所以

$$\lim_{x\to 0}\frac{x^3+4x^2}{\sin x^2}=\lim_{x\to 0}\frac{x^3+4x^2}{x^2}=\lim_{x\to 0}(x+4)=4.$$

在极限计算中,当 $x\to 0$ 时,常用的等价无穷小有以下几个:

$\sin x \sim x$; $\tan x \sim x$;

$e^x - 1 \sim x$; $1 - \cos x \sim \frac{1}{2}x^2$;

$\ln(1+x) \sim x$; $\arcsin x \sim x$;

$\arctan x \sim x$; $(1+x)^k - 1 \sim kx (k \in \mathbf{R})$.

***定理 5.2** 无穷小量 $\alpha \sim \beta$ 的充分必要条件是 $\alpha - \beta = o(\beta)$.

证 必要性 设 $\alpha \sim \beta$,则 $\lim \frac{\alpha}{\beta} = 1$ 于是有

$$\lim \frac{\alpha - \beta}{\beta} = \lim \left(\frac{\alpha}{\beta} - \frac{\beta}{\beta}\right) = \lim \frac{\alpha}{\beta} - 1 = 1 - 1 = 0,$$

故有

$$\alpha - \beta = o(\beta).$$

充分性 若 $\alpha - \beta = o(\beta)$,即 $\lim \frac{\alpha - \beta}{\beta} = 0$,则有

$$\frac{\alpha}{\beta} = 1 + \frac{\alpha - \beta}{\beta},$$

于是

$$\lim \frac{\alpha}{\beta} = \lim \left(1 + \frac{\alpha - \beta}{\beta}\right) = 1 + \lim \frac{\alpha - \beta}{\beta} = 1.$$

得

$$\alpha \sim \beta.$$ 证毕.

2.5.2 用等价无穷小求极限的例子

例 5.4 $\lim\limits_{x \to 0} \frac{\sin 2x}{\ln(1+x)}$.

解 $\lim\limits_{x \to 0} \frac{\sin 2x}{\ln(1+x)} = \lim\limits_{x \to 0} \frac{2x}{x} = 2$.

例 5.5 $\lim\limits_{x \to 0} \frac{e^{\frac{1}{2}x^2} - 1}{1 - \cos x}$.

解 $\lim\limits_{x \to 0} \frac{e^{\frac{1}{2}x^2} - 1}{1 - \cos x} = \lim\limits_{x \to 0} \frac{\frac{1}{2}x^2}{\frac{1}{2}x^2} = 1$.

例 5.6 $\lim\limits_{x \to 0} \frac{\arctan 2x}{\sqrt{1+x} - 1}$.

解 $\lim\limits_{x \to 0} \frac{\arctan 2x}{\sqrt{1+x} - 1} = \lim\limits_{x \to 0} \frac{2x}{\frac{1}{2}x} = 4$.

习题 2-5

1. 验证:当 $x \to 1$ 时,$1 - \sqrt{x}$ 与 $1 - x$ 是同阶无穷小.

2. 验证:当 $x\to 0$ 时,$(1-\cos x)^2$ 是 x^3 的高阶无穷小.

3. 验证:当 $x\to 1$ 时,$\frac{1-x^3}{2+x}$ 与 $1-x$ 是等价无穷小.

4. 用等价无穷小代换求下列极限:

(1)$\lim\limits_{x\to 0}\frac{1-\cos 2x}{x^2}$;　　(2)$\lim\limits_{x\to 0}\frac{\arctan 2x}{\arcsin x}$;

(3)$\lim\limits_{x\to 0}\frac{\ln(1+x)}{\tan 2x}$;　　(4)$\lim\limits_{x\to 0}\frac{e^{2x}-1}{\ln(1+3x)}$;

(5)$\lim\limits_{x\to 0}\frac{x\sin x}{\sqrt{1+x^2}-1}$;　　(6)$\lim\limits_{x\to 0}\frac{e^{x^2}-1}{\ln(1+5x^2+6x^3)}$.

5. 如果当 $x\to 0$ 时,称 x 为一阶无穷小,x^2 为二阶无穷小,…,x^n 为 n 阶无穷小,试确定无穷小 $x(\sec x-1)$的阶数.

2.6 函数的连续性

自然界中的很多现象,如气温的变化,生物的生长等,都有一种规律.即当时间的变化很微小时,它们各自的变化也是很微小的,这种规律反映在函数关系上,就是函数的连续性.

2.6.1 函数的连续性

定义 6.1 设函数 $y=f(x)$在点 x_0 的某一邻域 $N(x_0,\delta)$内有定义,若函数 $f(x)$当 $x\to x_0$ 时的极限存在,且等于 $f(x_0)$,即

$$\lim_{x\to x_0} f(x)=f(x_0),$$

则称函数 $f(x)$在点 x_0 处连续.

函数 $f(x)$在点 x_0 处连续,通常记为 $f(x)\in C\{x_0\}$.

根据函数极限的定义,所谓函数 $f(x)$在点 x_0 处连续就是:任给正数 ε,必存在正数 δ,使得对于适合不等式$|x-x_0|<\delta$ 的一切 $x(x\in N(x_0,\delta))$,其所对应的函数值 $f(x)$都满足不等式$|f(x)-f(x_0)|<\varepsilon$.在这里取消了极限定义中要求 $x\neq x_0$ 的限制,这是因为当 $x=x_0$ 时,不等式$|f(x)-f(x_0)|<\varepsilon$ 也是成立的.

当 $x\to x_0$ 时,若记 $x=x_0+\Delta x$,这里 $\Delta x=x-x_0$ 称为自变量的改变量(或自变量的增量).显然,$x\to x_0$ 与 $\Delta x\to 0$ 等价.当自变量的改变量为 Δx 时,相应的函数的改变量(或函数的增量)Δy 就可以表示为

$$\Delta y=f(x_0+\Delta x)-f(x_0)=f(x)-f(x_0),$$

有

$$f(x)=f(x_0)+\Delta y.$$

可见 $\lim\limits_{x\to x_0} f(x)=f(x_0)$与 $\lim\limits_{\Delta x\to 0}\Delta y=0$ 是等价的.于是定义 6.1 又可以如下表示.

定义 6.2 设函数 $y=f(x)$ 在点 x_0 的某一邻域 $N(x_0,\delta)$ 内有定义.在此邻域内,如果自变量的增量 $\Delta x=x-x_0$ 趋于零时,对应的函数增量 $\Delta y=f(x_0+\Delta x)-f(x_0)$ 也趋于零,即

$$\lim_{\Delta x\to 0}\Delta y=\lim_{\Delta x\to 0}[f(x_0+\Delta x)-f(x_0)]=0,$$

则称函数 $y=f(x)$ 在点 x_0 处连续.

如果 $\lim\limits_{x\to x_0^-}f(x)=f(x_0)$,即 $f(x_0-0)$ 存在且

$$f(x_0-0)=f(x_0),$$

则称函数 $f(x)$ 在点 x_0 左连续;如果 $\lim\limits_{x\to x_0^+}f(x)=f(x_0)$,即 $f(x_0+0)$ 存在且

$$f(x_0+0)=f(x_0),$$

则称函数 $f(x)$ 在点 x_0 右连续.

显然,函数 $y=f(x)$ 在点 x_0 处连续的充分必要条件是

$$f(x_0-0)=f(x_0+0)=f(x_0).$$

如果函数 $f(x)$ 在开区间 (a,b) 内的每一点都连续,则称 $f(x)$ 在开区间 (a,b) 内连续,这时 (a,b) 称为 $f(x)$ 的连续区间.

如果函数 $f(x)$ 在开区间 (a,b) 内连续,且在点 a 处右连续,在点 b 处左连续,则称 $f(x)$ 在闭区间 $[a,b]$ 上连续.

若用记号 $\mathrm{C}(I)$(无论 I 是开区间或闭区间)表示区间 I 上全体连续函数的集合,则 $f(x)\in\mathrm{C}(I)$ 表示 $f(x)$ 是区间 I 上的连续函数;$f(x)\in\mathrm{C}(a,b)$ 表示 $f(x)$ 是 (a,b) 内的连续函数;$f(x)\in\mathrm{C}[a,b]$ 表示 $f(x)$ 是 $[a,b]$ 上的连续函数.为了方便,$f(x)\in\mathrm{C}(I)$ 也可以简记为 $f(x)\in\mathrm{C}$ 或 $f\in\mathrm{C}$.

区间 I 上连续函数的图形是一条不间断的曲线.

例 6.1 试说明多项式 $f(x)=a_0x^n+a_1x^{n-1}+\cdots+a_{n-1}x+a_n$ 在点 $x_0(x_0\in\mathbf{R})$ 处连续.

解 多项式 $f(x)=a_0x^n+a_1x^{n-1}+\cdots+a_{n-1}x+a_n$ 在任意的点 x_0 处的极限存在,且由本章例 3.2 可知,对任意的 $x_0\in\mathbf{R}$,有

$$\lim_{x\to x_0}f(x)=f(x_0),$$

因此,多项式在 $x\in\mathbf{R}$ 连续.

显然,有理分式 $F(x)=\dfrac{P(x)}{Q(x)}$($P(x)$、$Q(x)$ 为多项式),当 $Q(x_0)\neq 0$ 时,由本章例 3.3 可知 $\lim\limits_{x\to x_0}F(x)=F(x_0)$.因此,有理分式函数在定义域上是连续的.

例 6.2 利用定义 6.2 证明函数 $y=\sin x$ 在 $(-\infty,+\infty)$ 内是处处连续的.

证 设 x 是区间 $(-\infty,+\infty)$ 内的任意一点.当 x 有增量 Δx 时,函数对应的增量

$$\Delta y=\sin(x+\Delta x)-\sin x=2\sin\frac{\Delta x}{2}\cos\left(x+\frac{\Delta x}{2}\right),$$

注意到 $$\left|\cos\left(x+\frac{\Delta x}{2}\right)\right|\leqslant 1,$$

于是有 $$|\Delta y| = |\sin(x+\Delta x)-\sin x|\leqslant 2\left|\sin\frac{\Delta x}{2}\right|.$$

因为对于任意角度 α，当 $\alpha\neq 0$ 时恒有 $|\sin\alpha|<|\alpha|$ 成立，所以

$$0\leqslant|\Delta y|\leqslant 2\left|\sin\frac{\Delta x}{2}\right|<|\Delta x|.$$

当 $\Delta x\to 0$ 时，由夹挤准则得 $|\Delta y|\to 0$，从而有

$$\lim_{\Delta x\to 0}\Delta y=\lim_{\Delta x\to 0}[\sin(x+\Delta x)-\sin x]=0.$$

故对任何 x 值，函数 $y=\sin x$ 都是连续的.

另一方面，类似本章例 2.7 可以证明，对任意的 $x_0\in(-\infty,+\infty)$，有

$$\lim_{x\to x_0}\sin x=\sin x_0,$$

即证得函数 $y=\sin x$ 的连续性.

类似地可以证明 $y=\cos x$ 在区间 $(-\infty,+\infty)$ 内也是处处连续的.

2.6.2 函数的间断点

若函数 $f(x)$ 在点 x_0 不连续，则称 x_0 为 $f(x)$ 的间断点.由函数连续的定义可知，$f(x)$ 在点 x_0 连续必须同时满足如下三点：

(1) $f(x)$ 在点 x_0 处有定义；

(2) $f(x_0+0)$，$f(x_0-0)$ 都存在；

(3) $f(x_0+0)=f(x_0-0)=f(x_0)$.

根据这些条件，就可以将函数的间断点分为以下两大类.

1. 第一类间断点

若 $f(x_0+0)$、$f(x_0-0)$ 都存在，但不相等，或者虽然相等，但不等于 $f(x_0)$（或函数在点 x_0 无定义），这时称点 x_0 为 $f(x)$ 的第一类间断点.

例如函数 $y=[x]$ 在整数点 N 处(参见第 1 章例 1.4 及图 1-2)，由于

$$\lim_{x\to N^-}[x]=N-1,\ \lim_{x\to N^+}[x]=N,$$

故函数 $y=[x]$ 在所有整数点处，都为第一类间断点.

在第一类间断点中，若在点 x_0 处函数的极限存在，但是 $\lim\limits_{x\to x_0}f(x)\neq f(x_0)$，或者 $f(x)$ 在点 x_0 处没有定义，这时称点 x_0 为 $f(x)$ 的可去间断点.

例 6.3 指出函数 $f(x)=\dfrac{\sin x}{x}$ 间断点的类型.

解 由于 $f(x)$ 在点 $x=0$ 处没有定义，显然 $x=0$ 是 $f(x)$ 的一个间断点.又

$$\lim_{x\to 0}f(x)=\lim_{x\to 0}\frac{\sin x}{x}=1.$$

可知点 $x=0$ 为 $f(x)=\dfrac{\sin x}{x}$ 的可去间断点.

对于例 6.3 这类的间断点，如果我们对函数 $f(x)$ 补充定义 $f(0)=1$，这时新函数

$$f(x)=\begin{cases}\dfrac{\sin x}{x}, & x\neq 0,\\ 1, & x=0\end{cases}$$

就成为连续函数了.

例 6.4 指出函数 $y=\begin{cases}x+1, x\geqslant 0,\\ 0, \quad x<0\end{cases}$ 在点 $x=0$ 处间断点的类型.

解 因为 $\lim\limits_{x\to 0^-}f(x)=0$，$\lim\limits_{x\to 0^+}f(x)=1$，所以 $f(0+0)\neq f(0-0)$.

由于在点 $x=0$ 处函数的左、右极限都存在，知点 $x=0$ 为 $f(x)$ 的第一类间断点. 显然 $f(x)$ 的图形在点 $x=0$ 处产生了跳跃，有时候也称这类间断点为跳跃型间断点.

可去间断点和跳跃型间断点这两种左、右极限都存在的间断点，都属于第一类间断点.

2. 第二类间断点

凡不属于第一类间断点的间断点，统称为第二类间断点.

例如，$y=\dfrac{1}{x^2}$ 在 $x=0$ 处是第二类间断点. 由于 $\lim\limits_{x\to 0}\dfrac{1}{x^2}=\infty$，也称 $x=0$ 为无穷型间断点.

又如，$y=\sin\dfrac{1}{x}$，由于 $\lim\limits_{x\to 0}\sin\dfrac{1}{x}$ 不存在，其函数值在 -1 与 1 之间无限次振荡，$x=0$ 也称为振荡型间断点，它也是第二类间断点.

例 6.5 指出函数 $f(x)=e^{\frac{1}{x}}$ 在 $x=0$ 处间断点的类型.

解 $\lim\limits_{x\to 0^-}e^{\frac{1}{x}}=0$，$\lim\limits_{x\to 0^+}e^{\frac{1}{x}}=\infty$，故 $x=0$ 是 $f(x)$ 的第二类间断点.

2.6.3 连续函数的性质

运用函数连续的定义及极限的运算性质，不难得出下面的性质.

定理 6.1 若 $f(x)$、$g(x)$ 在点 x_0 处连续，则

(1) $af(x)\pm bg(x)$（a,b 为常数），

(2) $f(x)\cdot g(x)$，

(3) $\dfrac{f(x)}{g(x)}$（$g(x_0)\neq 0$）

也都在点 x_0 处连续.

定理 6.1 的证明从略.

定理 6.1 中的(1)、(2)两种情况可以推广到有限个连续函数的情况.

定理 6.2 （反函数的连续性）若函数 $f(x)$ 在区间 I 上严格单调增加（减少）且连续，则其反函数 $x=f^{-1}(y)$ 在对应的区间 $I_1=\{y\mid y=f(x), x\in I\}$ 上是严格单调增加（减少）的连续函数.

定理 6.2 的证明从略.

例如 $y=\sin x, x\in\left(-\frac{\pi}{2},\frac{\pi}{2}\right)$ 时是严格单调增加的连续函数,其反函数 $y=\arcsin x$ 在 $x\in(-1,1)$ 时,也是严格单调增加的连续函数.

定理 6.3 连续函数的复合函数是连续的.

定理 6.3 的证明从略.

在定理 6.3 中,若 $y=f(u)$ 连续,但是 $u=\varphi(x)$ 在点 x_0 处不连续却有 $\lim\limits_{x\to x_0}\varphi(x)=a$,则有 $\lim\limits_{x\to x_0}f[\varphi(x)]=f(a)$.即

$$\lim_{x\to x_0}f[\varphi(x)]=f[\lim_{x\to x_0}\varphi(x)]=f(a).$$

上式表明:连续函数的极限符号可以与函数符号进行交换,这给求复合函数的极限带来了很大的方便.

例 6.6 求 $\lim\limits_{x\to\infty}\sin\left(1+\frac{1}{x}\right)^x$.

解 $\lim\limits_{x\to\infty}\sin\left(1+\frac{1}{x}\right)^x=\sin\left[\lim\limits_{x\to\infty}\left(1+\frac{1}{x}\right)^x\right]=\sin e.$

例 6.7 求 $\lim\limits_{x\to 0}\dfrac{\ln(1+x)}{\sin x}$.

解 $\lim\limits_{x\to 0}\dfrac{\ln(1+x)}{\sin x}=\lim\limits_{x\to 0}\dfrac{\ln(1+x)}{x}=\lim\limits_{x\to 0}\ln(1+x)^{\frac{1}{x}}$

$$=\ln[\lim_{x\to 0}(1+x)^{\frac{1}{x}}]=\ln e=1.$$

当 $a>0, a\neq 1$ 时,我们可以求出 $\lim\limits_{x\to 0}\dfrac{a^x-1}{x}=\ln a$.

2.6.4 取对数求极限的例子

例 6.8 求 $\lim\limits_{x\to 0}(1+3x+5x^2)^{\frac{1}{x}}$.

解 因为 $\lim\limits_{x\to 0}(1+3x+5x^2)=1$,所以 x 在 0 的 δ 邻域内有 $(1+3x+5x^2)>0$.设 $y=(1+3x+5x^2)^{\frac{1}{x}}$,则有

$$\ln y=\frac{1}{x}\ln(1+3x+5x^2)=\frac{\ln(1+3x+5x^2)}{x}.$$

故

$$\lim_{x\to 0}\ln y=\lim_{x\to 0}\frac{\ln(1+3x+5x^2)}{x}=\lim_{x\to 0}\frac{3x+5x^2}{x}=3.$$

从而有

$$\lim_{x\to 0}(1+3x+5x^2)^{\frac{1}{x}}=e^3.$$

例 6.9 求 $\lim\limits_{x\to 0}(1+\sin x)^{\cot x}$.

解 因为 $\lim\limits_{x\to 0}(1+\sin x)=1$,所以 x 在 0 的 δ 邻域内有 $1+\sin x>0$.

设 $y=(1+\sin x)^{\cot x}$,则有

$$\ln y=\cot x\ln(1+\sin x)=\cos x\cdot\ln(1+\sin x)^{\frac{1}{\sin x}}.$$

故

$$\lim_{x\to0}\ln y=\lim_{x\to0}\cos x\cdot\ln(1+\sin x)^{\frac{1}{\sin x}}=\ln e=1.$$

从而有

$$\lim_{x\to0}(1+\sin x)^{\cot x}=e^1=e.$$

2.6.5 初等函数的连续性

我们已经证明了多项式、有理分式、三角函数中的 $\sin x$ 和 $\cos x$ 是连续的,实际上,我们可以推出以下定理.

定理 6.4 基本初等函数在其定义域内是连续的.

定理 6.4 的证明从略.

不仅如此,由于初等函数是由基本初等函数经过有限次的四则运算和复合步骤构成的,又有如下定理.

定理 6.5 初等函数在其定义区间内是连续的.

定理 6.5 的证明从略.

由定理 6.5 可知,求初等函数 $f(x)$ 在定义区间内某点 x_0 处的极限时,只需写出其函数值 $f(x_0)$ 即可.

例 6.10 求 $\lim\limits_{x\to1}\left(\sqrt{1+x^2}\sin\dfrac{\pi x}{2}\right)$.

解 因为点 $x=1$ 是初等函数 $\sqrt{1+x^2}\sin\dfrac{\pi x}{2}$ 定义区间中的一点,所以

$$\lim_{x\to1}\left(\sqrt{1+x^2}\sin\frac{\pi x}{2}\right)=\sqrt{1+1^2}\sin\frac{\pi}{2}=\sqrt{2}.$$

2.6.6 闭区间上连续函数的性质

函数在一点处连续是函数的局部性质,下面研究函数在闭区间上的整体性质.因为这些性质的几何意义十分明显,而证明它们还需要更深的实数理论知识,因此我们略去证明.

定理 6.6 (有界性定理)若 $f(x)\in C[a,b]$,则 $f(x)$ 在 $[a,b]$ 上有界.

这就是说,若 $f(x)\in C[a,b]$,则存在 $M>0$,使 $|f(x)|\leqslant M$ 对一切 $x\in[a,b]$ 都成立.

定理 6.7 (最值存在定理)若 $f(x)\in C[a,b]$,则 $f(x)$ 在 $[a,b]$ 上可以取得其最大值和最小值.

这就是说,若 $f(x)\in C[a,b]$,那么至少存在两点 $\xi_1,\xi_2\in[a,b]$,对一切 $x\in[a,b]$,恒有不等式

$$f(\xi_1)\leqslant f(x)\leqslant f(\xi_2)$$

成立,$f(\xi_1)$ 就是 $f(x)$ 在 $[a,b]$ 上的最小值,$f(\xi_2)$ 就是 $f(x)$ 在 $[a,b]$ 上的最大值.

注意,若函数在开区间内连续,或者在闭区间内有间断点,那么函数在该区间内就

不一定有最大值或最小值.例如 $y=x^2$ 在开区间(0,1)内连续,但在(0,1)内既无最大值又无最小值.又如 $y=\begin{cases}1-x, & -1\leqslant x\leqslant 0,\\ x, & 0<x\leqslant 1,\end{cases}$ 在[-1,1]上没有最小值,这里函数在 $x=0$ 处不连续.

定理 6.8 (介值定理)若 $f(x)\in C[a,b]$,则 $f(x)$ 可以取得最大值和最小值之间的一切值.

这就是说,若 M,m 是 $f(x)$ 在 $[a,b]$ 上的最大值和最小值,则对任给 $c:m<c<M$,至少存在一点 $\xi\in[a,b]$,使 $f(\xi)=c$.

推论 1 若 $f(x)\in C[a,b]$,那么 $f(x)$ 可以取到 $f(a)$ 和 $f(b)$ 之间的一切值.

推论 2 (零值点定理) 若 $f(x)\in C[a,b]$,且 $f(a)\cdot f(b)<0$,那么至少存在一点 $\xi\in(a,b)$,使 $f(\xi)=0$.

从几何上看,零值点定理很容易理解:如果 $f(x)\in C[a,b]$,而且 $f(a)$ 与 $f(b)$ 异号,则曲线 $f(x)$ 至少过 x 轴一次.

例 6.11 证明方程 $x^5-5x=1$ 至少有一个根介于1与2之间.

证 令 $f(x)=x^5-5x-1$,则 $f(x)\in C[1,2]$.又

$$f(1)=-5<0,f(2)=21>0.$$

根据零值点定理,在(1,2)内至少有一点 ξ 使得

$$f(\xi)=0,\text{即 }\xi^5-5\xi-1=0(1<\xi<2).$$

故方程 $x^5-5x=1$ 在(1,2)内至少有一个根.

习题 2-6

1. 指出下列函数的连续区间:

(1) $f(x)=\sqrt{x-4}+\sqrt{6-x}$; (2) $f(x)=\ln(2-x)$;

(3) $f(x)=\dfrac{2x}{x^2+x-2}$; (4) $f(x)=\arcsin\sqrt{1-x^2}$.

2. 指出下列函数的间断点,并说明是哪一类间断点:

(1) $f(x)=\dfrac{1-x}{(1+x)^2}$; (2) $f(x)=\dfrac{\sin x}{x(x-1)}$;

(3) $f(x)=\dfrac{x\sin\frac{1}{x-1}}{\sin x}$; (4) $f(x)=\dfrac{x^2-1}{x^2+3x+2}$.

3. 讨论下列函数的连续性:

(1) $f(x)=\begin{cases}2-x, & x\leqslant 1,\\ x, & x>1;\end{cases}$ (2) $f(x)=\begin{cases}\dfrac{\sin 2x}{x}, & x>0,\\ \dfrac{x+1}{a}, & x\leqslant 0,\end{cases}$ 这里 $a\neq 0$.

4. 在下列各题中,常数 a 取什么数值时函数连续:

(1)$f(x)=\begin{cases} e^x, & x<0, \\ a+x, & x\geqslant 0; \end{cases}$　　(2)$f(x)=\begin{cases} \dfrac{x^2-4}{x-2}, & x\neq 2, \\ a, & x=2. \end{cases}$

5. 求下列极限：

(1)$\lim\limits_{x\to 1}\sin\dfrac{x^2-1}{x-1}$；　　(2)$\lim\limits_{x\to+\infty}x[\ln(x+2)-\ln x]$.

6. 验证方程 $4x=2^x$ 有一个正根在 0 与 $\dfrac{1}{2}$之间.

复 习 题 2

1. 填空题

(1)$\lim\limits_{x\to 1}\dfrac{1-\sqrt{x}}{1-\sqrt[3]{x}}=$________.

(2)$\lim\limits_{x\to\infty}x(\sqrt{x^2+1}-x)=$________.

(3)$\lim\limits_{x\to 1}\dfrac{\tan 3x}{\sin 5x}=$________.

(4)$\lim\limits_{x\to+\infty}x[\ln(x+5)-\ln(x+2)]=$________.

(5)$\lim\limits_{x\to 2}\dfrac{\ln x-\ln 2}{x-2}=$________.

2. 选择题

(1)$\lim\limits_{x\to\infty}2^x$ 的结果是

(A)∞　　(B)0　　(C)1　　(D)不存在

答(　　).

(2)设 $f(a-0)=f(a+0)=A$，则 $f(x)$在点 $x=a$ 处

(A)有定义　　(B)$f(a)=A$　　(C)$\lim\limits_{x\to a}f(x)=A$　　(D)$f(x)$连续

答(　　).

(3)当 $x\to 0$ 时，x^2 的同阶无穷小是

(A)$1-\cos 2x$　　(B)$x^2\sin x$　　(C)$\sqrt{1+x}-1$　　(D)$1-\cos x^2$

答(　　).

(4)设 $f(x)=\begin{cases} \dfrac{e^x-e}{x-1}, & x\neq 1, \\ a, & x=1 \end{cases}$ 在点 $x=1$ 处连续，则常数 a 等于

(A)1　　(B)e　　(C)-1　　(D)0

答(　　).

(5)$\lim\limits_{n\to\infty}n\left[\left(\dfrac{1}{2}\right)^{\frac{1}{n}}-1\right]=$

(A)1　　(B)0　　(C)ln 2　　(D) - ln 2

答(　　).

3. 解下列各题:

(1) $\lim\limits_{n\to\infty}\dfrac{\sqrt{3^n}+\sqrt{2^n}}{\sqrt{2^n}-\sqrt{3^n}}$;　　(2) $\lim\limits_{x\to0}\dfrac{e^{x^3}-1}{(3^x-1)(1-\cos x)}$;

(3) $\lim\limits_{x\to0}\dfrac{1-\sqrt{\cos x}}{x(1-\cos\sqrt{x})}$;　　(4) $\lim\limits_{n\to\infty}\left[\dfrac{1+3+\cdots+(2n-1)}{2n^2}\right]$;

(5)若 $\lim\limits_{x\to\infty}\left(\dfrac{x+k}{x-k}\right)^x=4$,求常数 $k(k\neq0)$的值;

(6) $\lim\limits_{n\to\infty}\left[\dfrac{1}{1\cdot3}+\dfrac{1}{3\cdot5}+\cdots+\dfrac{1}{(2n-1)(2n+1)}\right]\cdot\left(\dfrac{3n-1}{2n+1}\right)$.

4. 求下列各题的解:

(1)设 $f(x)=\dfrac{1}{x}$,求 $\lim\limits_{h\to0}\dfrac{f(2+h)-f(2)}{h}$;

(2) $\lim\limits_{x\to0}\left[\dfrac{1}{2x}-\dfrac{1}{x(e^{\pi x}+1)}\right]$;

(3)已知 $f(x)=\begin{cases}\dfrac{\ln(\cos x)}{x^2}, & x\neq0,\\ a, & x=0\end{cases}$ 在点 $x=0$ 处连续,求常数 a 的值;

(4)求函数 $f(x)=\dfrac{e^x-e}{x(x-1)}$ 的间断点,并指出间断点所属的类型;

(5)验证方程 $\sin x+x+1=0$ 在 $x\in\left(-\dfrac{\pi}{2},\dfrac{\pi}{2}\right)$ 内至少有一个实数根.

5. 试解下列各题:

(1)若 $\lim\limits_{x\to0}\dfrac{f(3x)}{x}=2$,求 $\lim\limits_{x\to0}\dfrac{x}{f(5x)}$;

(2)验证方程 $x^4-2x-4=0$,在区间$(-2,2)$内至少有两个实数根;

(3)计算 $\lim\limits_{x\to0}(\sec^2 x)^{\frac{1}{2x^2}}$.

3 导数与微分

本章学习要点

1. 理解导数的概念及导数的几何意义,会求曲线的切线及法线方程,知道函数的连续性和可导性的关系.

2. 掌握基本初等函数的导数和微分的公式及求导法则.

3. 会求初等函数的导数,并会求隐函数及由参量方程所确定的函数的导数,知道取对数求导数的方法.

4. 了解函数的高阶导数的概念,会求一些简单函数的高阶导数.

5. 理解微分的定义、微分的几何意义及导数与微分的关系,会求简单函数的微分.

3.1 导数的概念

3.1.1 引例

1. 变速直线运动的瞬时速度

设质点做非匀速直线运动,其所走路程 s 与时间 t 的函数关系为 $s=s(t)$,求时刻 t_0 时质点运动的速度.

设从 t_0 到 $t_0+\Delta t$ 这段时间内,质点所走过的路程为

$$\Delta s=s(t_0+\Delta t)-s(t_0).$$

对匀速直线运动来说,其速度可用公式

$$v=\frac{\Delta s}{\Delta t}$$

来计算.对于变速直线运动来说,当 Δt 很小时,速度的变化也很小,可以近似地看作匀速运动.比值

$$\bar{v}=\frac{\Delta s}{\Delta t}=\frac{s(t_0+\Delta t)-s(t_0)}{\Delta t}$$

就是变速直线运动在区间$[t_0,t_0+\Delta t]$上的平均速度.$\bar{v}$ 可以作为 t_0 时刻速度的近似值.显然 Δt 愈小,近似程度就愈好.但是无论 Δt 取多么小,$\bar{v}$ 仍是平均速度.如果用取极限的方法,令 $\Delta t\to 0$,若平均速度 $\bar{v}$ 的极限存在,即

$$\lim_{\Delta t\to 0}\bar{v}=\lim_{\Delta t\to 0}\frac{\Delta s}{\Delta t}=\lim_{\Delta t\to 0}\frac{s(t_0+\Delta t)-s(t_0)}{\Delta t}=v_0,$$

则称 v_0 为直线运动 $s=s(t)$在时刻 t_0 的瞬时速度.

2.曲线在一点处的切线斜率

设平面上一条处处有切线的曲线方程为 $y=f(x)$,求曲线上点 $P_0(x_0,y_0)$处切线的斜率.

首先介绍曲线切线的概念.如图 3-1 所示,在曲线上取点 $P_0(x_0,y_0)$,$P(x,y)$是曲线上点 $P_0(x_0,y_0)$邻近的一点.过 P_0、P 两点作一条直线,得到曲线在点 P_0 处的一条割线 P_0P,然后让点 P 沿曲线趋向 P_0,则割线 P_0P 的极限位置 P_0T 就称为曲线在点 P_0 的切线.

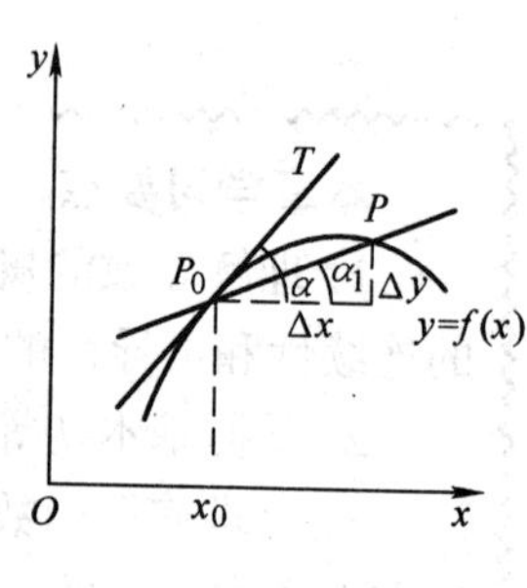

图 3-1

设 $\Delta x=x-x_0$,则 $\Delta y=f(x_0+\Delta x)-f(x_0)$,注意到割线 P_0P 的斜率

$$\bar{k}=\tan\alpha_1=\frac{\Delta y}{\Delta x}=\frac{f(x_0+\Delta x)-f(x_0)}{\Delta x},$$

其中 α_1 为割线 P_0P 的倾角.

当 $P\to P_0$ 时,$\Delta x\to 0$,此时割线斜率 $\bar{k}$ 的极限值就是点P_0 处切线 P_0T 的斜率k,即

$$k=\tan\alpha=\lim_{\Delta x\to 0}\bar{k}=\lim_{\Delta x\to 0}\frac{\Delta y}{\Delta x}=\lim_{\Delta x\to 0}\frac{f(x_0+\Delta x)-f(x_0)}{\Delta x},$$

其中 α 为切线P_0T 的倾角.

从上面所讨论的两个问题可以看出它们的共性,即都可以归结为求如下的极限:

$$\lim_{\Delta x\to 0}\frac{f(x_0+\Delta x)-f(x_0)}{\Delta x}.$$

由此可以得到函数在某一点处的导数定义.

3.1.2 导数的定义

定义 1.1 设函数 $y=f(x)$在点 x_0 的某个邻域 $N(x_0,\delta)$内有定义,当自变量 x 在点x_0 处有增量 Δx(设$(x_0+\Delta x)\in N(x_0,\delta)$),函数 $y=f(x)$相应的增量

$$\Delta y=f(x_0+\Delta x)-f(x_0).$$

如果当 $\Delta x \to 0$ 时，函数的增量 Δy 与自变量的增量 Δx 之比的极限

$$\lim_{\Delta x \to 0} \frac{\Delta y}{\Delta x} = \lim_{\Delta x \to 0} \frac{f(x_0 + \Delta x) - f(x_0)}{\Delta x} \tag{1.1}$$

存在，则称这个极限值为 $f(x)$ 在点 x_0 处的导数或变化率，记为 $f'(x_0)$ 或 $y'|_{x=x_0}$，即

$$y'|_{x=x_0} = f'(x_0) = \lim_{\Delta x \to 0} \frac{f(x_0 + \Delta x) - f(x_0)}{\Delta x},$$

也可记为 $\left.\frac{dy}{dx}\right|_{x=x_0}$ 或 $\left.\frac{df(x)}{dx}\right|_{x=x_0}$.

这时称函数 $f(x)$ 在点 x_0 处可导．有时也说成函数 $f(x)$ 在点 x_0 处导数存在或具有导数．$f(x)$ 在点 x_0 处可导，可以简记为 $f(x) \in \mathrm{D}\{x_0\}$.

导数 $f'(x_0)$ 刻画了函数 $f(x)$ 在点 x_0 处相对于自变量 x 变化的快慢程度．

导数的定义式(1.1)也可取不同的形式．

若记 $x_0 + \Delta x = x$，则有 $\Delta x = x - x_0$，当 $\Delta x \to 0$ 时，有 $x \to x_0$，故式(1.1)可改写为

$$\lim_{\Delta x \to 0} \frac{\Delta y}{\Delta x} = \lim_{x \to x_0} \frac{f(x) - f(x_0)}{x - x_0}. \tag{1.2}$$

如果极限(1.1)或(1.2)不存在，便说函数 $f(x)$ 在点 x_0 处不可导．对于在点 x_0 处连续的函数 $f(x)$，当极限(1.1)或(1.2)为无穷大时，虽然导数不存在，但为了方便起见，也称函数 $f(x)$ 在点 x_0 处的导数为无穷大，写为 $f'(x_0) = \infty$.

按照导数的定义，变速直线运动在时刻 t_0 的瞬时速度 v_0 就是路程函数 $s(t)$ 在 t_0 处的导数 $s'(t_0)$；曲线 $y = f(x)$ 在点 $P_0(x_0, y_0)$ 处的切线斜率就是函数 $f(x)$ 在点 x_0 处的导数 $f'(x_0)$.

如果函数 $f(x)$ 在区间 (a, b) 内每一点 x 处的导数都存在，则称 $f(x)$ 在 (a, b) 内可导．

若用记号 $\mathrm{D}(I)$ 表示区间 I 上全体可导函数的集合，则 $f(x) \in \mathrm{D}(I)$ 及 $f(x) \in \mathrm{D}(a, b)$ 表示 $f(x)$ 是 I 内及 (a, b) 内的可导函数．为了方便，也可以简记为 $f(x) \in \mathrm{D}$ 或 $f \in \mathrm{D}$.

若 $f(x) \in \mathrm{D}(a, b)$，则对于任一 $x \in (a, b)$ 都有一个确定的导数值 $f'(x)$ 与之对应，因此 $f'(x)$ 也是区间 (a, b) 内的函数，这个函数称为原来函数 $f(x)$ 的导函数．导函数简称导数．通常记为 y'，$f'(x)$，$\frac{dy}{dx}$ 或 $\frac{df(x)}{dx}$.

显然，$f(x)$ 在点 x_0 处的导数 $f'(x_0)$ 是导函数 $f'(x)$ 在 $x = x_0$ 处的函数值，即

$$f'(x_0) = f'(x)|_{x=x_0}.$$

例 1.1 求函数 $y = \sqrt{x}\ (x > 0)$ 的导数，并求 $\left.\frac{dy}{dx}\right|_{x=4}$.

解 求增量：在点 x 处给自变量以增量 Δx，算出函数相应的增量

$$\Delta y = \sqrt{x + \Delta x} - \sqrt{x}.$$

作比值:

$$\frac{\Delta y}{\Delta x}=\frac{\sqrt{x+\Delta x}-\sqrt{x}}{\Delta x}.$$

取极限,有

$$\frac{\mathrm{d}y}{\mathrm{d}x}=\lim_{\Delta x\to 0}\frac{\Delta y}{\Delta x}=\lim_{\Delta x\to 0}\frac{\sqrt{x+\Delta x}-\sqrt{x}}{\Delta x}$$

$$=\lim_{\Delta x\to 0}\frac{\Delta x}{\Delta x(\sqrt{x+\Delta x}+\sqrt{x})}=\frac{1}{2\sqrt{x}}.$$

故函数 $y=\sqrt{x}$在点 $x=4$ 时的导数为

$$\left.\frac{\mathrm{d}y}{\mathrm{d}x}\right|_{x=4}=\left.\frac{1}{2\sqrt{x}}\right|_{x=4}=\frac{1}{4}.$$

定义 1.2 设函数 $f(x)$在点 x_0 的某邻域内有定义,如果极限

$$\lim_{\Delta x\to 0^+}\frac{f(x_0+\Delta x)-f(x_0)}{\Delta x}$$

存在,则称此极限值为函数 $f(x)$在点 x_0 处的右导数,记为 $f'_+(x_0)$.仿此可以定义函数 $f(x)$在 x_0 处的左导数为

$$f'_-(x_0)=\lim_{\Delta x\to 0^-}\frac{f(x_0+\Delta x)-f(x_0)}{\Delta x}.$$

显然 $f(x)$在点 x_0 处可导的充分必要条件是左导数 $f'_-(x_0)$和右导数 $f'_+(x_0)$都存在且相等,即

$$f'_+(x_0)=f'_-(x_0)=f'(x_0).$$

左导数和右导数统称为单侧导数.

如果 $f(x)$在开区间(a,b)内可导,且 $f'_+(a)$及 $f'_-(b)$都存在,就说 $f(x)$在闭区间$[a,b]$上可导.即 $f(x)\in \mathrm{D}[a,b]$.

3.1.3 导数的几何意义

由前面关于曲线的切线斜率的讨论及导数的定义知,函数 $y=f(x)$在点 x_0 处的导数 $f'(x_0)$在几何上表示曲线 $y=f(x)$在点 $P_0(x_0,y_0)$处切线的斜率,即

$$f'(x_0)=\tan\alpha,$$

其中 α 是切线的倾角(见图 3-1).

根据平面解析几何中直线的点斜式方程,可知曲线 $y=f(x)$在点 $P_0(x_0,y_0)$处的切线方程为

$$y-y_0=f'(x_0)(x-x_0). \tag{1.3}$$

过曲线 $y=f(x)$上一点 P_0 而与切线垂直的直线称为曲线在点 $P_0(x_0,y_0)$处的法线,如果 $f'(x_0)\neq 0$,则其法线方程为

$$y-y_0=-\frac{1}{f'(x_0)}(x-x_0). \tag{1.4}$$

如果 $f'(x_0)=0$,则曲线 $y=f(x)$ 在点 $P_0(x_0,y_0)$ 处的切线方程为 $y=y_0$,法线方程为 $x=x_0$.

当函数 $f(x)$ 在点 x_0 处连续,而 $f'(x_0)=\infty$ 时,曲线 $y=f(x)$ 在点 $P_0(x_0,y_0)$ 处的切线方程为 $x=x_0$,法线方程为 $y=y_0$.

例 1.2 求曲线 $y=\sqrt{x}$ 在点 $M_0(4,2)$ 处的切线方程和法线方程.

解 由例 1.1 知 $y'|_{x=4}=\frac{1}{4}$,故过点 $M_0(4,2)$ 的切线斜率为 $k=\frac{1}{4}$,法线斜率为 -4,所以切线方程为

$$y-2=\frac{1}{4}(x-4).$$

法线方程为
$$y-2=-4(x-4).$$

3.1.4 基本初等函数的导数

1. 常数 $y=C$ 的导数

求增量 $\Delta y=C-C=0$,

作比值 $\frac{\Delta y}{\Delta x}=0$,

取极限 $\lim\limits_{\Delta x\to 0}\frac{\Delta y}{\Delta x}=0$.

因此有 $(C)'=0$,即常数的导数等于零.

2. 幂函数 $y=x^{\alpha}(\alpha\in\mathbf{R})$ 的导数

当 $\alpha=n$ 时,

求增量 $\Delta y=(x+\Delta x)^n-x^n=nx^{n-1}\Delta x+\frac{n(n-1)}{2!}x^{n-2}(\Delta x)^2+\cdots+(\Delta x)^n$,

作比值 $\frac{\Delta y}{\Delta x}=nx^{n-1}+\frac{n(n-1)}{2!}x^{n-2}\Delta x+\cdots+(\Delta x)^{n-1}$,

取极限 $\lim\limits_{\Delta x\to 0}\frac{\Delta y}{\Delta x}=nx^{n-1}$,

即

$$(x^n)'=nx^{n-1}.$$

当 α 为任意实数时,有

$$(x^{\alpha})'=\alpha x^{\alpha-1}.$$

这是幂函数的求导公式,公式的证明将在以后给出.

3. 正弦函数 $y=\sin x$ 的导数

求增量 $\Delta y=\sin(x+\Delta x)-\sin x=2\cos\left(x+\frac{\Delta x}{2}\right)\sin\frac{\Delta x}{2}$,

作比值 $\frac{\Delta y}{\Delta x}=\frac{2\cos\left(x+\frac{\Delta x}{2}\right)\sin\frac{\Delta x}{2}}{\Delta x}=\cos\left(x+\frac{\Delta x}{2}\right)\frac{\sin\frac{\Delta x}{2}}{\frac{\Delta x}{2}}$,

取极限 $\lim\limits_{\Delta x\to 0}\dfrac{\Delta y}{\Delta x}=\lim\limits_{\Delta x\to 0}\left[\cos\left(x+\dfrac{\Delta x}{2}\right)\dfrac{\sin\dfrac{\Delta x}{2}}{\dfrac{\Delta x}{2}}\right]$

$$=\cos x\cdot 1=\cos x.$$

即

$$(\sin x)'=\cos x.$$

用类似方法容易求余弦函数 $\cos x$ 的导数为

$$(\cos x)'=-\sin x.$$

4. 指数函数 $y=a^x(a>0,a\neq 1)$ 的导数

求增量 $\Delta y=a^{x+\Delta x}-a^x=a^x(a^{\Delta x}-1)$,

作比值 $\dfrac{\Delta y}{\Delta x}=\dfrac{a^x(a^{\Delta x}-1)}{\Delta x}$,

取极限 $\lim\limits_{\Delta x\to 0}\dfrac{\Delta y}{\Delta x}=\lim\limits_{\Delta x\to 0}a^x\dfrac{(a^{\Delta x}-1)}{\Delta x}=a^x\ln a$,

即

$$(a^x)'=a^x\ln a.$$

特殊地,当 $a=\mathrm{e}$ 时,因为 $\ln\mathrm{e}=1$,故有

$$(\mathrm{e}^x)'=\mathrm{e}^x.$$

5. 对数函数 $y=\log_a x(a>0,a\neq 1)$ 的导数

求增量 $\Delta y=\log_a(x+\Delta x)-\log_a x=\log_a\left(1+\dfrac{\Delta x}{x}\right)$,

作比值 $\dfrac{\Delta y}{\Delta x}=\dfrac{1}{\Delta x}\log_a\left(1+\dfrac{\Delta x}{x}\right)=\dfrac{1}{x}\log_a\left(1+\dfrac{\Delta x}{x}\right)^{\frac{x}{\Delta x}}$,

取极限 $\lim\limits_{\Delta x\to 0}\dfrac{\Delta y}{\Delta x}=\lim\limits_{\Delta x\to 0}\dfrac{1}{x}\log_a\left(1+\dfrac{\Delta x}{x}\right)^{\frac{x}{\Delta x}}$

$$=\frac{1}{x}\log_a\lim_{\Delta x\to 0}\left(1+\frac{\Delta x}{x}\right)^{\frac{x}{\Delta x}}$$

$$=\frac{1}{x}\log_a\mathrm{e}=\frac{1}{x\ln a},$$

即

$$(\log_a x)'=\frac{1}{x\ln a}.$$

特殊地,当 $a=\mathrm{e}$ 时,$\ln\mathrm{e}=1$,从而以 e 为底的对数函数 $\ln x$ 的导数为

$$(\ln x)'=\frac{1}{x}.$$

例 1.3 求 $y=\dfrac{\sqrt{x}}{x^2}$ 的导数 y'.

解 根据幂函数的导数公式,有

$$y' = \left(\frac{\sqrt{x}}{x^2}\right)' = (x^{-\frac{3}{2}})' = -\frac{3x^{-\frac{5}{2}}}{2} = -\frac{3}{2x^2\sqrt{x}}.$$

3.1.5 函数的可导性与连续性的关系

函数在任一点处的可导性与连续性是函数的两个重要概念.虽然在导数的定义中,并未要求函数在点 x_0 处连续,但可导性与连续性之间有着内在的关系.

定理 1.1 如果函数 $y=f(x)$在点 x_0 处可导,则 $f(x)$在点 x_0 处必定连续.

证明 设自变量在点 x_0 处有增量 Δx,则函数在点 x_0 处对应的增量为

$$\Delta y = f(x_0+\Delta x) - f(x_0).$$

因为函数 $y=f(x)$在点 x_0 处可导,故极限

$$\lim_{\Delta x\to 0}\frac{\Delta y}{\Delta x} = f'(x_0)$$

存在.再根据具有极限的函数与无穷小量的关系可知:

$$\frac{\Delta y}{\Delta x} = f'(x_0) + \alpha,$$

其中

$$\lim_{\Delta x\to 0}\alpha = 0.$$

从而有

$$\Delta y = f'(x_0)\Delta x + \alpha\Delta x.$$

那么,当 $\Delta x\to 0$ 时,就得到

$$\lim_{\Delta x\to 0}\Delta y = \lim_{\Delta x\to 0}[f'(x_0)\Delta x + \alpha\Delta x] = 0.$$

根据函数在一点处连续的定义,可知函数 $y=f(x)$在点 x_0 处连续. 证毕.

这个定理说明,如果函数 $f(x)$在点 x_0 处可导,那么这个函数在点 x_0 处必定连续.即函数可导是函数连续的充分条件.

然而一个函数在某点处连续却不一定在该点处可导,下面的例子就说明了这一点.

例 1.4 函数 $y=|x|$在点 $x=0$ 处是连续的,但是它在该点处不可导.

解 因为 $$f'_-(0) = \lim_{\Delta x\to 0^-}\frac{|0+\Delta x|-|0|}{\Delta x} = \lim_{\Delta x\to 0^-}\frac{-\Delta x}{\Delta x} = -1,$$

$$f'_+(0) = \lim_{\Delta x\to 0^+}\frac{|0+\Delta x|-|0|}{\Delta x} = \lim_{\Delta x\to 0^+}\frac{\Delta x}{\Delta x} = 1,$$

即在点 $x=0$ 处,$y=|x|$的左、右导数不相等,所以此函数在点 $x=0$ 处不可导.

由以上讨论可知,函数连续是函数可导的必要条件,但不是充分条件.

习题 3-1

1. 按导数定义求下列函数的导数：

(1) $y=x^2$；　(2) $y=\cos x$；　(3) $y=\frac{1}{x}$.

2. 利用导数公式求下列函数的导数：

(1) $y=e^2$；　(2) $y=x\sqrt[3]{x}$；

(3) $y=\frac{x^3}{\sqrt{3}}$；　(4) $y=\log_3 x$.

3. 求曲线 $y=\sin x$ 在 $x=\frac{\pi}{3}$ 处的切线方程和法线方程.

4. 已知物体的运动规律为 $s=2t^3$(m)，求该物体在 $t=2$(s)时的速度.

5. 设 $f(x)=|x-a|\varphi(x)$，其中 $\varphi(x)$ 为连续函数，且 $\varphi(a)\neq 0$，求 $f_+'(a)$、$f'_-(a)$.

6. 下列各题中，假定 $f'(x_0)$ 存在，根据导数定义，指出 A 表示什么？

(1) $\lim\limits_{x\to x_0}\frac{f(x)-f(x_0)}{x-x_0}=A$；

(2) $\lim\limits_{\Delta x\to 0}\frac{f(x_0-\Delta x)-f(x_0)}{\Delta x}=A$；

(3) $\lim\limits_{h\to 0}\frac{f(x_0+h)-f(x_0)}{h}=A$.

7. 以初速度 v_0 竖直上抛的物体，其上升高度 s 与时间 t 的关系是 $s=v_0t-\frac{1}{2}gt^2$，求该物体的速度 $v(t)$.

3.2 函数的微分法

求函数导数的方法称为微分法.本节介绍求函数导数的几个基本法则和复合函数微分法.借助这组求导法则和公式，就能比较简捷地求出初等函数的导数.

3.2.1 函数的和、差、积、商的求导法则

定理 2.1 设函数 $u(x)$、$v(x)\in D$，则函数 $y=u(x)\pm v(x)\in D$，且有

$$[u(x)\pm v(x)]'=u'(x)\pm v'(x). \tag{2.1}$$

证 设自变量在点 x 处有增量 Δx，则函数 y 对应的增量为

$$\begin{aligned}\Delta y&=[u(x+\Delta x)\pm v(x+\Delta x)]-[u(x)\pm v(x)]\\&=[u(x+\Delta x)-u(x)]\pm[v(x+\Delta x)-v(x)]\\&=\Delta u\pm\Delta v,\end{aligned}$$

作比值

$$\frac{\Delta y}{\Delta x}=\frac{\Delta u}{\Delta x}\pm\frac{\Delta v}{\Delta x},$$

取极限

$$\begin{aligned}y'&=\lim_{\Delta x\to 0}\frac{\Delta y}{\Delta x}=\lim_{\Delta x\to 0}\left[\frac{\Delta u}{\Delta x}\pm\frac{\Delta v}{\Delta x}\right]\\&=\lim_{\Delta x\to 0}\frac{\Delta u}{\Delta x}\pm\lim_{\Delta x\to 0}\frac{\Delta v}{\Delta x}\\&=u'(x)\pm v'(x).\end{aligned}$$

证毕.

即两个函数的代数和的导数,等于这两个函数的导数的代数和.

这个定理可以推广到有限多个函数的代数和的情形,即

$$[u_1(x)\pm u_2(x)\pm\cdots\pm u_n(x)]'=u'_1(x)\pm u'_2(x)\pm\cdots\pm u'_n(x).$$

例 2.1 求 $y=\sin\frac{\pi}{3}-\cos x+2^x$ 的导数 y'.

解 $y'=(\sin\frac{\pi}{3})'-(\cos x)'+(2^x)'$

$=0-(-\sin x)+2^x\ln 2$

$=\sin x+2^x\ln 2.$

例 2.2 求 $y=\frac{\sqrt[3]{x}}{\sqrt{x}}+\ln(5x)$的导数 y'.

解 $y'=(x^{-\frac{1}{6}})'+(\ln 5+\ln x)'$

$=-\frac{1}{6}x^{-\frac{7}{6}}+0+\frac{1}{x}$

$=\frac{1}{x}-\frac{1}{6x\sqrt[6]{x}}.$

定理 2.2 若 $u(x),v(x)\in D$,则$[u(x)v(x)]\in D$,且有

$$[u(x)v(x)]'=u'(x)v(x)+u(x)v'(x).\tag{2.2}$$

证 令 $y=u(x)v(x)$,则

$$\begin{aligned}\Delta y&=u(x+\Delta x)v(x+\Delta x)-u(x)v(x)\\&=u(x+\Delta x)v(x+\Delta x)-u(x)v(x+\Delta x)+\\&\quad u(x)v(x+\Delta x)-u(x)v(x)\\&=[u(x+\Delta x)-u(x)]v(x+\Delta x)+u(x)[v(x+\Delta x)-v(x)]\\&=\Delta u\cdot v(x+\Delta x)+u(x)\cdot\Delta v.\end{aligned}$$

作比值

$$\frac{\Delta y}{\Delta x}=\frac{\Delta u}{\Delta x}v(x+\Delta x)+u(x)\frac{\Delta v}{\Delta x}.$$

取极限,注意到 $u(x)$、$v(x)$都在点 x 处可导,故 $v(x)$在点 x 处必连续.于是,当 $\Delta x\to 0$ 时,$v(x+\Delta x)\to v(x)$,那么

$$y' = \lim_{\Delta x \to 0} \frac{\Delta y}{\Delta x} = \lim_{\Delta x \to 0} \left[\frac{\Delta u}{\Delta x} v(x+\Delta x) + u(x) \frac{\Delta v}{\Delta x} \right]$$

$$= \lim_{\Delta x \to 0} \frac{\Delta u}{\Delta x} \lim_{\Delta x \to 0} v(x+\Delta x) + u(x) \lim_{\Delta x \to 0} \frac{\Delta v}{\Delta x}$$

$$= u'(x)v(x) + u(x)v'(x).$$

证毕.

即两个可导函数 $u(x)$、$v(x)$乘积的导数,等于 $u(x)$的导数 $u'(x)$乘以 $v(x)$的积与 $v(x)$的导数 $v'(x)$乘以 $u(x)$的积之和.

特别是当 $v(x)=C$(C 为常数)时,有

$$[Cu(x)]' = Cu'(x),$$

也就是说,求常数与可导函数乘积的导数时,可以将常数因子 C 提到求导记号外边去.

定理 2.2 的求导法则可以推广到有限多个函数乘积的情形,例如三个函数之积的情况:

$$[u(x)v(x)w(x)]'$$
$$= u'(x)v(x)w(x) + u(x)v'(x)w(x) + u(x)v(x)w'(x).$$

例 2.3 求函数 $y=(x-x^3)\log_3 x$ 的导数.

解 $y' = [(x-x^3)\log_3 x]'$

$$= (x-x^3)'\log_3 x + (x-x^3)(\log_3 x)'$$

$$= (1-3x^2)\log_3 x + (x-x^3)\frac{1}{x\ln 3}$$

$$= (1-3x^2)\log_3 x + \frac{1-x^2}{\ln 3}.$$

例 2.4 设 $f(x)=x^3(\ln x)\cos x$,求 $f'(x)$.

解 $f'(x) = (x^3)'(\ln x)\cos x + x^3(\ln x)'\cos x + x^3\ln x(\cos x)'$

$$= 3x^2(\ln x)\cos x + x^3 \cdot \frac{1}{x}\cos x + x^3\ln x(-\sin x)$$

$$= x^2[3(\ln x)\cos x + \cos x - x(\ln x)\sin x].$$

定理 2.3 若 $u(x)$、$v(x)\in \mathrm{D}$,且 $v(x)\neq 0$,则 $y=\left[\frac{u(x)}{v(x)}\right]\in \mathrm{D}$,且有

$$\left[\frac{u(x)}{v(x)}\right]' = \frac{u'(x)v(x)-u(x)v'(x)}{[v(x)]^2}. \tag{2.3}$$

证 $\Delta y = \dfrac{u(x+\Delta x)}{v(x+\Delta x)} - \dfrac{u(x)}{v(x)}$

$$= \frac{u(x+\Delta x)v(x) - u(x)v(x+\Delta x)}{v(x+\Delta x)v(x)}$$

$$= \frac{[u(x+\Delta x)-u(x)]v(x) - u(x)[v(x+\Delta x)-v(x)]}{v(x+\Delta x)v(x)}$$

$$= \frac{\Delta u \cdot v(x) - u(x)\cdot \Delta v}{v(x+\Delta x)v(x)},$$

故

$$\left[\frac{u(x)}{v(x)}\right]' = \lim_{\Delta x \to 0}\frac{\Delta y}{\Delta x} = \lim_{\Delta x \to 0} \frac{\frac{\Delta u}{\Delta x}v(x) - u(x)\frac{\Delta v}{\Delta x}}{v(x+\Delta x)v(x)}$$

$$=\frac{u'(x)v(x)-u(x)v'(x)}{[v(x)]^2}.$$ 证毕.

特殊地,当 $u(x)=1$ 时,有

$$\left[\frac{1}{v(x)}\right]'=-\frac{v'(x)}{[v(x)]^2}.$$

例 2.5 求函数 $y=\tan x$ 和 $y=\cot x$ 的导数.

解 先求 $y=\tan x$ 的导数.

$$y'=(\tan x)'=\left(\frac{\sin x}{\cos x}\right)'$$
$$=\frac{\cos x(\sin x)'-\sin x(\cos x)'}{\cos^2 x}$$
$$=\frac{\cos x\cdot\cos x-\sin x(-\sin x)}{\cos^2 x}$$
$$=\frac{1}{\cos^2 x}=\sec^2 x.$$

即

$$(\tan x)'=\sec^2 x. \tag{2.4}$$

再求 $y=\cot x$ 的导数.

$$y'=(\cot x)'=\left(\frac{\cos x}{\sin x}\right)'$$
$$=\frac{\sin x(\cos x)'-\cos x(\sin x)'}{\sin^2 x}$$
$$=\frac{\sin x(-\sin x)-\cos x\cos x}{\sin^2 x}$$
$$=-\frac{1}{\sin^2 x}=-\csc^2 x.$$

即

$$(\cot x)'=-\csc^2 x. \tag{2.5}$$

例 2.6 求函数 $y=\sec x$ 和 $y=\csc x$ 的导数.

解 $y'=(\sec x)'=\left(\dfrac{1}{\cos x}\right)'=-\dfrac{(\cos x)'}{\cos^2 x}$

$$=\frac{\sin x}{\cos^2 x}=\tan x\sec x.$$

即

$$(\sec x)'=\tan x\sec x. \tag{2.6}$$

用同样的方法可以求出

$$(\csc x)'=-\cot x\csc x. \tag{2.7}$$

3.2.2 反函数的导数

定理 2.4 设函数 $x=\varphi(y)$ 在区间 I_y 内单调可导,并且 $\varphi'(y)\neq 0$,则其反函数 $y=f(x)$ 在对应区间 $I_x=\{x\mid x=\varphi(y),y\in I_y\}$ 内也可导,且有

$$f'(x)=\frac{1}{\varphi'(y)}. \tag{2.8}$$

证 因为函数 $x=\varphi(y)$在区间 I_y 内单调可导,故它在区间 I_y 内必单调连续,则其反函数 $y=f(x)$在 I_x 内也单调连续,由 $f(x)$的单调性,当 $\Delta x\neq 0$ 时,必有 $\Delta y\neq 0$. 由 $f(x)$的连续性,当 $\Delta x\to 0$ 时,必有 $\Delta y\to 0$. 又由假设 $\varphi'(y)\neq 0$,从而有

$$f'(x)=\lim_{\Delta x\to 0}\frac{\Delta y}{\Delta x}=\frac{1}{\lim\limits_{\Delta y\to 0}\dfrac{\Delta x}{\Delta y}}=\frac{1}{\varphi'(y)}.$$

证毕.

例 2.7 求反正弦函数 $y=\arcsin x$ 的导数.

解 反正弦函数 $y=\arcsin x(-1\leqslant x\leqslant 1)$是函数 $x=\sin y(-\frac{\pi}{2}\leqslant y\leqslant\frac{\pi}{2})$的反函数. 而函数 $x=\sin y$ 在开区间 $-\frac{\pi}{2}<y<\frac{\pi}{2}$内单调且可导,并且

$$(\sin y)'=\cos y>0,y\in\left(-\frac{\pi}{2},\frac{\pi}{2}\right).$$

根据式(2.8),在对应的区间 $-1<x<1$ 内有

$$(\arcsin x)'=\frac{1}{(\sin y)'}=\frac{1}{\cos y}=\frac{1}{\sqrt{1-\sin^2 y}}=\frac{1}{\sqrt{1-x^2}}.$$

其中,$\cos y=\sqrt{1-\sin^2 y}$的根式前面取正号,是因为在区间 $-\frac{\pi}{2}<y<\frac{\pi}{2}$内,$\cos y>0$. 于是反正弦函数的导数

$$(\arcsin x)'=\frac{1}{\sqrt{1-x^2}}. \tag{2.9}$$

用同样的方法可以求出反余弦函数的导数

$$(\arccos x)'=-\frac{1}{\sqrt{1-x^2}}. \tag{2.10}$$

例 2.8 求反正切函数 $y=\arctan x$ 的导数.

解 反正切函数 $y=\arctan x(-\infty<x<+\infty)$是函数 $x=\tan y(-\frac{\pi}{2}<y<\frac{\pi}{2})$的反函数. 而函数 $x=\tan y$ 在开区间 $-\frac{\pi}{2}<y<\frac{\pi}{2}$内单调且可导,并且

$$(\tan y)'=\sec^2 y>0,y\in\left(-\frac{\pi}{2},\frac{\pi}{2}\right),$$

根据式(2.8),在对应区间 $-\infty<x<+\infty$ 内有

$$(\arctan x)'=\frac{1}{(\tan y)'}=\frac{1}{\sec^2 y}=\frac{1}{1+\tan^2 y}=\frac{1}{1+x^2},$$

因此反正切函数的导数

$$(\arctan x)' = \frac{1}{1+x^2}. \tag{2.11}$$

用同样的方法可以求出反余切函数的导数

$$(\text{arccot}\ x)' = -\frac{1}{1+x^2}. \tag{2.12}$$

3.2.3　复合函数微分法

定理 2.5　设函数 $u=\varphi(x)$在点 x 处可导,而函数 $y=f(u)$在对应点 u 处可导,则复合函数 $y=f[\varphi(x)]$在点 x 处可导,且其导数

$$\frac{dy}{dx} = f'(u)\varphi'(x). \tag{2.13}$$

证　设自变量在点 x 处有增量 Δx,中间变量 $u=\varphi(x)$对应的增量为 Δu,于是 $y=f(u)$对应的增量为 Δy,由于 $y=f(u)$在点 u 处可导,故当 $\Delta u \to 0$ 时,有

$$\lim_{\Delta u \to 0}\frac{\Delta y}{\Delta u} = f'(u).$$

根据极限存在与无穷小量的关系,有

$$\frac{\Delta y}{\Delta u} = f'(u) + \alpha, \tag{2.14}$$

其中,当 $\Delta u \to 0$ 时,$\alpha \to 0$,从而式(2.14)可改写为

$$\Delta y = f'(u)\Delta u + \alpha\Delta u. \tag{2.15}$$

于是

$$\frac{\Delta y}{\Delta x} = f'(u)\frac{\Delta u}{\Delta x} + \alpha\frac{\Delta u}{\Delta x}.$$

注意到 $u=\varphi(x)$在点 x 处连续,因此当 $\Delta x \to 0$ 时,$\Delta u \to 0$,从而 $\alpha \to 0$,所以

$$\begin{aligned}\lim_{\Delta x \to 0}\frac{\Delta y}{\Delta x} &= f'(u)\lim_{\Delta x \to 0}\frac{\Delta u}{\Delta x} + \lim_{\Delta x \to 0}\left(\alpha\frac{\Delta u}{\Delta x}\right)\\ &= f'(u)\lim_{\Delta x \to 0}\frac{\Delta u}{\Delta x} + \lim_{\Delta u \to 0}\alpha\lim_{\Delta x \to 0}\frac{\Delta u}{\Delta x}\\ &= f'(u)\varphi'(x),\end{aligned}$$

即

$$\frac{dy}{dx} = f'(u)\varphi'(x).$$

证毕.

复合函数的求导数公式也可以写成

$$\frac{dy}{dx} = \frac{dy}{du}\frac{du}{dx}.$$

例 2.9　求 $y=(x^3+x)^{10}$的导数 y'.

解　设 $y=u^{10}$,$u=x^3+x$,则

$$\begin{aligned}y' &= (u^{10})'(x^3+x)' = 10u^9(3x^2+1)\\ &= 10(x^3+x)^9(3x^2+1).\end{aligned}$$

例 2.10　求 $y=e^{-x}$的导数 y'.

解 设 $y=e^u, u=-x$,则

$$y'=(e^u)'(-x)'=e^u(-1)=-e^{-x}.$$

例 2.11 求 $y=\operatorname{sh} x=\dfrac{e^x-e^{-x}}{2}$的导数.

解 $y'=(\operatorname{sh} x)'=\dfrac{(e^x)'-(e^{-x})'}{2}=\dfrac{e^x+e^{-x}}{2}=\operatorname{ch} x.$

即双曲正弦函数的导数

$$(\operatorname{sh} x)'=\operatorname{ch} x.$$

同样方法求得双曲余弦函数的导数为

$$(\operatorname{ch} x)'=\operatorname{sh} x.$$

例 2.12 求 $y=x^\alpha(x>0,\alpha$ 为任意实数)的导数.

解 因为 $y=x^\alpha=e^{\alpha\ln x}$,设 $y=e^u, u=\alpha\ln x$,所以

$$y'=(e^u)'(\alpha\ln x)'=e^u\alpha\frac{1}{x}=x^\alpha\frac{\alpha}{x}=\alpha x^{\alpha-1},$$

即

$$(x^\alpha)'=\alpha x^{\alpha-1}(x>0).$$

复合函数的求导法则可以推广到两个以上中间变量的情形.例如,$y=f(u), u=\varphi(v), v=\psi(x)$,则复合函数 $y=f[\varphi(\psi(x))]$的导数公式为

$$y'=f'(u)\varphi'(v)\psi'(x).$$

例 2.13 求 $y=\cos^3(\alpha x+\beta)(\alpha,\beta\in\mathbf{R})$的导数.

解 设 $y=u^3, u=\cos v, v=\alpha x+\beta$,则有

$$\begin{aligned}y'&=(u^3)'(\cos v)'(\alpha x+\beta)'=3u^2(-\sin v)\cdot\alpha\\&=-3\alpha\cos^2(\alpha x+\beta)\sin(\alpha x+\beta).\end{aligned}$$

例 2.14 求 $y=\ln|x|$的导数.

解 当 $x>0$ 时,$y=\ln|x|=\ln x, y'=\dfrac{1}{x}$;

当 $x<0$ 时,$y=\ln|x|=\ln(-x)=\ln u, u=-x$,

则 $$y'=(\ln u)'(-x)'=\frac{1}{u}(-1)=\frac{1}{x}.$$

综上所述,有

$$(\ln|x|)'=\frac{1}{x}.$$

例 2.15 求 $y=\arctan\sqrt{x}$的导数.

解
$$\begin{aligned}y'&=(\arctan\sqrt{x})'=\frac{1}{1+(\sqrt{x})^2}(\sqrt{x})'\\&=\frac{1}{1+x}\frac{1}{2\sqrt{x}}=\frac{\sqrt{x}}{2x(1+x)}.\end{aligned}$$

例 2.16 求 $y=e^{\cos\frac{1}{x}}$的导数.

解 $y' = (e^{\cos\frac{1}{x}})' = e^{\cos\frac{1}{x}}(\cos\frac{1}{x})' = e^{\cos\frac{1}{x}}(-\sin\frac{1}{x})(\frac{1}{x})'$

$= e^{\cos\frac{1}{x}}(-\sin\frac{1}{x})(-\frac{1}{x^2})$

$= \frac{1}{x^2}e^{\cos\frac{1}{x}}\sin\frac{1}{x}.$

3.2.4 初等函数的求导问题

前面已推导出所有的基本初等函数的导数公式,而且还推导出函数的和、差、积、商的求导法则与复合函数的求导法则,因此求初等函数的导数,只要运用基本初等函数导数公式、四则运算的求导法则和复合函数的求导法则,就可以顺利地解决了.为此我们把这些求导公式和求导法则归纳如下.

1. 基本初等函数的导数公式

$(C)' = 0,$ $(x^\alpha)' = \alpha x^{\alpha-1},$

$(\ln x)' = \frac{1}{x},$ $(e^x)' = e^x,$

$(\log_a x)' = \frac{1}{x\ln a},$ $(a^x)' = a^x\ln a,$

$(\sin x)' = \cos x,$ $(\cos x)' = -\sin x,$

$(\tan x)' = \sec^2 x,$ $(\cot x)' = -\csc^2 x,$

$(\sec x)' = \sec x\tan x,$ $(\csc x)' = -\csc x\cot x,$

$(\arcsin x)' = \frac{1}{\sqrt{1-x^2}},$ $(\arccos x)' = -\frac{1}{\sqrt{1-x^2}},$

$(\arctan x)' = \frac{1}{1+x^2},$ $(\text{arccot}\ x)' = -\frac{1}{1+x^2}.$

2. 函数的和、差、积、商的求导法则

$(u \pm v)' = u' \pm v',$

$(uv)' = u'v + uv',$

$\left(\frac{u}{v}\right) = \frac{u'v - uv'}{v^2}(v \neq 0).$

3. 复合函数的求导法则

设 $y = f(u)$,而 $u = \varphi(x)$,则复合函数 $y = f[\varphi(x)]$的导数为

$$\frac{dy}{dx} = \frac{dy}{du}\frac{du}{dx}\text{或}y'(x) = f'(u)\varphi'(x).$$

例 2.17 求反双曲函数 arsh x、arch x、arth x 的导数.

解 $(\text{arsh}\ x)' = [\ln(x+\sqrt{x^2+1})]' = \frac{1}{x+\sqrt{x^2+1}}(x+\sqrt{x^2+1})'$

$$= \frac{1}{x+\sqrt{x^2+1}}\left(1+\frac{1}{2\sqrt{x^2+1}}\cdot 2x\right)$$

$$= \frac{1}{x+\sqrt{x^2+1}}\left(1+\frac{x}{\sqrt{x^2+1}}\right)$$

$$= \frac{1}{\sqrt{x^2+1}}, -\infty < x < +\infty.$$

$$(\operatorname{arch} x)' = [\ln(x+\sqrt{x^2-1})]'$$

$$= \frac{1}{x+\sqrt{x^2-1}}\left(1+\frac{1}{2\sqrt{x^2-1}}\cdot 2x\right)$$

$$= \frac{1}{x+\sqrt{x^2-1}}\left(1+\frac{x}{\sqrt{x^2-1}}\right)$$

$$= \frac{1}{\sqrt{x^2-1}}, 1 < x < +\infty.$$

$$(\operatorname{arth} x)' = \left(\frac{1}{2}\ln\frac{1+x}{1-x}\right)'$$

$$= \frac{1}{2}[\ln(1+x)-\ln(1-x)]'$$

$$= \frac{1}{2}\left(\frac{1}{1+x}+\frac{1}{1-x}\right)$$

$$= \frac{1}{1-x^2}, -1 < x < 1.$$

例 2.18 求 $y=\ln\dfrac{x+a}{\sqrt{x^2+b^2}}$的导数.

解 $y=\ln(x+a)-\dfrac{1}{2}\ln(x^2+b^2)$,

$$y' = \frac{1}{x+a}-\frac{1}{2}\frac{2x}{x^2+b^2}=\frac{1}{x+a}-\frac{x}{x^2+b^2}.$$

习题 3-2

1. 求下列函数的导数:

(1) $y=x^6+5a^3x^2-a^5$;

(2) $y=\dfrac{\pi}{x^5}-\dfrac{7}{x^3}+\tan\dfrac{\pi}{3}$;

(3) $y=3x^{\frac{2}{3}}-3^x+3e^x$;

(4) $y=\sin x\cdot\cos x$;

(5) $y=x^4\ln x$;

(6) $y=(2+nx^m)(2+mx^n)$;

(7) $y=(1+x^2)\arctan x-\log_2 x$;

(8) $y=\dfrac{\ln x}{x}$;

(9) $y=\dfrac{1+\sin t}{1+\cos t}$;

(10) $y=x\sin x\ln x$;

(11) $y=a^x x^a\ (a>0)$;

(12) $y=\dfrac{3\operatorname{ch} x}{\ln x}$.

2. 求下列函数在指定点的导数：

(1) $f(x)=\frac{3}{5-x}+\frac{x^3}{5}$，求 $f'(0)$ 和 $f'(2)$；

(2) $\rho=\varphi\sin\varphi+\frac{1}{2}\cos\varphi$，求 $\left.\frac{d\rho}{d\varphi}\right|_{\varphi=\frac{\pi}{4}}$.

3. 求下列复合函数的导数：

(1) $y=(2x+5)^4$；　　(2) $y=\sqrt{1+x^2}$；

(3) $y=5\tan\left(\frac{t}{5}+1\right)$；　　(4) $y=\arctan(x^2+1)$；

(5) $y=\arccos\frac{1}{x}$；　　(6) $y=\left(\arcsin\frac{x}{2}\right)^2$；

(7) $y=e^{\sqrt{1-x^2}}$；　　(8) $y=e^{-\frac{x}{2}}\cos 3x$.

4. 求下列函数的导数：

(1) $y=\frac{x}{\sqrt{1-x^2}}$；　　(2) $y=\tan^3(1-2x)$；

(3) $y=\arccos\sqrt{1-3t}$；　　(4) $y=\arctan\frac{x+1}{x-1}$；

(5) $y=\ln(\sin\sqrt{x^2+1})$；　　(6) $y=\sin^2(\cos 3x)$；

(7) $y=3^{\sqrt{\ln x}}$；　　(8) $y=e^{\arctan\frac{1}{x}}$；

(9) $y=\arcsin\frac{x}{\sqrt{1+x^2}}$；　　(10) $y=2^{\frac{x}{\ln x}}$；

(11) $y=\sin^3 5x\cos^2\frac{x}{3}$；　　(12) $y=\frac{x^3}{3\sqrt{(1+x^2)^3}}$.

5. 证明可导的偶函数的导数是奇函数；而可导的奇函数的导数是偶函数.

6. 设 $f(x)\in D$，求下列函数 y 的导数 $\frac{dy}{dx}$：

(1) $y=f(x^2)$；　　(2) $y=f(\sin^2 x)+f(\cos^2 x)$；

(3) $y=f(e^x)e^{f(x)}$.

3.3 高阶导数

在 3.1 节导数概念中已经知道，物体在做直线运动时，在时刻 t 的速度 v 是路程函数 $s(t)$ 对时间 t 的导数，即 $v=s'(t)$. 可见 v 仍是时间 t 的函数. 而 v 对时间 t 的变化率，也就是 v 对时间 t 的导数正是加速度 a，即

$$a=v'=(s')' \text{ 或 } a=\frac{dv}{dt}=\frac{d}{dt}\left(\frac{ds}{dt}\right).$$

这种对一阶导数再求导数 $(s')'$ 或 $\frac{d}{dt}\left(\frac{ds}{dt}\right)$，叫做 s 对 t 的二阶导数.

定义 3.1. 若函数 $y=f(x)\in \mathrm{D}(I)$,则其导函数 $y'=f'(x)$仍是区间 I 内的函数. 如果极限

$$\lim_{\Delta x\to 0}\frac{f'(x+\Delta x)-f'(x)}{\Delta x}$$

存在,则称此极限值为 $f(x)$在点 x 的二阶导数,记作

$$y'',f''(x),\frac{\mathrm{d}^2y}{\mathrm{d}x^2}\text{或}\frac{\mathrm{d}^2f}{\mathrm{d}x^2}.$$

类似地,如果二阶导数 $f''(x)$仍是可导函数,对二阶导数再求一次导数便得到$f(x)$的三阶导数,记为

$$y''',f'''(x),\frac{\mathrm{d}^3y}{\mathrm{d}x^3}\text{或}\frac{\mathrm{d}^3f}{\mathrm{d}x^3}.$$

如此类推,一般地,设 $y=f(x)$的 $n-1(n\in\mathbf{N})$阶导数 $y^{(n-1)}$存在,并且仍然可导,即$[y^{(n-1)}]'$存在时,称该导数为原来函数 $f(x)$的 n 阶导数,并记为

$$y^{(n)},f^{(n)}(x),\frac{\mathrm{d}^ny}{\mathrm{d}x^n}\text{或}\frac{\mathrm{d}^nf}{\mathrm{d}x^n}.$$

二阶及二阶以上的导数统称为高阶导数.由此可见,求函数 $y=f(x)$的高阶导数,只要将函数 $y=f(x)$逐次求导即可得到.

为方便起见,我们用 $\mathrm{D}^n(I)$(或 $\mathrm{D}^n\{x\}$)表示区间 I 上(或点 x 处)所有存在 n 阶导数的函数集合.例如 $f(x)\in \mathrm{D}^n(I)$,表示 $f(x)$是区间 I 上的具有 n 阶导数的函数,更简单地,还可以简记为 $f\in \mathrm{D}^n(I)$或 $f\in \mathrm{D}^n$.

类似地用 $\mathrm{C}^n(I)$(或 $\mathrm{C}^n\{x\}$)表示在区间 I 上(或在点 x 处)具有 n 阶连续导数的函数集合,即 $f(x)\in \mathrm{C}^n(I)$表示 $f(x)$在区间 I 上具有 n 阶连续的导数.更简单地则记为 $f\in \mathrm{C}^n(I)$或 $f\in \mathrm{C}^n$.

例 3.1　设 $y=\sqrt{x^2+1}$,求 y''.

解　$y'=\dfrac{x}{\sqrt{x^2+1}}$,

$$y''=\left(\frac{x}{\sqrt{x^2+1}}\right)'=\frac{\sqrt{x^2+1}-x\dfrac{x}{\sqrt{x^2+1}}}{x^2+1}=\frac{1}{\sqrt{(x^2+1)^3}}.$$

例 3.2　设　$y=ax^3+bx^2-c$,求 $y^{(4)}$.

解　$y'=3ax^2+2bx$,

$y''=6ax+2b$,

$y'''=6a$,

$y^{(4)}=0$.

一般情况下,求函数的高阶导数并没有便捷的方法,但对于某些特殊函数,高阶导数则有公式可用,下面介绍几个例子.

例 3.3　求正弦函数和余弦函数的 n 阶导数.

解 $y=\sin x, y'=\cos x=\sin\left(x+\frac{\pi}{2}\right)$,

$$y''=\cos\left(x+\frac{\pi}{2}\right)=\sin\left[\left(x+\frac{\pi}{2}\right)+\frac{\pi}{2}\right]=\sin\left(x+2\cdot\frac{\pi}{2}\right),$$

$$y'''=\cos\left(x+2\cdot\frac{\pi}{2}\right)=\sin\left[\left(x+\frac{2\pi}{2}\right)+\frac{\pi}{2}\right]=\sin\left(x+3\cdot\frac{\pi}{2}\right),$$

……

假设 $y^{(n-1)}=\sin\left[x+(n-1)\cdot\frac{\pi}{2}\right]$

则 $$y^{(n)}=\cos\left[x+(n-1)\cdot\frac{\pi}{2}\right]=\sin\left[x+(n-1)\cdot\frac{\pi}{2}+\frac{\pi}{2}\right]$$

$$=\sin\left(x+n\cdot\frac{\pi}{2}\right).$$

于是得到 $(\sin x)^{(n)}=\sin\left(x+n\cdot\frac{\pi}{2}\right)$.

类似可推得

$$(\cos x)^{(n)}=\cos\left(x+n\cdot\frac{\pi}{2}\right).$$

例 3.4 求 $y=a^x(a>0,a\neq1)$的 n 阶导数.

解 $y'=(a^x)'=a^x\ln a$;

$y''=(a^x\ln a)=a^x\ln^2 a$;

……

假设 $y^{(n-1)}=a^x\ln^{n-1}a$,

则 $$y^{(n)}=(a^x\ln^{n-1}a)'=a^x\ln^n a.$$

于是得到

$$(a^x)^{(n)}=a^x\ln^n a.$$

特别是当 $a=\mathrm{e}$ 时,注意到 $\ln \mathrm{e}=1$,则有

$$(\mathrm{e}^x)'=(\mathrm{e}^x)''=\cdots=(\mathrm{e}^x)^{(n)}=\mathrm{e}^x.$$

例 3.5 求 $y=\ln(1+x)$的 n 阶导数.

解 $y'=(\ln(1+x))'=\frac{1}{1+x}$,

$$y''=\left(\frac{1}{1+x}\right)'=-\frac{1}{(1+x)^2},$$

$$y'''=\left(-\frac{1}{(1+x)^2}\right)'=-\frac{-2}{(1+x)^3}=\frac{2}{(1+x)^3},$$

假设 $y^{(n-1)}=(-1)^{n-1-1}\frac{(n-1-1)!}{(1+x)^{n-1}}=(-1)^{n-2}\frac{(n-2)!}{(1+x)^{n-1}}$,

则 $$y^{(n)}=\left[(-1)^{n-2}\frac{(n-2)!}{(1+x)^{n-1}}\right]'=(-1)^{n-2}\frac{-(n-1)(n-2)!}{(1+x)^n}$$

$$=(-1)^{n-1}\frac{(n-1)!}{(1+x)^n}.$$

即
$$[\ln(1+x)]^{(n)}=(-1)^{n-1}\frac{(n-1)!}{(1+x)^n}.$$

* **例 3.6** 莱布尼茨(Leibniz)公式 设函数 $u=u(x)$, $v=v(x)$在点 x 处都有直到 n 阶的导数,求其乘积 $y=u(x)v(x)$在点 x 处的 n 阶导数.

解 $(uv)'=u'v+uv'$,

$(uv)''=u''v+2u'v'+uv''$,

$(uv)'''=u'''v+3u''v'+3u'v''+uv'''$,

……

用数学归纳法可以证明

$$(uv)^{(n)}=u^{(n)}v+\frac{n}{1!}u^{(n-1)}v'+\frac{n(n-1)}{2!}u^{(n-2)}v''+\cdots+\frac{n(n-1)\cdots(n-k+1)}{k!}u^{(n-k)}v^{(k)}+\cdots+uv^{(n)}.$$

上式称为莱布尼茨公式.

例 3.7 求 $y=x^2e^x$ 的 20 阶导数

解 设 $u=e^x$, $v=x^2$,则 $u^{(k)}=e^x(k=0,1,2,\cdots,20)$;

$v'=2x$, $v''=2$, $v^{(k)}=0(k=3,4,\cdots,20)$.

利用莱布尼茨公式得到

$$y^{(20)}=(e^x\cdot x^2)^{(20)}=(e^x)^{(20)}x^2+\frac{20(e^x)^{(19)}}{1!}(x^2)'+\frac{20(20-1)}{2!}(e^x)^{(18)}(x^2)''$$
$$=e^x(x^2+40x+380).$$

习题 3-3

1. 求下列函数的二阶导数:

(1) $y=e^{-x^2}$; (2) $y=\ln(1-x^2)$;

(3) $y=(\arcsin x)^2$; (4) $y=x\sqrt{1+x^2}$;

(5) $y=(1+x^2)\arctan x$; (6) $y=e^{2x}\sin 3x$.

2. 设 $f(x)\in D^2$,求以下 y'':

(1) $y=f(x^2)$; (2) $y=f(\frac{1}{x})$;

(3) $y=f(e^x)$; (4) $y=f(\ln x)$.

3. 求下列函数的 n 阶导数的一般表达式:

(1) $y=(ax+b)^n$; (2) $y=x\ln x$;

(3) $y=xe^x$; (4) $y=\frac{1}{x(1-x)}$.

4. 验证函数 $y=C_1e^{\lambda x}+C_2e^{-\lambda x}$($\lambda,C_1,C_2$ 是常数)满足关系式 $y''-\lambda^2y=0$.

5*. 求下列函数的指定阶导数:

(1)$y=x^2\ln x$;求 $y^{(50)}$.

(2)$y=x^2e^{ax}$,求 $y^{(10)}$.

3.4 隐函数及参量函数的导数

3.4.1 隐函数的导数

定义 4.1 对于 x、y 的二元方程 $F(x、y)=0$, 如果存在函数 $y=f(x)$,使得 $F[x,f(x)]\equiv 0$,则称 $y=f(x)$是由方程 $F(x、y)=0$ 所确定的隐函数.

把一个隐函数化成显函数,叫做隐函数的显化.例如从方程 $x^2+y^3-4=0$ 解出 $y=\sqrt[3]{4-x^2}$,就把隐函数化成了显函数.但是正如本书 1.2.5 节所述,隐函数的显化有时很困难,甚至是不可能的,如从方程 $xy-e^x+e^y=0$ 中解出 y 就是不可能的.而在实际问题中,又常常需要计算隐函数的导数,因此,本节介绍一种直接由方程计算它所确定的隐函数导数的方法,称为隐函数微分法.下面通过具体例子说明这种方法.

例 4.1 设由方程 $xy-e^x+e^y=0$ 确定隐函数 y,求 y' 及 $y'|_{x=0}$.

解 把方程 $xy-e^x+e^y=0$ 中的 y 视为由该方程所确定的隐函数 $y=f(x)$,把方程视为恒等式,那么 e^y 就是 x 的复合函数,恒等式的两边对 x 求导数,便得

$$y+xy'-e^x+e^y\cdot y'=0,$$

解出 y',得

$$y'=\frac{e^x-y}{e^y+x}.$$

把 $x=0$ 代入方程 $xy-e^x+e^y=0$ 中,得 $e^y-1=0$,解出 $y=0$,于是有

$$y'|_{x=0}=\left.\frac{e^x-y}{e^y+x}\right|_{x=0}=1.$$

例 4.2 求椭圆$\frac{x^2}{4}+y^2=1$在点 $M\left(\sqrt{2},\frac{\sqrt{2}}{2}\right)$处的切线方程.

解 由隐函数微分法,方程$\frac{x^2}{4}+y^2-1=0$的两边对 x 求导数得

$$\frac{x}{2}+2yy'=0,$$

$$y'=-\frac{x}{4y}.$$

当 $x=\sqrt{2},y=\frac{\sqrt{2}}{2}$时,代入 y'中,得 $y'|_{x=\sqrt{2}}=-\frac{1}{2}$.

由导数的几何意义可知,过点 M 的切线的斜率为

$$k=y'|_{x=\sqrt{2}}=-\frac{1}{2}.$$

于是椭圆过点 M 的切线方程为

$$y-\frac{\sqrt{2}}{2}=-\frac{1}{2}(x-\sqrt{2}),$$

即
$$x+2y-2\sqrt{2}=0.$$

3.4.2 取对数微分法

在计算某些函数的导数时,采用先取对数再求导数的方法比较简便,简称为“取对数微分法”.

对幂指函数 $y=f(x)^{\varphi(x)}(f(x)>0)$,求导数时可以利用取对数微分法,即

$$\ln y=\varphi(x)\ln f(x).$$

等式两边对 x 求导数,得

$$\frac{1}{y}y'=\varphi'(x)\ln f(x)+\varphi(x)\frac{f'(x)}{f(x)},$$

于是

$$\begin{aligned}y'&=y\left(\varphi'(x)\ln f(x)+\varphi(x)\frac{f'(x)}{f(x)}\right)\\&=f(x)^{\varphi(x)}\left(\varphi'(x)\ln f(x)+\varphi(x)\frac{f'(x)}{f(x)}\right).\end{aligned}$$

例 4.3 求函数 $y=x^{\cos x}(x>0)$的导数.

解 取对数 $\ln y=\cos x\ln x$.

两端求 x 的导数,有

$$\frac{y'}{y}=-\sin x\ln x+\frac{\cos x}{x},$$

故
$$y'=x^{\cos x}\left(\frac{\cos x}{x}-\sin x\ln x\right).$$

除了幂指函数之外,凡取对数后其导数易求的函数,都宜于用取对数微分法来求其导数.

例 4.4 求函数 $y=x\sqrt{\frac{1-x}{1+x}}$的导数.

解 本例的函数是由乘、除、开方等运算所构成的,直接求导数较繁.如果用取对数微分法就比较简单了.

将原式两边取对数,得

$$\begin{aligned}\ln y&=\ln\left(x\sqrt{\frac{1-x}{1+x}}\right)\\&=\ln x+\frac{1}{2}[\ln(1-x)-\ln(1+x)].\end{aligned}$$

应用隐函数微分法,把上式两边对 x 求导数,得

$$(\ln y)'_y y'_x=\frac{1}{x}+\frac{1}{2}\left[\frac{1}{1-x}(-1)-\frac{1}{1+x}\right],$$

即

$$\frac{1}{y}y' = \frac{1}{x} - \frac{1}{1-x^2}.$$

所以

$$\begin{aligned} y' &= y\left(\frac{1}{x} - \frac{1}{1-x^2}\right) \\ &= x\sqrt{\frac{1-x}{1+x}}\left(\frac{1}{x} - \frac{1}{1-x^2}\right) \\ &= \sqrt{\frac{1-x}{1+x}}\left(1 - \frac{x}{1-x^2}\right). \end{aligned}$$

3.4.3 参量函数微分法

设有参量方程

$$\begin{cases} x = \varphi(t), \\ y = \psi(t), \end{cases} t \in (\alpha, \beta). \tag{4.1}$$

如果函数 $x = \varphi(t)$ 具有单调连续的反函数 $t = \varphi^{-1}(x)$，将它代入函数 $y = \psi(t)$ 中，便得

$$y = \psi(\varphi^{-1}(x)).$$

因此参量方程(4.1)确定了 y 与 x 的函数关系.这种函数关系就称为参量方程所确定的函数，简称为参量函数.

参量函数微分法是直接从参量方程求出 y 对 x 的导数的方法.

设 $x = \varphi(t)$，$y = \psi(t)$ 在区间(α, β)上可导，且 $\varphi'(t) \neq 0$，$t = \varphi^{-1}(x)$ 为 $x = \varphi(t)$ 的反函数，将参量方程确定的函数 $y = y(x)$ 看成由 $y = \psi(t)$，$t = \varphi^{-1}(x)$ 复合而成的，即以 t 为中间变量，x 为自变量的复合函数.由复合函数的导数公式，有

$$\frac{\mathrm{d}y}{\mathrm{d}x} = \frac{\mathrm{d}y}{\mathrm{d}t}\frac{\mathrm{d}t}{\mathrm{d}x},$$

再由反函数微分法知

$$\frac{\mathrm{d}t}{\mathrm{d}x} = \frac{1}{\frac{\mathrm{d}x}{\mathrm{d}t}},$$

故

$$\frac{\mathrm{d}y}{\mathrm{d}x} = \frac{\mathrm{d}y}{\mathrm{d}t}\frac{1}{\frac{\mathrm{d}x}{\mathrm{d}t}} = \frac{\psi'(t)}{\varphi'(t)} \quad (\varphi'(t) \neq 0). \tag{4.2}$$

式(4.2)就是由参量方程(4.1)所确定的函数的导数公式.

如果函数 $x = \varphi(t)$，$y = \psi(t)$ 具有二阶导数，且 $\varphi'(t) \neq 0$，记 $\frac{\mathrm{d}y}{\mathrm{d}x} = \frac{\psi'(t)}{\varphi'(t)} = g(t)$，则由式(4.2)又可得到由参量方程(4.1)所确定的函数的二阶导数公式，即由参量函数 $\begin{cases} x = \varphi(t), \\ \frac{\mathrm{d}y}{\mathrm{d}x} = g(t) \end{cases}$ 可得

$$\frac{d^2y}{dx^2}=\frac{d}{dx}\left(\frac{dy}{dx}\right)=\frac{d}{dx}(g(t))$$

$$=\frac{d}{dt}(g(t))\frac{dt}{dx}=\frac{d}{dt}(g(t))\frac{1}{\frac{dx}{dt}}=\frac{g'(t)}{\varphi'(t)} \tag{4.3}$$

公式(4.3)即为 $$\frac{d^2y}{dx^2}=\frac{\psi''(t)\varphi'(t)-\psi'(t)\varphi''(t)}{[\varphi'(t)]^2}\frac{1}{\varphi'(t)}$$

$$=\frac{\psi''(t)\varphi'(t)-\psi'(t)\varphi''(t)}{[\varphi'(t)]^3}. \tag{4.4}$$

例 4.5 求摆线

$$\begin{cases}x=a(t-\sin t),\\y=a(1-\cos t),\end{cases}$$

在 $t=\frac{\pi}{2}$ 时的切线方程及一阶、二阶导数 $\frac{dy}{dx}$、$\frac{d^2y}{dx^2}$.

解 由公式(4.2),得

$$\frac{dy}{dx}=\frac{a(1-\cos t)'}{a(t-\sin t)'}=\frac{a\sin t}{a(1-\cos t)}=\frac{\sin t}{1-\cos t}.$$

当 $t=\frac{\pi}{2}$ 时的切线的斜率

$$k=\left.\frac{dy}{dx}\right|_{t=\frac{\pi}{2}}=\left.\frac{\sin t}{1-\cos t}\right|_{t=\frac{\pi}{2}}=1.$$

$t=\frac{\pi}{2}$ 对应摆线上的点 $M\left(a\left(\frac{\pi}{2}-1\right),a\right)$,摆线过点 M 的切线方程为

$$y-a=1\cdot\left[x-a\left(\frac{\pi}{2}-1\right)\right],$$

即

$$y=x+a\left(2-\frac{\pi}{2}\right).$$

由前面已求出一阶导数为

$$\frac{dy}{dx}=\frac{\sin t}{1-\cos t}=\cot\frac{t}{2}.$$

由公式(4.3)

$$\frac{d^2y}{dx^2}=\frac{d\cot\frac{t}{2}}{da(t-\sin t)}=\frac{-\frac{1}{2}\csc^2\frac{t}{2}}{a(1-\cos t)}$$

$$=-\frac{1}{a(1-\cos t)^2}\quad(t\neq 2n\pi, n \text{ 为整数}).$$

例 4.6 设 $\begin{cases}x=\ln\cos t,\\y=\sin t-t\cos t.\end{cases}$ 求 $\frac{dy}{dx}$, $\left.\frac{d^2y}{dx^2}\right|_{t=\frac{\pi}{4}}$.

解 $$\frac{dy}{dx}=\frac{(\sin t-t\cos t)'}{(\ln\cos t)'}=\frac{\cos t-\cos t+t\sin t}{\frac{-\sin t}{\cos t}}=-t\cos t,$$

$$\frac{\mathrm{d}^2y}{\mathrm{d}x^2}=\frac{\mathrm{d}}{\mathrm{d}t}(-t\cos t)\cdot\frac{1}{\frac{\mathrm{d}x}{\mathrm{d}t}}=\frac{(-t\cos t)'}{(\ln\cos t)'}$$

$$=\frac{-\cos t+t\sin t}{\frac{-\sin t}{\cos t}}=\cos t(\cot t-t).$$

因此

$$\left.\frac{\mathrm{d}^2y}{\mathrm{d}x^2}\right|_{t=\frac{\pi}{4}}=\cos\frac{\pi}{4}\left(\cot\frac{\pi}{4}-\frac{\pi}{4}\right)=\frac{\sqrt{2}}{2}\left(1-\frac{\pi}{4}\right).$$

习题 3-4

1. 求由下列方程所确定的隐函数 y 的导数：

(1) $xy=\mathrm{e}^{x+y}$；　(2) $x^2+2xy-y^2=2x$；

(3) $y=1-x\mathrm{e}^y$；　(4) $\ln y=-\frac{x}{y}$；

(5) $\arctan\frac{y}{x}=\ln\sqrt{x^2+y^2}$.

2. 求曲线 $x^{2/3}+y^{2/3}=a^{2/3}(a>0)$ 在点 $\left(\frac{\sqrt{2}}{4}a,\frac{\sqrt{2}}{4}a\right)$ 处的切线方程和法线方程.

3. 用取对数微分法求下列函数的导数：

(1) $y=(\sin x)^{\cos x}$；　(2) $y=x^{\sin\frac{x}{2}}$；

(3) $y=\frac{\sqrt{x+2}(2-x)^3}{(x+1)^4}$；　(4) $y=\frac{2}{\sqrt{1+x^2}(x+\sqrt{1+x^2})}$.

4. 求下列参量函数的一阶和二阶导数 $\frac{\mathrm{d}y}{\mathrm{d}x}$、$\frac{\mathrm{d}^2y}{\mathrm{d}x^2}$：

(1) $\begin{cases}x=\frac{t^2}{2},\\ y=1-t;\end{cases}$　(2) $\begin{cases}x=\ln(1+t^2),\\ y=t-\arctan t;\end{cases}$

(3) $\begin{cases}x=\sqrt{1+t},\\ y=\sqrt{1-t};\end{cases}$　(4) $\begin{cases}x=f'(t),\\ y=tf'(t)-f(t),\end{cases}$ $f''(x)\neq0$.

5. 写出下列曲线在所给参数值相应的点处的切线方程和法线方程：

(1) $\begin{cases}x=\sin t,\\ y=\cos 2t,\end{cases}$ 在 $t=\frac{\pi}{4}$ 处；

(2) $\begin{cases}x=\frac{3at}{1+t^2},\\ y=\frac{3at^2}{1+t^2},\end{cases}$ 在 $t=2$ 处.

*6.证明由$\begin{cases} x = e^t \sin t, \\ y = e^t \cos t \end{cases}$所确定的函数$y = f(x)$满足关系式

$$y''(x+y)^2 = 2(xy' - y).$$

3.5 函数的微分

3.5.1 微分的概念

先研究一个实际问题.

例 5.1 设有正方形金属薄片受温度变化的影响,其边长由 x_0 变化到 $x_0 + \Delta x$,则面积 y 由 x_0^2 变化到$(x_0 + \Delta x)^2$,面积的增量为

$$\begin{aligned} \Delta y &= (x_0 + \Delta x)^2 - x_0^2 \\ &= 2x_0 \Delta x + (\Delta x)^2. \end{aligned}$$

从上式可以看出,Δy 分成两部分,第一部分 $2x_0\Delta x$ 是 Δx 的一个线性函数,而第二部分$(\Delta x)^2$(见图 3-2)是图中右上角小正方形面积,当 $\Delta x \to 0$ 时,它是比 Δx 更高阶的无穷小量.因此当边长的增量 Δx 很微小时(即$|\Delta x|$很小时),面积的增量 Δy 可以近似地用第一部分 $2x_0\Delta x$(即 Δx 的线性部分)代替.

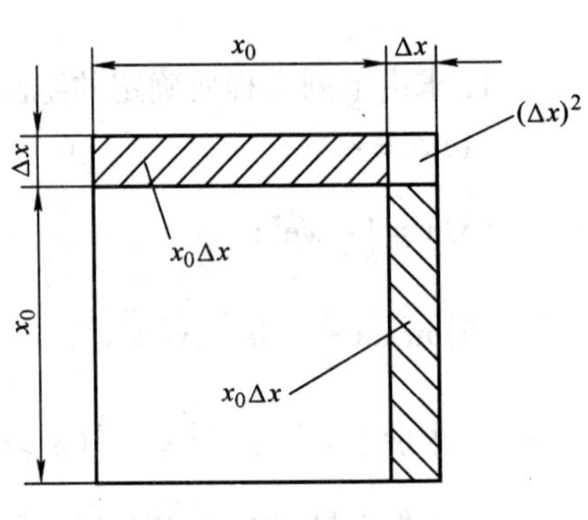

图 3-2

对于一般函数 $y = f(x)$,如果它满足一定的条件,函数的增量 $\Delta y = f(x_0 + \Delta x) - f(x_0)$可以表示为两部分之和

$$\Delta y = (\Delta x \text{ 的一次项}) + o(\Delta x),$$

如果取 Δx 的线性函数作为 Δy 的近似值,则产生的误差是比 Δx 更高阶的无穷小(当 $\Delta x \to 0$ 时).下面给出函数微分的定义.

定义 5.1 设函数 $y = f(x)$在 $N(x_0, \delta)$内有定义且 $x_0 + \Delta x \in N(x_0, \delta)$,如果函数的增量

$$\Delta y = f(x_0 + \Delta x) - f(x_0)$$

可表示为

$$\Delta y = k\Delta x + \alpha, \tag{5.1}$$

其中 k 是不依赖于 Δx 的常数,α 是当 $\Delta x \to 0$ 时,比 Δx 高阶的无穷小(即 $\alpha = o(\Delta x)$),则称 $k\Delta x$ 为函数 $y = f(x)$在点 x_0 处的微分,记作 $dy|_{x=x_0}$ 或 $df(x_0)$,即

$$dy|_{x=x_0} = k\Delta x.$$

这时也称函数 $y = f(x)$在点 x_0 处可微分或可微.

为方便起见,我们把自变量 x 的增量 Δx 称为自变量的微分,记为 $dx = \Delta x$,于是函数 y 在点 x_0 处的微分就可以记为 $dy|_{x=x_0} = kdx$.

3.5.2 函数可微的条件

定理 5.1 函数 $y=f(x)$在点 x_0 处可微的充分必要条件是函数在点 x_0 处可导,且当 $f(x)$在点 x_0 处可微时,其微分 $dy|_{x=x_0}=f'(x_0)dx$.

证明 必要性.设函数 $y=f(x)$在点 x_0 可微,依定义有

$$\Delta y=k\Delta x+\alpha,\text{其中}\lim_{\Delta x\to 0}\frac{\alpha}{\Delta x}=0,\tag{5.2}$$

两边除以 Δx,再令 $\Delta x\to 0$ 得

$$\lim_{\Delta x\to 0}\frac{\Delta y}{\Delta x}=k+\lim_{\Delta x\to 0}\frac{\alpha}{\Delta x}=k.$$

这就证明了 $f(x)$在点 x_0 处的导数存在,且 $k=f'(x_0)$.

充分性.设 $y=f(x)$在点 x_0 处可导,即有

$$\lim_{\Delta x\to 0}\frac{\Delta y}{\Delta x}=f'(x_0),$$

由极限与无穷小的关系,有

$$\frac{\Delta y}{\Delta x}=f'(x_0)+\beta,\text{其中}\lim_{\Delta x\to 0}\beta=0.$$

从而有

$$\Delta y=f'(x_0)\Delta x+\beta\Delta x.$$

由此可见 Δy 可以分成两部分,$f'(x_0)\Delta x$ 是 Δx 线性部分,而

$$\lim_{\Delta x\to 0}\frac{\beta\Delta x}{\Delta x}=\lim_{\Delta x\to 0}\beta=0.$$

故 $\beta\Delta x$ 是比 Δx 更高阶的无穷小量,由微分定义可知,$y=f(x)$在点 x_0 可微,且

$$dy|_{x=x_0}=f'(x_0)\Delta x=f'(x_0)dx.$$

证毕.

以上定理说明,函数 $y=f(x)$在一点处可微与可导是等价的,而且当函数 $y=f(x)$在点 x 处可微时,必有

$$dy=f'(x)dx.\tag{5.3}$$

式(5.3)又可写成

$$f'(x)=\frac{dy}{dx},\tag{5.4}$$

即函数的导数等于函数的微分 dy 与自变量微分 dx 之商,所以导数也称为微商.

由式(5.3)可知,对函数 $y=f(x)$求微分时,只要求出函数的导数 $f'(x)$再乘以自变量的微分 dx,就得到函数的微分 dy.即由基本导数公式可以得到相应的基本微分公式.我们通常把求函数的导数与微分的方法统称为微分法.

例 5.2 求函数 $y=2x^3+4x^2$ 在 $x=1,dx=0.05$ 时的微分.

解 因为

$$dy=(2x^3+4x^2)'dx=(6x^2+8x)dx,$$

所以当 $x=1,dx=0.05$ 时有

$$\left.dy\right|_{\substack{x=1\\ dx=0.05}}=(6+8)\times0.05=0.7.$$

例 5.3 求函数 $y=\cos x$ 在点 $x=\frac{\pi}{4}$ 处的微分.

解 因为

$$dy=(\cos x)'dx=-\sin x dx,$$

所以

$$\left.dy\right|_{x=\frac{\pi}{4}}=-\sin\frac{\pi}{4}dx=-\frac{\sqrt{2}}{2}dx.$$

在直角坐标系下,可微函数 $y=f(x)$ 的图形为一条曲线. $P_0(x_0,y_0)$(其中 $y_0=f(x_0)$)为该曲线上一点,当自变量有增量 Δx 时, $x=x_0+\Delta x$ 对应曲线上另一点 $P(x_0+\Delta x,y_0+\Delta y)$(其中 $\Delta y=f(x_0+\Delta x)-f(x_0)$),由图 3-3 便知

$$P_0N=\Delta x, NP=\Delta y.$$

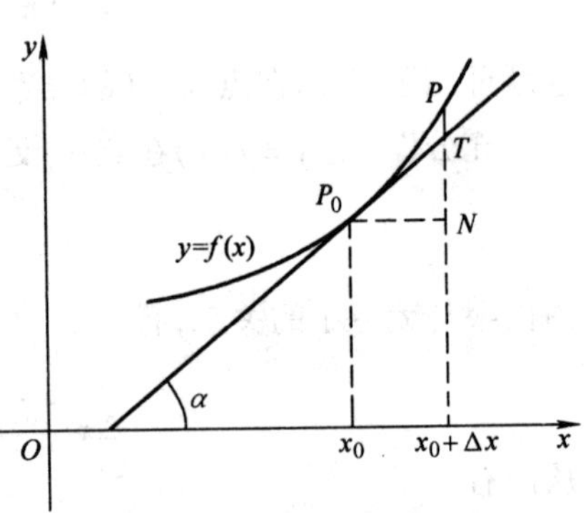

图 3-3

再过点 P_0 作曲线的切线 P_0T,设切线的倾斜角为 α,则当 x_0 有增量 Δx 时,切线 P_0T 的纵坐标相应的增量为

$$NT=\tan\alpha\cdot P_0N$$
$$=f'(x_0)\Delta x=dy.$$

从而可知,函数 $y=f(x)$ 在点 x_0 处的微分 dy,就是曲线 $y=f(x)$ 在点 $P_0(x_0,y_0)$ 处切线的纵坐标的相应增量.此时,函数 $y=f(x)$ 的增量为

$$\Delta y=NP=NT+TP=dy+TP,$$

差值 $\Delta y-dy=TP$ 就是比 Δx 高阶的无穷小(当 $\Delta x\to0$ 时),因此在点 P_0 的邻近可以用该点的切线段近似代替曲线段.

3.5.3 微分的运算公式

从函数的微分表达式 $dy=f'(x)dx$ 可以看出要计算出函数的微分,只要求出函数的导数,再乘以自变量的微分即可.

1. 基本初等函数的微分公式

由基本初等函数的导数公式,可以得到微分的公式,请参看下面的表格.

序号	导数公式	微分公式
1	$(C)'=0$	$d(C)=0$
2	$(x^{\alpha})'=\alpha x^{\alpha-1}$	$d(x^{\alpha})=\alpha x^{\alpha-1}dx$
3	$(\ln x)'=\frac{1}{x}$	$d\ln x=\frac{1}{x}dx$
4	$(\log_a x)'=\frac{1}{x\ln a}$	$d\log_a x=\frac{1}{x\ln a}dx$

续表

序号	导数公式	微分公式
5	$(e^x)' = e^x$	$de^x = e^x dx$
6	$(a^x)' = a^x \ln a$	$da^x = a^x \ln a dx$
7	$(\sin x)' = \cos x$	$d\sin x = \cos x dx$
8	$(\cos x)' = -\sin x$	$d\cos x = -\sin x dx$
9	$(\tan x)' = \sec^2 x$	$d\tan x = \sec^2 x dx$
10	$(\cot x)' = -\csc^2 x$	$d\cot x = -\csc^2 x dx$
11	$(\sec x)' = \sec x \tan x$	$d\sec x = \sec x \tan x dx$
12	$(\csc x)' = -\csc x \cot x$	$d\csc x = -\csc x \cot x dx$
13	$(\arcsin x)' = \frac{1}{\sqrt{1-x^2}}$	$d\arcsin x = \frac{1}{\sqrt{1-x^2}}dx$
14	$(\arccos x)' = -\frac{1}{\sqrt{1-x^2}}$	$d\arccos x = -\frac{1}{\sqrt{1-x^2}}dx$
15	$(\arctan x)' = \frac{1}{1+x^2}$	$d\arctan x = \frac{1}{1+x^2}dx$
16	$(\text{arccot}\, x)' = -\frac{1}{1+x^2}$	$d\,\text{arccot}\, x = -\frac{1}{1+x^2}dx$

2. 函数的和、差、积、商的微分公式

设函数 $u = u(x)$、$v = v(x)$可微，由导数的四则运算法则，不难推出函数的和、差、积、商的微分公式.

(1)$d(u \pm v) = du \pm dv$；

(2)$d(uv) = udv + vdu$；

(3)$d\left(\frac{u}{v}\right) = \frac{vdu - udv}{v^2}$；

$d\left(\frac{1}{v}\right) = -\frac{dv}{v^2}(v \neq 0)$.

下面仅对两个函数之商的微分公式给出证明.

因为

$$d\left(\frac{u}{v}\right) = \left(\frac{u}{v}\right)'dx,$$

根据两函数之商的导数公式，有

$$d\left(\frac{u}{v}\right) = \frac{vu' - uv'}{v^2}dx = \frac{vu'dx - uv'dx}{v^2}.$$

注意到

$$u'dx = du, v'dx = dv,$$

所以

$$d\left(\frac{u}{v}\right) = \frac{vdu - udv}{v^2}.$$

3.5.4 复合函数的微分法则

设 $y=f(u)$、$u=\varphi(x)$均为可微函数,则复合函数 $y=f[\varphi(x)]$的微分为

$$dy=\{f[\varphi(x)]\}'dx.$$

由复合函数的求导法则得到

$$\{f[\varphi(x)]\}'=f'(u)\varphi'(x),$$

于是

$$dy=f'(u)\varphi'(x)dx.$$

注意到 $\varphi'(x)dx=du$,因此复合函数的微分又可表示为

$$dy=f'(u)du, \tag{5.5}$$

这里 u 是中间变量.

公式(5.5)与(5.3)在形式上完全一致,但是式(5.3)$dy=f'(x)dx$ 中,x 是自变量,而式(5.5)$dy=f'(u)du$ 中,u 可以是变量的可微函数,因此不论 u 是自变量还是中间变量,函数的微分 dy 的形式是一样的,微分的这一特性称为一阶微分形式不变性.这一性质大大扩充了微分基本公式的应用范围,尤其是在积分学中有很重要的作用.

要注意,如果 u 是中间变量,则由于一般地 $\Delta u\neq du$,故

$$dy\neq f'(u)\Delta u.$$

这时,只能表示为

$$dy=f'(u)du.$$

利用微分形式不变性,容易求得复合函数的微分.

例 5.4 设 $y=\sin(3x+2)$,求 dy.

解 令 $u=3x+2$,则 $y=\sin u$,利用微分形式不变性,得

$$\begin{aligned}dy&=d(\sin u)=\cos u du=\cos(3x+2)d(3x+2)\\&=\cos(3x+2)\cdot 3dx=3\cos(3x+2)dx.\end{aligned}$$

例 5.5 $y=e^{ax+bx^2}$,求 dy.

解 令 $u=ax+bx^2$,则 $y=e^u$,

$$\begin{aligned}dy&=(e^u)'du=e^{ax+bx^2}d(ax+bx^2)\\&=e^{ax+bx^2}(a+2bx)dx.\end{aligned}$$

例 5.6 $y=\ln\sin(x^2+2x)$,求 dy.

解
$$\begin{aligned}dy&=d(\ln\sin(x^2+2x))=\frac{1}{\sin(x^2+2x)}d\sin(x^2+2x)\\&=\frac{\cos(x^2+2x)}{\sin(x^2+2x)}d(x^2+2x)\\&=2(x+1)\cot(x^2+2x)dx.\end{aligned}$$

例 5.7 在下列等式的左边括号中填入适当的函数,使等式成立.

(1)$d(\quad)=2x^2dx$;　　　　(2)$d(\quad)=\dfrac{4}{1+x^2}dx$.

解 (1)因为 $dx^3=3x^2dx$,可见

$$2x^2dx=\frac{2}{3}d(x^3)=d\left(\frac{2x^3}{3}\right)$$

即

$$d\left(\frac{2x^3}{3}\right)=2x^2dx.$$

(2)因为 $d(\arctan x)=\frac{1}{1+x^2}dx$,

所以

$$d(4\arctan x)=\frac{4}{1+x^2}dx.$$

3.5.5 微分在近似计算中的应用

应用微分可以近似计算较复杂的函数值或函数的增量.因为当 $|\Delta x|$ 很小时,用 dy 代替 Δy,即用线性函数替代非线性函数,误差是很小的,即

$$\Delta y\approx dy=f'(x_0)\Delta x.$$

这个式子也可以写成

$$\Delta y=f(x_0+\Delta x)-f(x_0)\approx f'(x_0)\Delta x, \tag{5.6}$$

或

$$f(x_0+\Delta x)\approx f(x_0)+f'(x_0)\Delta x. \tag{5.7}$$

在式(5.7)中令 $x=x_0+\Delta x$,即 $\Delta x=x-x_0$,则式(5.7)又可以写成

$$f(x)\approx f(x_0)+f'(x_0)(x-x_0). \tag{5.8}$$

于是可用式(5.6)来计算 Δy 的近似值,也可用式(5.8)来计算 $f(x)$ 的近似值.

例 5.8 设 $|x|\ll 1$,试证明 $(1+x)^\alpha\approx 1+\alpha x(\alpha\in\mathbf{R})$.

证明 设 $f(x)=(1+x)^\alpha$,取 $x_0=0$,由式(5.8)得

$$(1+x)^\alpha\approx 1+\alpha(1+x)^{\alpha-1}\Big|_{x=0}(x-0)=1+\alpha x.$$

利用式(5.8)可以类似地证明下列近似公式.

当 $|x|\ll 1$ 时,$\sin x\approx x$;$\tan x\approx x$;$\arcsin x\approx x$;$\arctan x\approx x$;$e^x\approx 1+x$;$\ln(1+x)\approx x$.

例 5.9 求 $\sin 31°$ 的近似值.

解 先把角度 31°化为弧度制,得

$$31°=\frac{\pi}{6}+\frac{\pi}{180}.$$

利用公式(5.8)来计算正弦值 $\sin 31°$,应先选取适当的可微函数 $f(x)=\sin x$,$f'(x)=\cos x$,令 $x_0=\frac{\pi}{6}$,$x-x_0=\frac{\pi}{180}$,这时

$$f\left(\frac{\pi}{6}\right)=\sin\frac{\pi}{6}=\frac{1}{2},f'\left(\frac{\pi}{6}\right)=\cos\frac{\pi}{6}=\frac{\sqrt{3}}{2},$$

应用公式(5.8)便得

$$\begin{aligned}\sin 31°&=\sin\left(\frac{\pi}{6}+\frac{\pi}{180}\right)\approx\sin\frac{\pi}{6}+\left(\cos\frac{\pi}{6}\right)\frac{\pi}{180}\\&=\frac{1}{2}+\frac{\sqrt{3}}{2}\frac{\pi}{180}\approx 0.500\,0+0.015\,1=0.515\,1.\end{aligned}$$

例 5.10 半径为 20 cm 的金属圆片加热后,半径伸长了 0.05 cm,问圆片的面积大约增大了多少?

解 设圆面积为 S,半径为 r,则

$$S=\pi r^2.$$

由式(5.6),得

$$\Delta S\approx 2\pi r\Delta r.$$

将 $r=20$ cm,$\Delta r=0.05$ cm 代入上式,得

$$\Delta S\approx 2\pi\times 20\times 0.05=2\pi(\mathrm{cm}^2).$$

所以金属圆片的面积大约增大了 $2\pi(\mathrm{cm}^2)$.

习题 3-5

1. 求函数 $y=5x+x^2$ 当 $x=2,\Delta x=0.001$ 时的增量 Δy 和微分 $\mathrm{d}y$.

2. 求函数 $y=\dfrac{6}{\sqrt{x}}$ 当 $x=9$ 时的微分 $\mathrm{d}y$.

3. 已知曲线 $y=f(x)$ 在 $x=1$ 处的切线方程为 $2x-y+1=0$,求 $x=1$ 时的微分 $\mathrm{d}y$.

4. 求下列函数的微分:

(1) $y=(x^2+2x)(x-4)$;　　(2) $y=\dfrac{x}{1-x^2}$;

(3) $y=x^2\sin x$;　　(4) $y=[\ln(1-x)^2]^2$;

(5) $y=\mathrm{ch}(\mathrm{sh}\ x)$;　　(6) $y=\arctan(\mathrm{ch}\ x)$.

5. 填空:

(1) $\mathrm{d}(\qquad)=\dfrac{1}{x}\mathrm{d}x$;　　(2) $\mathrm{d}(\qquad)=3x\mathrm{d}x$;

(3) $\mathrm{d}(\qquad)=\dfrac{1}{2\sqrt{x}}\mathrm{d}x$;　　(4) $\mathrm{d}(\qquad)=\mathrm{e}^{-2x}\mathrm{d}x$;

(5) $\mathrm{d}(\qquad)=\dfrac{1}{\sqrt{1-x^2}}\mathrm{d}x$;　　(6) $\mathrm{d}(\qquad)=\sqrt{1+\mathrm{e}^x}\,\mathrm{d}(1+\mathrm{e}^x)$.

*6. 计算下列各式的近似值:

(1) $\ln 0.9$;　　(2) $\sqrt[5]{1.01}$;

(3) $\cos 29°$;　　(4) $\arctan 1.05$.

复习题 3

1. 填空题

(1) 设函数 $f(\mathrm{e}^x)=\mathrm{e}^{2x}+\mathrm{e}^{x+1}$,则 $f'(x)=$________;

(2)设 $y=\sqrt[3]{x},x>0$,则 $y'=$________;

(3)设函数 $y=y(x)$由方程 $e^{xy}-2x-y-3=0$ 确定,则 $y'|_{x=-1}=$________;

(4)设$\begin{cases}x=3t^2+2,\\y=e^{2t}+1,\end{cases}$则$\left.\dfrac{d^2y}{dx^2}\right|_{t=2}=$________;

(5)若 $f(x)$为可导的奇函数,且 $f'(x_0)=3$,则 $f'(-x_0)=$________.

2. 选择题

(1)曲线 $y=\dfrac{1}{3}x^3+\dfrac{1}{2}x^2+6x+1$ 在点 $M_0(0,1)$处的切线与 x 轴的交点坐标是

(A)$(-1,0)$　　(B)$\left(-\dfrac{1}{6},0\right)$　　(C)$(1,0)$　　(D)$\left(\dfrac{1}{6},0\right)$

答(　　).

(2)若 $y=\ln\dfrac{x+1}{x-1}$,则 $\left.y'\right|_{x=\frac{\sqrt{2}}{2}}=$

(A)$2\sqrt{2}$　　(B)$-2\sqrt{2}$　　(C)4　　(D)-4

答(　　).

(3)设$\begin{cases}x=e^{-t},\\y=te^{t},\end{cases}$则$\dfrac{d^2y}{dx^2}=$

(A)$(3+2t)e^{3t}$　　(B)$2te^{2t}$

(C)$-(1+t)e^{2t}$　　(D)$(3+2t)e^{2t}$

答(　　).

(4)设函数 $y=y(x)$是由方程$\sin xy-\ln\dfrac{x+1}{y}=1$ 确定,则 $y'|_{x=0}=$

(A)e　　(B)e^2　　(C)$e+e^2$　　(D)$e-e^2$

答(　　).

(5)函数 $y=\ln\sin\sqrt{x}$的微分 $dy=$

(A)$-\dfrac{1}{2\sqrt{x}}\tan\sqrt{x}\,dx$;　　(B)$\dfrac{1}{2\sqrt{x}}\tan\sqrt{x}\,dx$;

(C)$\dfrac{1}{2\sqrt{x}}\cot\sqrt{x}\,dx$;　　(D)$-\dfrac{1}{2\sqrt{x}}\cot\sqrt{x}\,dx$.

答(　　).

3. 解下列各题:

(1)求函数 $y=\ln\tan\dfrac{x}{2}-\cos x\ln\tan x$ 的导数y';

(2)求曲线$\begin{cases}x=2e^{t},\\y=e^{-t}\end{cases}$在 $t=0$ 相应的点处的切线方程及法线方程;

(3)设$(\cos x)^y=(\sin y)^x$,其中 y 是 x 的函数,求$\dfrac{dy}{dx}$;

(4)若$\begin{cases} x = 2t^3 - 1, \\ y = \sqrt{1+t^2}, \end{cases}$ 求$\left.\frac{d^2y}{dx^2}\right|_{t=1}$;

(5)求 $y = \ln(2x+3)$的 $y^{(n)}(n \in \mathbf{N}^+)$.

4. 解下列各题:

(1)设 $y = x\arcsin\frac{x}{2} + \sqrt{4-x^2}$,求$\frac{dy}{dx}$;

(2)设 $y = x(\sin x)^{x^2}$, $x \in (0,\pi)$,求$\left.\frac{dy}{dx}\right|_{x=\frac{\pi}{2}}$;

(3)设$f(x) = \begin{cases} x^2 & x \leqslant 1, \\ ax+b & x > 1, \end{cases}$为了使函数 $f(x)$在 $x=1$ 处连续且可导,试确定常数 a, b 的值;

(4)设 $y = (x^2+2x+2)e^x$,求 $y^{(n)}(n \in \mathbf{N}^+)$.

*5. 试解下列各题:

(1) 设函数 $f(x)$ 在 $x=1$ 处具有连续的一阶导数,且 $f'(1) = -2$,求 $\lim\limits_{x \to 0^+} \frac{df(\cos\sqrt{x})}{dx}$;

(2)求曲线$\begin{cases} x + t(1-t) = 0, \\ te^y + y + 1 = 0 \end{cases}$当 $t=0$ 时的切线方程和法线方程.

4

微分中值定理及导数的应用

本章学习要点

1. 知道罗尔定理、拉格朗日定理、柯西定理和泰勒定理的条件与结论.

2. 会用洛必达法则求“$\frac{0}{0}$”、“$\frac{\infty}{\infty}$”型两种未定式,对其他简单类型的未定式,可以化为这两种类型的未定式来求解.

3. 掌握研究函数增减性、求极值(包括最大值、最小值)的方法.

4. 会求曲线的凹凸性区间及拐点.能描绘出简单函数的图形(包括能写出函数曲线渐近线的方程).

5. 了解曲线弧微分的概念.

4.1 微分中值定理

罗尔(Rolle)定理、拉格朗日(Lagrange)定理、柯西(Cauchy)定理及泰勒(Taylor)定理统称为微分中值定理.

4.1.1 罗尔定理

定理 1.1 (罗尔定理) 若 $f(x)\in C[a,b]$,$f(x)\in D(a,b)$,且 $f(a)=f(b)$,则至少存在一点 $\xi\in(a,b)$,使得 $f'(\xi)=0$.

证 因为 $f(x)\in C[a,b]$,所以 $f(x)$ 在 $[a,b]$ 上必取得最大值 M 和最小值 m.

(1)若 $m=M$,则 $f(x)$ 在 $[a,b]$ 上恒为常数.从而 $f'(x)=0$,$x\in(a,b)$.这时在 (a,b) 内任取一点 ξ,均有 $f'(\xi)=0$.

(2)若 $m \neq M$,则 m、M 中至少有一个不等于 $f(a)$(或 $f(b)$).不妨设 $M \neq f(a)$.即函数 $f(x)$在$[a,b]$上的最大值不是函数在区间端点处的函数值,故存在 $\xi \in (a,b)$,使 $f(\xi)=M$,并对任意点 $x=\xi+\Delta x, x \in (a,b)$,均有

$$\Delta y = f(x) - f(\xi) = f(\xi + \Delta x) - f(\xi) \leqslant 0.$$

又由于 $f(x) \in D(a,b)$,于是有

当 $\Delta x<0$ 时,$\dfrac{\Delta y}{\Delta x}=\dfrac{f(\xi+\Delta x)-f(\xi)}{\Delta x} \geqslant 0$,知 $\lim\limits_{\Delta x \to 0^-}\dfrac{\Delta y}{\Delta x} \geqslant 0$,即 $f'_-(\xi) \geqslant 0$;

当 $\Delta x>0$ 时,$\dfrac{\Delta y}{\Delta x}=\dfrac{f(\xi+\Delta x)-f(\xi)}{\Delta x} \leqslant 0$,知 $\lim\limits_{\Delta x \to 0^+}\dfrac{\Delta y}{\Delta x} \leqslant 0$,即 $f'_+(\xi) \leqslant 0$.

故在点 ξ 处,必然有 $f'(\xi)=0$. 证毕.

罗尔定理的几何解释是很明显的,若连续曲线 $y=f(x), x \in [a,b]$的弧段$\overset{\frown}{AB}$上处处有不垂直于 Ox 轴的切线,即 $f(x) \in D(a,b)$,且 A、B 两点的纵坐标相等,则至少在$\overset{\frown}{AB}$内有一点$(\xi, f(\xi))$,在该点处曲线有水平的切线,如图 4-1 所示.

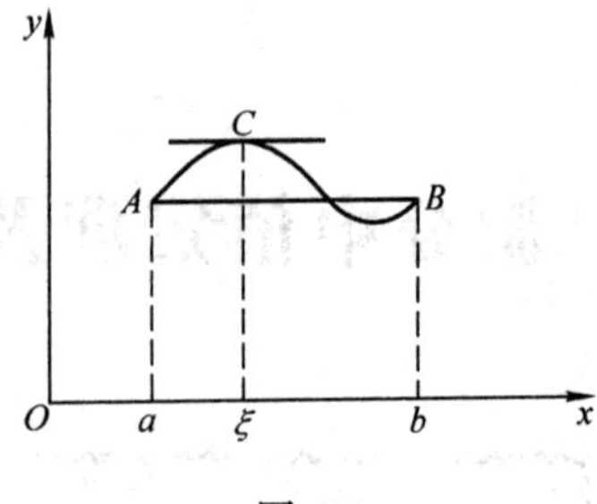

图 4-1

例 1.1 验证函数 $f(x)=x^2-x$ 在 $x \in [0,1]$上满足罗尔定理条件,并求出满足 $f'(\xi)=0$ 的 ξ 值.

解 因为 $f(x)=x^2-x$ 满足:

(1)$f(x) \in C[0,1]$;

(2)$f'(x)=2x-1$ 在$(0,1)$上存在,即 $f(x) \in D(0,1)$;

(3)$f(0)=f(1)=0$.

所以 $f(x)$在 $x \in [0,1]$上满足罗尔定理条件,故必存在 $\xi \in (0,1)$,使

$$f'(\xi) = 2\xi - 1 = 0,$$

故 $\xi=\dfrac{1}{2}$为所求.

把罗尔定理的结果一般化,有下面的定理.

4.1.2 拉格朗日定理

定理 1.2 (拉格朗日定理)若 $f(x) \in C[a,b]$,$f(x) \in D(a,b)$,则至少存在一点 $\xi \in (a,b)$,使

$$f'(\xi) = \frac{f(b)-f(a)}{b-a}. \tag{1.1}$$

证 设辅助函数 $\varphi(x)=f(x)-\dfrac{f(b)-f(a)}{b-a}x, x \in [a,b]$.显然,$\varphi(x)$在 $x \in [a,b]$上满足罗尔定理的条件.于是存在 $\xi \in (a,b)$,使

$$\varphi'(\xi) = f'(\xi) - \frac{f(b)-f(a)}{b-a} = 0,$$

有

$$f'(\xi)=\frac{f(b)-f(a)}{b-a}.$$

证毕.

拉格朗日定理的几何意义是明显的.

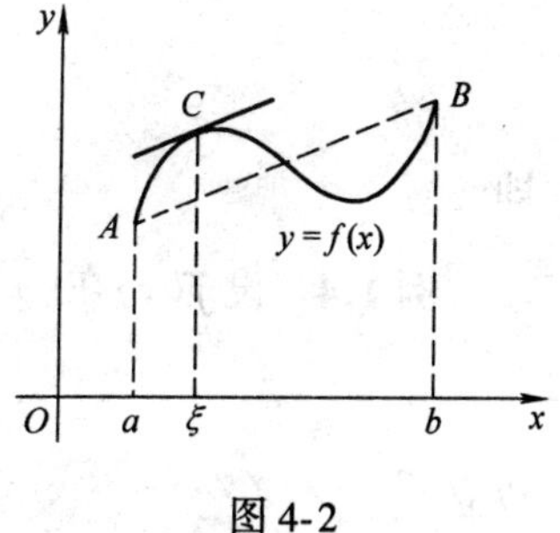

图 4-2

在函数 $f(x)$满足定理所给的条件时,由图 4-2 可知,至少存在一点 $\xi\in(a,b)$,使曲线 $y=f(x)$在点$(\xi,f(\xi))$处的切线平行于弦 AB.

为了便于应用,公式(1.1)又可以写成下面的几种形式:

(1)$f(b)-f(a)=f'(\xi)(b-a),a<\xi<b$;

(1.2)

(2)当 $x+\Delta x\in[a,b]$(无论 $\Delta x>0$ 或 $\Delta x<0$)时,有

$$f(x+\Delta x)-f(x)=f'(\xi)\Delta x, \tag{1.3}$$

其中,ξ 在 x 与 $x+\Delta x$ 之间;

(3)若记 $\xi=x+\theta\Delta x,0<\theta<1$,则由式(1.3)可得

$$f(x+\Delta x)-f(x)=f'(x+\theta\Delta x)\Delta x,0<\theta<1, \tag{1.4}$$

公式(1.4)称为有限增量公式.

推论 1 若 $f'(x)=0,x\in(a,b)$,则 $f(x)$在区间(a,b)内为常数.

证 任取 $x_1,x_2\in(a,b)$,且 $x_2>x_1$,在$[x_1,x_2]$上对 $f(x)$应用拉格朗日定理,得

$$f(x_2)-f(x_1)=f'(\xi)(x_2-x_1)=0,x_1<\xi<x_2,$$

即 $f(x_2)=f(x_1)$.由于 x_1,x_2 是(a,b)中的任意两点,故知 $f(x)$在 $x\in(a,b)$为常数.

证毕.

由推论 1 不难得出下面的结果.

若 $f'(x)=g'(x),x\in(a,b)$,则在 $x\in(a,b)$内 $f(x)-g(x)$为常数.

如果 $f'(x)=k\neq0,x\in(a,b)$,则有

$$f(x)=kx+C,x\in(a,b)(k,C\text{ 为常数}).$$

例 1.2 求出 $f_1(x)=x^2,f_2(x)=\mathrm{e}^x$ 在$x\in[0,1]$上满足拉格朗日定理的 ξ 的值.

解 不难验证,$f_1(x)=x^2,f_2(x)=\mathrm{e}^x$,在 $x\in[0,1]$上都满足拉格朗日定理的条件,且$f'_1(x)=2x,f'_2(x)=\mathrm{e}^x$.

对 $f_1(x)$,由$\dfrac{f(1)-f(0)}{1-0}=1=2\xi$,知 $\xi=\dfrac{1}{2}$;

对 $f_2(x)$,由$\dfrac{f(1)-f(0)}{1-0}=\mathrm{e}-1=\mathrm{e}^{\xi}$,知 $\xi=\ln(\mathrm{e}-1)$.

例 1.3 证明当 $x>0$ 时,$\dfrac{x}{1+x}<\ln(1+x)<x$.

证 设 $f(x)=\ln(1+x),x\in[0,+\infty)$.当 $x>0$ 时,$f(x)$在$[0,x]$上满足拉格朗日定理的条件,由公式(1.2)有

$$f(x)-f(0)=f'(\xi)(x-0)=f'(\xi)x,0<\xi<x,$$

即

$$\ln(1+x)=\frac{x}{1+\xi}.$$

因为 $0<\xi<x$,所以

$$\frac{x}{1+x}<\frac{x}{1+\xi}<x,$$

即

$$\frac{x}{1+x}<\ln(1+x)<x, x>0.$$

例 1.4 设 $f(x)$在$[a,b]$上可微,证明:存在 $\xi\in(a,b)$,使等式

$$\frac{bf(b)-af(a)}{b-a}=f(\xi)+\xi f'(\xi)$$

成立.

证 设辅助函数 $F(x)=xf(x)$,则 $F(x)$在 $x\in[a,b]$上满足拉格朗日定理的条件,故存在 $\xi\in(a,b)$,使得

$$\frac{F(b)-F(a)}{b-a}=F'(\xi),\xi\in(a,b),$$

即

$$\frac{bf(b)-af(a)}{b-a}=f(\xi)+\xi f'(\xi),\xi\in(a,b).$$

4.1.3 柯西定理

定理 1.3 (柯西定理)设 $f(x)$、$g(x)\in C[a,b]$,$f(x)$、$g(x)\in D(a,b)$,且 $g'(x)\neq 0$,则至少存在一点 $\xi\in(a,b)$,使得

$$\frac{f(b)-f(a)}{g(b)-g(a)}=\frac{f'(\xi)}{g'(\xi)}. \tag{1.5}$$

证 设辅助函数 $\varphi(x)=f(x)-\frac{f(b)-f(a)}{g(b)-g(a)}g(x),x\in[a,b]$,则 $\varphi(x)$在$[a,b]$上满足罗尔定理的条件,于是存在 $\xi\in(a,b)$,使

$$\varphi'(\xi)=f'(\xi)-\frac{f(b)-f(a)}{g(b)-g(a)}g'(\xi)=0,$$

有

$$\frac{f(b)-f(a)}{g(b)-g(a)}=\frac{f'(\xi)}{g'(\xi)}.$$

证毕.

4.1.4 泰勒定理

定理 1.4 (泰勒定理)设 $f(x)\in D^{n+1}(a,b)$,若 $x_0\in(a,b)$,则对任意的 $x\in(a,b)$至少存在一点 $\xi\in(a,b)$,使得

$$f(x)=f(x_0)+f'(x_0)(x-x_0)+\frac{1}{2!}f''(x_0)(x-x_0)^2+\cdots+\frac{1}{n!}f^{(n)}(x_0)(x-x_0)^n+R_n(x), \tag{1.6}$$

其中

$$R_n(x)=\frac{f^{(n+1)}(\xi)}{(n+1)!}(x-x_0)^{n+1},\xi \text{ 介于} x \text{ 与} x_0 \text{ 之间}.$$

*证 设辅助函数

$$F(t) = f(x) - \varphi(x,t) - \frac{(x-t)^{n+1}[f(x) - \varphi(x,x_0)]}{(x-x_0)^{n+1}}, t \in [a,b].$$

其中
$$\varphi(x,t) = f(t) + \sum_{k=1}^{n} \frac{f^{(k)}(t)}{k!}(x-t)^k, t \in [a,b].$$

当 $x_0, x \in [a,b]$ 时，不妨设 $x_0 < x$，则函数 $F(t)$ 在 $t \in [x_0, x]$ 上满足罗尔定理的条件(由 $\varphi(x,x) = f(x)$，知 $F(x) = F(x_0) = 0$)，于是存在 $\xi \in (x_0, x)$，使 $F'(\xi) = 0$.

由于
$$\varphi_t'(x,t) = \frac{f^{(n+1)}(t)}{n!}(x-t)^n,$$

$$F'(t) = -\varphi_t'(x,t) - \frac{-(n+1)(x-t)^n[f(x)-\varphi(x,x_0)]}{(x-x_0)^{n+1}},$$

$$F'(\xi) = -\frac{f^{(n+1)}(\xi)}{n!}(x-\xi)^n + \frac{(n+1)(x-\xi)^n[f(x)-\varphi(x,x_0)]}{(x-x_0)^{n+1}} = 0,$$

即

$$f(x) = f(x_0) + f'(x_0)(x-x_0) + \frac{1}{2!}f''(x_0)(x-x_0)^2 + \cdots + \frac{f^{(n)}(x_0)}{n!}(x-x_0)^n + \frac{f^{(n+1)}(\xi)}{(n+1)!}(x-x_0)^{n+1}.$$

对 $x_0 > x$ 的情况，同理可证. 从而公式(1.6)得证. 其中 ξ 介于 x 与 x_0 之间. 证毕.

在泰勒定理中，公式(1.6)又称为 n 阶泰勒公式，而关于 $(x-x_0)$ 的 n 次多项式

$$P_n(x) = f(x_0) + f'(x_0)(x-x_0) + \cdots + \frac{1}{n!}f^{(n)}(x_0)(x-x_0)^n,$$

则称为 $f(x)$ 在点 x_0 处的 n 阶泰勒多项式. 当取 $x_0 = 0$ 时，泰勒公式(1.6)就变为

$$f(x) = f(0) + f'(0)x + \frac{1}{2!}f''(0)x^2 + \cdots + \frac{1}{n!}f^{(n)}(0)x^n + \frac{f^{(n+1)}(\xi)}{(n+1)!}x^{n+1}, \tag{1.7}$$

其中 ξ 介于 0 与 x 之间，公式(1.7)又称为 n 阶麦克劳林公式.

在泰勒公式(1.6)中，$R_n(x) = \frac{f^{(n+1)}(\xi)}{(n+1)!}(x-x_0)^{n+1}$ 通常称为拉格朗日余项(其中 ξ 介于 x 与 x_0 之间). 同理，麦克劳林公式(1.7)的拉格朗日余项为 $R_n(x) = \frac{f^{(n+1)}(\xi)}{(n+1)!}x^{n+1}$ (其中 ξ 介于 0 与 x 之间).

由泰勒公式(1.6)知，用 n 阶泰勒多项式

$$P_n(x) = f(x_0) + f'(x_0)(x-x_0) + \frac{1}{2!}f''(x_0)(x-x_0)^2 + \cdots + \frac{1}{n!}f^{(n)}(x_0)(x-x_0)^n$$

去代替函数 $f(x)$ 时，其误差就是 $|R_n(x)|$. 如果对于某一个 n，当 $x \in N(x_0, \delta)$ 时，总有 $|f^{(n+1)}(x)| \leqslant M$，则有估计误差的不等式

$$|R_n(x)| = \left|\frac{f^{(n+1)}(\xi)}{(n+1)!}(x-x_0)^{n+1}\right| \leqslant \frac{M}{(n+1)!}|x-x_0|^{n+1}.$$

当取 $x_0=0$ 时,类似地,对麦克劳林公式也有近似公式

$$f(x) \approx f(0)+f'(0)x+\frac{1}{2!}f''(0)x^2+\cdots+\frac{1}{n!}f^{(n)}(0)x^n,$$

其误差 $|R_n(x)|$ 应满足的不等式为

$$|R_n(x)| \leqslant \frac{M}{(n+1)!}|x|^{n+1}.$$

由于 $\lim\limits_{x\to x_0}\frac{R_n(x)}{(x-x_0)^n}=0$,因此,泰勒公式的拉格朗日余项常用皮亚诺(Peano)余项 $o((x-x_0)^n)$ 来代替.于是公式(1.6)与(1.7)又可以写成:

$$f(x) = f(x_0)+f'(x_0)(x-x_0)+\frac{1}{2!}f''(x_0)(x-x_0)^2+\cdots+$$
$$\frac{1}{n!}f^{(n)}(x_0)(x-x_0)^n+o((x-x_0)^n);$$

$$f(x) = f(0)+f'(0)x+\frac{1}{2!}f''(0)x^2+\cdots+\frac{1}{n!}f^{(n)}(0)x^n+o(x^n).$$

例 1.5　求函数 $f(x)=e^x$ 的 n 阶麦克劳林公式.

解　因为 $f(x)=f'(x)=\cdots=f^{(n)}(x)=f^{(n+1)}(x)=e^x$,所以

$$f(0)=f'(0)=f''(0)=\cdots f^{(n)}(0)=1,$$
$$f^{(n+1)}(\xi)=e^{\xi}(\xi \text{ 介于 } 0 \text{ 与 } x \text{ 之间}).$$

故
$$e^x = 1+x+\frac{1}{2!}x^2+\cdots+\frac{1}{n!}x^n+\frac{e^{\xi}}{(n+1)!}x^{n+1}.$$

这里用的是拉格朗日余项,ξ 介于 0 与 x 之间.

如果用上面等式右边的 n 次多项式来近似表达 e^x,有

$$e^x \approx 1+x+\frac{1}{2!}x^2+\cdots+\frac{1}{n!}x^n.$$

这个近似式所产生的误差为

$$|R_n(x)| = \left|\frac{e^{\xi}}{(n+1)!}x^{n+1}\right| \leqslant \frac{e^{|x|}}{(x+1)!}|x|^{n+1}.$$

当 $x=1$ 时,有

$$e \approx 1+1+\frac{1}{2!}+\frac{1}{3!}+\cdots+\frac{1}{n!},$$

而误差为

$$|R_n| \leqslant \frac{e}{(n+1)!} < \frac{3}{(n+1)!}.$$

若取 $n=7$,有

$$|R_7| < \frac{3}{8!} < 10^{-4},$$

这时

$$e \approx 1 + 1 + \frac{1}{2!} + \frac{1}{3!} + \cdots + \frac{1}{7!} \approx 2.718\,3.$$

例 1.6 求 $f(x)=\sin x$ 的麦克劳林公式,并求 $\sin 10°$ 准确到 10^{-4} 的近似值.

解 因为 $f^{(n)}(x)=\sin\left(x+\frac{n\pi}{2}\right)$,所以 $f(0)=0, f'(0)=1, f''(0)=0, f'''(0)=-1$, $\cdots, f^{(2m-1)}(0)=(-1)^{m-1}, f^{(2m)}(0)=0, m\in\mathbf{N}$. 则 $f(x)=\sin x$ 的麦克劳林公式为

$$\sin x = x - \frac{1}{3!}x^3 + \frac{1}{5!}x^5 + \cdots + (-1)^{m-1}\frac{x^{2m-1}}{(2m-1)!} + R_{2m}(x).$$

其中 $R_{2m}(x)=\dfrac{\sin\left[\xi+\dfrac{(2m+1)\pi}{2}\right]}{(2m+1)!}x^{2m+1}$,这里 ξ 介于 0 与 x 之间.

由于 $10°=\frac{\pi}{18}<0.2$,有

$$|R_{2m}| < \frac{1}{(2m+1)!}\left(\frac{\pi}{18}\right)^{2m+1} < \frac{(0.2)^{2m+1}}{(2m+1)!} < 10^{-4},$$

只需取 $m=2$ 就可以了.于是

$$\sin 10° = \sin\frac{\pi}{18} \approx \frac{\pi}{18} - \frac{1}{3!}\left(\frac{\pi}{18}\right)^3 \approx 0.174\,53 - 0.000\,88 = 0.173\,7.$$

习题 4-1

1. 验证函数 $f(x)=x-x^3$ 在区间[0,1]上满足罗尔定理的条件,并求出满足定理条件的 ξ 值.

2. 试问罗尔定理对下列函数是否成立?

(1) $f(x)=\dfrac{3}{2x^2+1}$ 在[-1,1]上;

(2) $f(x)=1-\sqrt[3]{x^2}$ 在[-1,1]上;

(3) $f(x)=|x|$ 在[-1,1]上.

3. 验证函数 $f(x)=\arctan x$ 在区间[0,1]上满足拉格朗日定理的条件,并求出满足定理条件的 ξ 值.

4. 设 $f(x)=x(x-1)(x-2)(x-3)$,不用求导数,说明方程 $f'(x)=0$ 有几个实根,并指出它们所在的区间.

5. 设函数 $f(x)$ 在区间 $[a,b]$ 上连续,在 (a,b) 内可微,且 $f^2(b)-f^2(a)=b^2-a^2$,试证明方程 $f(x)f'(x)=x$ 在区间 (a,b) 内至少有一个实根.

6. 证明当 $a>b>0, n>1$ 时,

$$nb^{n-1}(a-b) < a^n - b^n < na^{n-1}(a-b).$$

7. 写出函数 $f(x)=3x^3-2x^2-x+2$ 在 $x_0=-1$ 处的三阶泰勒多项式.

8. 写出函数 $f(x)=\sqrt{1+x}$的二阶麦克劳林公式.

4.2 洛必达法则

求函数极限的时候,经常会遇到当 $x\to x_0$(或 $x\to\infty$)时,函数 $f(x)$和 $g(x)$都是无穷小量或者都是无穷大量的情况,那么 $f(x)$和 $g(x)$之比的极限

$$\lim_{\substack{x\to x_0\\(x\to\infty)}}\frac{f(x)}{g(x)}$$

可能存在,也可能不存在,通常把两个无穷小量之比的极限称为$\frac{0}{0}$型未定式,把两个无穷大量之比的极限称为$\frac{\infty}{\infty}$型未定式.而洛必达(L'Hospital)法则是求未定式的简单而有效的方法.

4.2.1 $\frac{0}{0}$型未定式

定理 2.1 (洛必达法则 1)若函数 $f(x),\varphi(x)$满足

(1) $\lim\limits_{x\to x_0}f(x)=0,\lim\limits_{x\to x_0}\varphi(x)=0$,

(2)在点 x_0 的某一邻域内(点 x_0 可除外)$f'(x)$、$\varphi'(x)$都存在且 $\varphi'(x)\neq 0$,

(3) $\lim\limits_{x\to x_0}\frac{f'(x)}{\varphi'(x)}$存在(或为$\infty$),

则极限$\lim\limits_{x\to x_0}\frac{f(x)}{\varphi(x)}$存在(或为$\infty$),且

$$\lim_{x\to x_0}\frac{f(x)}{\varphi(x)}=\lim_{x\to x_0}\frac{f'(x)}{\varphi'(x)}.\tag{2.1}$$

证 由定理的条件(2)可知函数 $f(x)$与 $\varphi(x)$在点 x_0 的某邻域内(点 x_0 可除外)连续,再由条件(1)在点 x_0 处补充定义,令 $f(x_0)=\varphi(x_0)=0$.这样,函数 $f(x)$与 $\varphi(x)$在点 x_0 处也连续.

设 x 为点x_0 的某邻域内异于 x_0 的任一点,则在区间$[x_0,x]$或$[x,x_0]$上,函数$f(x)$与 $\varphi(x)$满足柯西定理的条件,故至少存在一点 ξ,使得

$$\frac{f(x)}{\varphi(x)}=\frac{f(x)-f(x_0)}{\varphi(x)-\varphi(x_0)}=\frac{f'(\xi)}{\varphi'(\xi)}(\xi\text{ 在 }x_0\text{ 与 }x\text{ 之间}).$$

由于 ξ 在x_0 与 x 之间,故当 $x\to x_0$ 时 $\xi\to x_0$,再由条件(3)便得

$$\lim_{x\to x_0}\frac{f(x)}{\varphi(x)}=\lim_{x\to x_0}\frac{f'(\xi)}{\varphi'(\xi)}=\lim_{\xi\to x_0}\frac{f'(\xi)}{\varphi'(\xi)}=\lim_{x\to x_0}\frac{f'(x)}{\varphi'(x)}.$$

这就是说,当$\lim\limits_{x\to x_0}\frac{f'(x)}{\varphi'(x)}$存在时,$\lim\limits_{x\to x_0}\frac{f(x)}{\varphi(x)}$也存在,且等于$\lim\limits_{x\to x_0}\frac{f'(x)}{\varphi'(x)}$;

当 $\lim\limits_{x\to x_0}\dfrac{f'(x)}{\varphi'(x)}=\infty$ 时，$\lim\limits_{x\to x_0}\dfrac{f(x)}{\varphi(x)}=\infty$. 证毕.

如果 $\lim\limits_{x\to x_0}\dfrac{f'(x)}{\varphi'(x)}$ 又是 $\dfrac{0}{0}$ 型未定式，且导函数 $f'(x)$ 与 $\varphi'(x)$ 仍能满足定理 2.1 所需的条件，则可以继续用洛必达法则，即

$$\lim_{x\to x_0}\frac{f(x)}{\varphi(x)}=\lim_{x\to x_0}\frac{f'(x)}{\varphi'(x)}=\lim_{x\to x_0}\frac{f''(x)}{\varphi''(x)}.$$

并且可以仿此类推下去.

推论 1 设

(1)函数 $f(x)$ 与 $\varphi(x)$ 在 $|x|>N>0$ 时有定义，且 $\lim\limits_{x\to\infty}f(x)=0$，$\lim\limits_{x\to\infty}\varphi(x)=0$，

(2)当 $|x|>N$ 时，$f'(x)$ 与 $\varphi'(x)$ 都存在，且 $\varphi'(x)\neq 0$，

(3) $\lim\limits_{x\to\infty}\dfrac{f'(x)}{\varphi'(x)}$ 存在(或为 ∞)，

则极限 $\lim\limits_{x\to\infty}\dfrac{f(x)}{\varphi(x)}$ 存在(或为 ∞)，且

$$\lim_{x\to\infty}\frac{f(x)}{\varphi(x)}=\lim_{x\to\infty}\frac{f'(x)}{\varphi'(x)}. \tag{2.2}$$

证 令 $x=\dfrac{1}{t}$，则当 $x\to\infty$ 时，有 $t\to 0$，由定理 2.1 便有

$$\lim_{x\to\infty}\frac{f(x)}{\varphi(x)}=\lim_{t\to 0}\frac{f\left(\frac{1}{t}\right)}{\varphi\left(\frac{1}{t}\right)}=\lim_{x\to\infty}\frac{f'\left(\frac{1}{t}\right)\left(-\frac{1}{t^2}\right)}{\varphi'\left(\frac{1}{t}\right)\left(-\frac{1}{t^2}\right)}$$

$$=\lim_{x\to\infty}\frac{f'(x)}{\varphi'(x)}.$$ 证毕.

例 2.1 求 $\lim\limits_{x\to 0}\dfrac{(1+x)^\alpha-1}{x}$.

解 这是 $\dfrac{0}{0}$ 型未定式，由定理 2.1，得

$$\lim_{x\to 0}\frac{(1+x)^\alpha-1}{x}=\lim_{x\to 0}\frac{\alpha(1+x)^{\alpha-1}}{1}=\alpha.$$

例 2.2 求 $\lim\limits_{x\to 0}\dfrac{x-\sin x}{x^3}$.

解 这是 $\dfrac{0}{0}$ 型未定式，连用两次定理 2.1，得

$$\lim_{x\to 0}\frac{x-\sin x}{x^3}=\lim_{x\to 0}\frac{1-\cos x}{3x^2}=\lim_{x\to 0}\frac{\sin x}{6x}=\frac{1}{6}.$$

必须指出的是：在连续使用定理 2.1 时，每使用一次都必须检查所求极限式是否属于 $\dfrac{0}{0}$ 型未定式，如果已经不再是未定式，不能再对它应用洛必达法则，否则就会导致错误的结果.

例 2.3 求$\lim\limits_{x\to 0}\dfrac{x^2+e^{-x^2}-1}{\sin^4 x}$.

解 当 $x\to 0$ 时,$\sin^4 x\sim x^4$,故

$$\lim_{x\to 0}\frac{x^2+e^{-x^2}-1}{\sin^4 x}=\lim_{x\to 0}\frac{x^2+e^{-x^2}-1}{x^4}$$

$$\overset{\frac{0}{0}}{=\!=}\lim_{x\to 0}\frac{2x-2xe^{-x^2}}{4x^3}=\lim_{x\to 0}\frac{1-e^{-x^2}}{2x^2}\overset{\frac{0}{0}}{=\!=}\lim_{x\to 0}\frac{2xe^{-x^2}}{4x}=\frac{1}{2}.$$

例 2.4 求 $\lim\limits_{x\to +\infty}\dfrac{\dfrac{\pi}{2}-\arctan x}{\dfrac{1}{x}}$.

解 属于$\dfrac{0}{0}$型未定式.

$$\lim_{x\to +\infty}\frac{\dfrac{\pi}{2}-\arctan x}{\dfrac{1}{x}}=\lim_{x\to +\infty}\frac{-\dfrac{1}{1+x^2}}{-\dfrac{1}{x^2}}=\lim_{x\to +\infty}\frac{x^2}{1+x^2}=1.$$

4.2.2 $\dfrac{\infty}{\infty}$型未定式

定理 2.2 (法则 2)设

(1)函数 $f(x)$与 $\varphi(x)$在点 x_0 的某邻域内(点 x_0 可除外)有定义,且$\lim\limits_{x\to x_0}f(x)=\infty$, $\lim\limits_{x\to x_0}\varphi(x)=\infty$,

(2)$f'(x)$与 $\varphi'(x)$在点 x_0 的某邻域内(点 x_0 可除外)存在,且 $\varphi'(x)\neq 0$,

(3)$\lim\limits_{x\to x_0}\dfrac{f'(x)}{\varphi'(x)}$存在(或为$\infty$),

则极限$\lim\limits_{x\to x_0}\dfrac{f(x)}{\varphi(x)}$存在(或为$\infty$),且

$$\lim_{x\to x_0}\frac{f(x)}{\varphi(x)}=\lim_{x\to x_0}\frac{f'(x)}{\varphi'(x)}. \tag{2.3}$$

推论 2 设

(1)函数 $f(x)$与 $\varphi(x)$在$|x|>N>0$ 时有定义,且$\lim\limits_{x\to\infty}f(x)=\infty$,$\lim\limits_{x\to\infty}\varphi(x)=\infty$,

(2)当$|x|>N$ 时,$f'(x)$与 $\varphi'(x)$都存在,且 $\varphi'(x)\neq 0$,

(3)$\lim\limits_{x\to\infty}\dfrac{f'(x)}{\varphi'(x)}$存在(或为$\infty$),

则极限$\lim\limits_{x\to\infty}\dfrac{f(x)}{\varphi(x)}$存在(或为$\infty$),且

$$\lim_{x\to\infty}\frac{f(x)}{\varphi(x)}=\lim_{x\to\infty}\frac{f'(x)}{\varphi'(x)}.$$

定理 2.2 及推论 2 的证明从略.

例 2.5 求 $\lim\limits_{x\to+\infty}\dfrac{\ln x}{x^n}$（$n$ 为正整数）.

解 它属于$\dfrac{\infty}{\infty}$型未定式.

$$\lim_{x\to+\infty}\frac{\ln x}{x^n}=\lim_{x\to+\infty}\frac{(\ln x)'}{(x^n)'}=\lim_{x\to+\infty}\frac{\frac{1}{x}}{nx^{n-1}}$$

$$=\lim_{x\to+\infty}\frac{1}{nx^n}=0.$$

例 2.6 求 $\lim\limits_{x\to+\infty}\dfrac{x^n}{e^x}$（$n$ 为正整数）.

解 它属于$\dfrac{\infty}{\infty}$型未定式.

$$\lim_{x\to+\infty}\frac{x^n}{e^x}=\lim_{x\to+\infty}\frac{(x^n)'}{(e^x)'}=\lim_{x\to+\infty}\frac{xn^{n-1}}{e^x}=\lim_{x\to+\infty}\frac{n(n-1)x^{n-2}}{e^x}$$

$$=\cdots=\lim_{x\to+\infty}\frac{n!}{e^x}=0\text{（经过 } n \text{ 次使用洛必达法则）}.$$

从例 2.5、例 2.6 可以得到下面的结果：在 x 充分增大的过程中，$\ln x$、x^n、e^x 三个函数中，e^x 增大的速度最快，其次的是 x^n，增大得最慢的是 $\ln x$.

4.2.3 其他类型的未定式

除了上述$\dfrac{0}{0}$型、$\dfrac{\infty}{\infty}$型未定式外，还有其他类型的未定式. 例如当 $\lim f(x)=0$，$\lim g(x)=\infty$ 时，那末 $\lim[f(x)\cdot g(x)]$ 是 $0\cdot\infty$ 型未定式. 如此类推，可知还有 $0\cdot\infty$、$\infty-\infty$、0^0、1^∞、∞^0 型未定式. 求这些类型未定式，通常是把它们先化为$\dfrac{0}{0}$型或$\dfrac{\infty}{\infty}$型未定式，然后再用洛必达法则进行计算.

例 2.7 求 $\lim\limits_{x\to0^+}(x^n\ln x)(n>0)$.

解 这属于 $0\cdot\infty$ 型未定式；把 $x^n\ln x$ 改写为

$$x^n\ln x=\frac{\ln x}{\frac{1}{x^n}}.$$

当 $x\to0^+$ 时，$\lim\limits_{x\to0^+}\dfrac{\ln x}{\frac{1}{x^n}}$ 就是$\dfrac{\infty}{\infty}$型未定式，故

$$\lim_{x\to0^+}x^n\ln x=\lim_{x\to0^+}\frac{\ln x}{\frac{1}{x^n}}=\lim_{x\to0^+}\frac{\frac{1}{x}}{-\frac{n}{x^{n+1}}}=\lim_{x\to0^+}\frac{-x^n}{n}=0.$$

例 2.8 求 $\lim\limits_{x\to1}\left(\dfrac{x}{x-1}-\dfrac{1}{\ln x}\right)$.

解 这属于∞－∞型未定式,上式通分后化为

$$\frac{x}{x-1}-\frac{1}{\ln x}=\frac{x\ln x-x+1}{(x-1)\ln x}.$$

当 $x\to1$ 时,$\lim\limits_{x\to1}\frac{x\ln x-x+1}{(x-1)\ln x}$是$\frac{0}{0}$型未定式,故

$$\lim_{x\to1}\left(\frac{x}{x-1}-\frac{1}{\ln x}\right)=\lim_{x\to1}\frac{x\ln x-x+1}{(x-1)\ln x}$$

$$=\lim_{x\to1}\frac{\ln x}{\frac{x-1}{x}+\ln x}=\lim_{x\to1}\frac{\frac{1}{x}}{\frac{1}{x^2}+\frac{1}{x}}=\frac{1}{2}.$$

例 2.9 求$\lim\limits_{x\to0}x^{\frac{1}{1+\ln x}}$.

解 这是 0^0 型未定式,设 $y=x^{\frac{1}{1+\ln x}}$,则

$$\ln y=\frac{\ln x}{1+\ln x}.$$

因为

$$\lim_{x\to0^+}\frac{\ln x}{1+\ln x}\xlongequal{\frac{\infty}{\infty}}\lim_{x\to0^+}\frac{\frac{1}{x}}{\frac{1}{x}}=1,$$

所以

$$\lim_{x\to0^+}x^{\frac{1}{1+\ln x}}=\lim_{x\to0^+}e^{\frac{\ln x}{1+\ln x}}=e^{\lim\limits_{x\to0^+}\frac{\ln x}{1+\ln x}}=e.$$

例 2.10 求$\lim\limits_{x\to1}x^{\frac{1}{1-x}}$.

解 它属于 1^∞ 型未定式.因为

$$x^{\frac{1}{1-x}}=e^{\frac{\ln x}{1-x}},$$

而当 $x\to1$ 时,$\lim\limits_{x\to1}\frac{\ln x}{1-x}$属$\frac{0}{0}$型未定式,且

$$\lim_{x\to1}\frac{\ln x}{1-x}=\lim_{x\to1}\frac{\frac{1}{x}}{-1}=-1,$$

所以

$$\lim_{x\to1}x^{\frac{1}{1-x}}=\lim_{x\to1}e^{\frac{\ln x}{1-x}}=e^{\lim\limits_{x\to1}\frac{\ln x}{1-x}}=e^{-1}.$$

例 2.11 求$\lim\limits_{n\to\infty}\sqrt[n]{n}$.

解 设 $x\to+\infty$,$y=x^{\frac{1}{x}}$,这是∞^0 型未定式,则有

$$y=e^{\frac{\ln x}{x}}.$$

而当 $x\to+\infty$时, $\lim\limits_{x\to+\infty}\frac{\ln x}{x}$属于$\frac{\infty}{\infty}$型未定式,且

$$\lim_{x\to+\infty}\frac{\ln x}{x}=\lim_{x\to+\infty}\frac{\frac{1}{x}}{1}=0,$$

因此
$$\lim_{x\to+\infty}x^{\frac{1}{x}}=e^{\lim\limits_{x\to+\infty}\frac{\ln x}{x}}=e^0=1,$$

从而
$$\lim_{n\to\infty}\sqrt[n]{n}=1.$$

洛必达法则是求未定式的重要方法.当满足法则的条件时,所求的未定式存在(或为∞).但是,当$\frac{f'(x)}{g'(x)}$的极限不存在时,$\frac{f(x)}{g(x)}$的极限可能仍然存在,这时洛必达法则已不适用,而应改用其他的方法.

例如使用洛必达法则求$\lim\limits_{x\to\infty}\frac{x+\sin x}{x}$时,由于$\lim\limits_{x\to\infty}\frac{1+\cos x}{1}$不存在,故洛必达法则已不适用.可将分子、分母同除以 x,即$\lim\limits_{x\to\infty}\frac{x+\sin x}{x}=\lim\limits_{x\to\infty}(1+\frac{1}{x}\sin x)=1$.

习题 4-2

1. 求下列极限:

(1)$\lim\limits_{x\to\frac{\pi}{4}}\frac{\tan x-1}{\sin 4x}$;　(2)$\lim\limits_{x\to0}\frac{x-\arcsin x}{\sin^3 x}$;

(3)$\lim\limits_{x\to0}\frac{e^x+\sin x-1}{\ln(1+x)}$;　(4)$\lim\limits_{x\to0}\frac{e^x-e^{-x}-2x}{x-\sin x}$;

(5)$\lim\limits_{x\to0^+}\frac{\ln\sin x}{\ln x}$;　(6)$\lim\limits_{x\to+\infty}\frac{x+\ln x}{x\ln x}$;

(7)$\lim\limits_{x\to0}\frac{x-\tan x}{x^3}$;　(8)$\lim\limits_{x\to0}\frac{x\cos x-\sin x}{x^3}$.

2. 求下列极限:

(1)$\lim\limits_{x\to\frac{\pi}{2}}\left(\frac{\pi}{2\cos x}-\frac{x}{\cot x}\right)$　(2)$\lim\limits_{x\to0}\left(\frac{1}{x}-\frac{1}{e^x-1}\right)$;

(3)$\lim\limits_{x\to1}(1-x)\tan\frac{\pi x}{2}$;　(4)$\lim\limits_{x\to0^+}x(e^{\frac{1}{x}}-1)$;

(5)$\lim\limits_{x\to0}(\cos x)^{\frac{1}{x}}$;　(6)$\lim\limits_{x\to0^+}(\cot x)^{\frac{1}{\ln x}}$;

(7)$\lim\limits_{x\to1}(2-x)^{\tan\frac{\pi x}{2}}$;　(8)$\lim\limits_{x\to0^+}\left(\frac{1}{x}\right)^{\tan x}$.

3. 验证极限$\lim\limits_{x\to0}\frac{x^2\sin\frac{1}{x}}{\sin x}$存在,但不能用洛必达法则求出.

4.3 函数的单调性与极值

4.3.1 函数单调性的判定法

根据第1章中函数在区间内单调增减性的定义可知,如果函数 $f(x)$ 在区间 (a,b) 内单调增加(单调减少),那么它的图形是一条沿 x 轴正向上升(下降)的曲线.从几何图形上看,如图4-3所示,曲线上各点处的切线斜率是正(负)的,即 $y'=f'(x)>0$ $(y'=f'(x)<0)$.由此可见,函数的单调性与导数的符号有着密切联系.

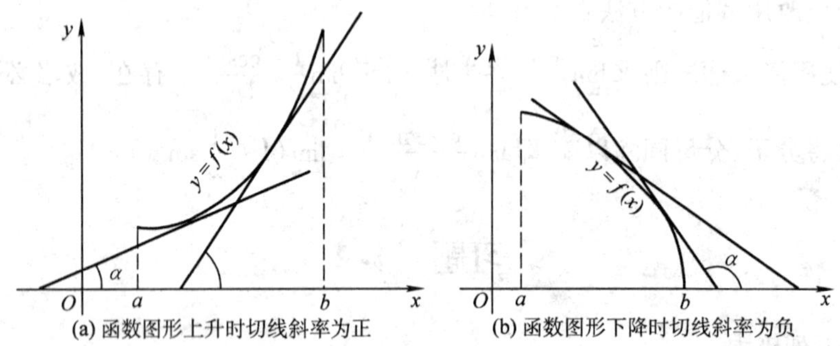

(a) 函数图形上升时切线斜率为正　(b) 函数图形下降时切线斜率为负

图4-3

定理3.1 设 $f(x)\in D(a,b)$,则 $f(x)$ 在区间 (a,b) 内单调增加(减少)的充分必要条件是在 (a,b) 内 $f'(x)\geqslant 0$ $(f'(x)\leqslant 0)$,且 $f'(x)$ 在 (a,b) 的任何子区间中不恒为零.

证 **必要性**:为确定起见,不妨设 $f(x)$ 在 (a,b) 上是单调增加的函数,则任给 $x\in(a,b)$ 及 $x+\Delta x\in(a,b)$.

当 $\Delta x<0$ 时,$f(x+\Delta x)-f(x)<0$;当 $\Delta x>0$ 时,$f(x+\Delta x)-f(x)>0$.

故恒有

$$\frac{f(x+\Delta x)-f(x)}{\Delta x}>0.$$

由于 $f(x)\in D(a,b)$,知

$$f'(x)=\lim_{\Delta x\to 0}\frac{f(x+\Delta x)-f(x)}{\Delta x}\geqslant 0.$$

这里等号不能在 (a,b) 内的任何长度不为零的子区间上成立,否则 $f(x)$ 在该子区间上恒为常数,这与 $f(x)$ 在 (a,b) 上单调增加矛盾.

$f(x)$ 在 (a,b) 上单调减少的情况同理可证.

充分性:设函数 $f'(x)\geqslant 0$,$x\in(a,b)$,且在 (a,b) 的任何长度不为零的子区间上 $f'(x)\not\equiv 0$.任给 $x_1,x_2\in(a,b)$ 且 $x_2>x_1$,在 $[x_1,x_2]$ 上 $f(x)$ 满足拉格朗日定理.故有 ξ 存在,使

$$f(x_2)-f(x_1)=f'(\xi)(x_2-x_1),x_1<\xi<x_2,$$

即

$$f(x_2)-f(x_1)\geqslant 0,$$

故 $$f(x_2) \geqslant f(x_1).$$

这里等号是不能成立的，否则有 $f(x_1)=f(x_2)$. 由 x_1 与 x_2 的任意性，可知 $f(x)$ 在 (x_1,x_2) 内恒有 $f'(x)\equiv 0$. 这就与 $f'(x)$ 在 (a,b) 内的任何长度不为零的子区间上 $f'(x)\not\equiv 0$ 矛盾.

于是任给 $x_1,x_2\in(a,b)$，当 $x_2>x_1$ 时，必有 $f(x_2)>(x_1)$. 故知函数 $f(x)$ 在 (a,b) 上是单调增加的.

同理可证当 $f'(x)\leqslant 0$ 时，函数是单调减少的情况. 证毕.

上面的结论对于闭区间和无限区间也成立.

例 3.1 求函数 $f(x)=x^3-3x^2+5$ 的单调增减区间.

解 函数 $f(x)$ 的定义域为 $(-\infty,+\infty)$，它的导数为

$$f'(x) = 3x^2 - 6x = 3x(x-2).$$

当 $x=0$ 及 $x=2$ 时，$f'(0)=f'(2)=0$. $x=0$ 及 $x=2$ 将 $(-\infty,+\infty)$ 分为三个区间：$(-\infty,0)$、$(0,2)$、$(2,+\infty)$. 在 $(-\infty,0)$ 及 $(2,+\infty)$ 内，$f'(x)>0$，$f(x)$ 单调增加；在 $(0,2)$ 内 $f'(x)<0$，$f(x)$ 在这个区间单调减少，所以 $f(x)$ 的单调增区间为 $(-\infty,0)$ 及 $(2,+\infty)$；单调减区间为 $(0,2)$.

在例 3.1 中，$x=0$ 及 $x=2$ 是函数 $f(x)=x^2-3x^2+5$ 的单调增区间 $(-\infty,0)$，$(2,+\infty)$ 与单调减区间 $(0,2)$ 的分界点，在该点处的导数 $f'(0)=0$，$f'(2)=0$. 本例说明：有些函数在其定义域上不是单调函数时，可以用导数等于零的点将其定义域划分为有限个区间，这样，就可以使函数在各个部分区间上成为单调的. 有时函数在某些点处导数不存在，在划分定义域时，还应该把这些点考虑进去.

例 3.2 求函数 $f(x)=\sqrt[3]{x^2}$ 的单调增减区间.

解 函数 $f(x)$ 的定义域为 $(-\infty,+\infty)$，它的导数为

$$f'(x) = \frac{2}{3\sqrt[3]{x}}, x \neq 0.$$

在其定义域 $(-\infty,+\infty)$ 内没有使导数等于零的点，但是函数 $f(x)$ 在点 $x=0$ 不可导，因此函数不可导的点 $x=0$ 把定义域 $(-\infty,+\infty)$ 划分为两个区间 $(-\infty,0)$ 与 $(0,+\infty)$. 在 $(-\infty,0)$ 内，$f'(x)<0$，故 $(-\infty,0)$ 是 $f(x)=\sqrt[3]{x^2}$ 的单调减区间；在 $(0,+\infty)$ 内，$f'(x)>0$，故 $(0,+\infty)$ 是 $f(x)=\sqrt[3]{x^2}$ 的单调增区间.

例 3.3 试证方程 $x^3+x-1=0$ 只有一个正实根.

证明 设 $f(x)=x^3+x-1$，$f(x)$ 在闭区间 $[0,1]$ 上连续，且 $f(0)=-1<0$，$f(1)=1>0$，由连续函数在闭区间上的零值点定理，知存在点 $\xi\in(0,1)$，使得

$$f(\xi) = 0.$$

即 $x^3+x-1=0$ 在 $(0,1)$ 内至少有一正实根.

因为 $f(x)$ 在 $(0,+\infty)$ 内连续、可导，且有

$$f'(x) = 3x^2 + 1 > 0,$$

所以，$f(x)$ 在 $(0,+\infty)$ 内严格单调增加，从而方程

$$x^3 + x - 1 = 0$$

只有一个正实根.

例 3.4 证明:当 $x>0$ 时,$1+\frac{1}{2}x>\sqrt{1+x}$.

证明 设 $f(x)=1+\frac{1}{2}x-\sqrt{1+x}$,

$$f'(x)=\frac{1}{2}-\frac{1}{2\sqrt{1+x}}=\frac{\sqrt{1+x}-1}{2\sqrt{1+x}}$$

$$=\frac{x}{2\sqrt{1+x}(\sqrt{1+x}+1)}.$$

$f(x)$在$[0,+\infty)$上连续,在$(0,+\infty)$内可导,且当 $x>0$ 时,$f'(x)>0$.因此 $f(x)$在$[0,+\infty)$上是单调增加的.故有当 $x>0$ 时,$f(x)>f(0)=0$,即

$$1+\frac{1}{2}x-\sqrt{1+x}>0,$$

亦即

$$1+\frac{1}{2}x>\sqrt{1+x}\ (x>0).$$

4.3.2 函数的极值及其求法

1. 极值的定义

定义 3.1 设 $f(x)$在 $x\in N(x_0,\delta)$内有定义,且对邻域内的任何点 $x\neq x_0$,均有 $f(x)<f(x_0)$(或 $f(x)>f(x_0)$),则称 $f(x_0)$为 $f(x)$的一个极大(小)值,而点 x_0 称为函数 $f(x)$的极大(小)值点.

函数的极大值、极小值统称为函数的极值,极大值点、极小值点统称为极值点.并且由定义 3.1 可知,函数的极值只是一个局部性的概念,对同一个函数而言,某点邻域内的极大值并不一定会比另一个点邻域内的极小值大,这是因为极值的概念只具有局部的性质.从图 4-4 中可以看出,函数 $f(x)$在点 x_4 处取得极小值,就比在点 x_1 处取得的极大值要大,即 $f(x_4)>f(x_1)$.类似地还有$f(x_6)>f(x_1)$等.

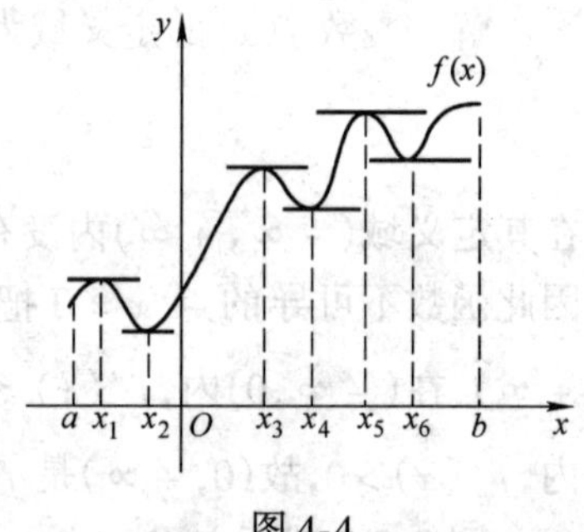

图 4-4

2. 极值存在的必要条件与充分条件

定理 3.2 (极值存在的必要条件)设函数 $f(x)\in \mathrm{D}\{x_0\}$,并且 $f(x_0)$是 $f(x)$的极值,则必有 $f'(x_0)=0$.

证 不妨设 $f(x_0)$是 $f(x)$的极大值.据极大值的定义,在点 x_0 的某邻域内,对任何点 x(点 x_0 除外),皆有 $f(x)<f(x_0)$,于是有 $f(x)-f(x_0)<0$.

当 $x<x_0$ 时,$\frac{f(x)-f(x_0)}{x-x_0}>0$;当 $x>x_0$ 时,$\frac{f(x)-f(x_0)}{x-x_0}<0$.

取极限,得

$$f'_-(x_0)=\lim_{x\to x_0-0}\frac{f(x)-f(x_0)}{x-x_0}\geqslant 0;$$

$$f'_+(x_0)=\lim_{x\to x_0+0}\frac{f(x)-f(x_0)}{x-x_0}\leqslant 0.$$

由于函数 $f(x)$ 在点 x_0 处可导,故有

$$f'(x_0)=f'_+(x_0)=f'_-(x_0)=0.$$

当 $f(x_0)$ 是 $f(x)$ 的极小值时,同理可证 $f'(x_0)=0$. 证毕.

定义 3.2 函数 $y=f(x)$ 一阶导数为零的点,称为函数的一个驻点,简称驻点.

同理,函数 $f(x)$ 二阶导数为零的点,称为函数的二阶驻点,……,函数 $f(x)$ 的 n 阶导数为零的点称为 n 阶驻点.

定理 3.2 说明:可导函数的极值点一定是函数的驻点.但是驻点却不一定都是极值点.如函数 $y=x^3$, $y'=3x^2$,显然 $x=0$ 是函数的驻点,可是 $x=0$ 并不是函数的极值点.

此外,还必须注意到,对于连续函数来说,导数不存在的点也可能是函数的极值点.例如,连续函数 $f(x)=|x|$,在点 $x=0$ 处不可导,但 $f(0)=0$ 是它的极小值.

综上所述,函数的驻点及导数不存在的点都可能是函数的极值点.这样的点是极值存在的"嫌疑点".连续函数仅在这样的点上,有可能取得极值.

现在的问题,是如何去判断函数极值嫌疑点是不是极值点? 也就是极值存在的充分条件.

定理 3.3 (极值存在的第一充分条件)设函数 $f(x)$ 在 x_0 的某个邻域 $|x-x_0|<\delta$ $(\delta>0)$ 上连续,在去心邻域 $0<|x-x_0|<\delta$ 中可导.

(1)如果在 $(x_0-\delta,x_0)$ 内, $f'(x)>0$;而在 $(x_0,x_0+\delta)$ 内, $f'(x)<0$,则 $f(x_0)$ 是函数 $f(x)$ 的一个极大值;

(2)如果在 $(x_0-\delta,x_0)$ 内, $f'(x)<0$;而在 $(x_0,x_0+\delta)$ 内, $f'(x)>0$,则 $f(x_0)$ 是函数 $f(x)$ 的一个极小值;

(3)如果在 $(x_0-\delta,x_0)$ 及 $(x_0,x_0+\delta)$ 中, $f'(x)$ 不变号(恒为正、恒为零或恒为负),则 $f(x_0)$ 不是函数 $f(x)$ 的极值.

证 只证明情形(1).因在 $(x_0-\delta,x_0)$ 内, $f'(x)>0$,据本节定理 3.1 可知, $f(x)$ 在 $(x_0-\delta,x_0)$ 上是单调增函数,故对任意的 $x\in(x_0-\delta,x_0)$,都有 $f(x)<f(x_0)$;同理可知 $f(x)$ 在 $(x_0,x_0+\delta)$ 上是单调减函数,故对任意 $x\in(x_0,x_0+\delta)$,都有 $f(x)<f(x_0)$.这就表明 $f(x_0)$ 是函数 $f(x)$ 的一个极大值. 证毕.

类似地可以证明定理 3.3 的(2)与(3).

极值存在的第一充分条件既适用于在点 x_0 可导的函数,也适用于在点 x_0 不可导的函数.如果函数在驻点处的二阶导数存在且不为零时,则采用下面的第二充分条件更为简便.

定理 3.4 (极值存在的第二充分条件)设函数 $f(x)$ 在点 x_0 的某个邻域内连续,在

点 x_0 处具有二阶导数且 $f'(x_0)=0, f''(x_0)\neq 0$,则

(1)当 $f''(x_0)<0$ 时,$f(x_0)$是函数 $f(x)$的极大值;

(2)当 $f''(x_0)>0$ 时,$f(x_0)$是函数 $f(x)$的极小值.

证 只证情形(1).因 $f''(x_0)<0$,由二阶导数定义,有

$$f''(x_0)=\lim_{x\to x_0}\frac{f'(x)-f'(x_0)}{x-x_0}=\lim_{x\to x_0}\frac{f'(x)}{x-x_0}<0.$$

根据函数值与极限值的同号性定理,必存在点 x_0 的某个去心邻域 $N(\hat{x}_0,\delta)$,使得

$$\frac{f'(x)}{x-x_0}<0, x\in N(\hat{x}_0,\delta).$$

从而可推知,当 $x<x_0$ 时,$x-x_0<0$,必有 $f'(x)>0$;当 $x>x_0$ 时,$x-x_0>0$,必有 $f'(x)<0$.那么由定理 3.4 的(1)知道,函数 $f(x)$在点 x_0 取得极大值.

类似地可以证明情形(2). 证毕.

极值存在的第二充分条件说明,只要函数 $f(x)$在其驻点 x_0 处二阶导数存在且 $f''(x_0)\neq 0$,就可以断定该驻点一定是极值点.但当 $f''(x_0)=0$ 时,$f(x_0)$可能是函数 $f(x)$的极值,也可能不是函数的极值.例如,$f(x)=x^4$,$f'(0)=0$,$f''(0)=0$,易知 $f(0)=0$ 是函数 $f(x)$的极小值.又如,$g(x)=x^3$,$g'(0)=0$,$g''(0)=0$,但 $g(0)=0$ 就不是函数 $g(x)$的极值.因此当函数 $f(x)$在其驻点处二阶导数等于零时,就用第一充分条件进行判断.

根据定理 3.3 及定理 3.4 可知,求函数 $f(x)$的极值的方法为:

(1)确定函数 $f(x)$的定义域,并求 $f(x)$的一阶导数 $f'(x)$;

(2)求出 $f(x)$的驻点和一阶导数不存在而函数有定义的点,并逐个用定理 3.4(或定理 3.3)进行判定;

(3)确定出极值点并求出极值点处的函数值.

例 3.5 求函数 $f(x)=2x^3-6x^2-18x+7$ 的极值.

解 $f(x)$的定义域为$(-\infty,+\infty)$,$f(x)$在$(-\infty,+\infty)$内二阶可导,且

$$f'(x)=6x^2-12x-18,$$
$$f''(x)=12x-12.$$

令

$$f'(x)=6(x^2-2x-3)=6(x+1)(x-3)=0,$$

求得驻点:$x_1=-1, x_2=3$.

因为

$$f''(-1)=-24<0, f''(3)=24>0,$$

所以

$$f(-1)=17 \text{ 为 } f(x) \text{ 的极大值}; f(3)=-47 \text{ 为 } f(x) \text{ 的极小值}.$$

例 3.6 求函数 $f(x)=2x-3x^{\frac{2}{3}}$ 的极值.

解 $f(x)$的定义域为$(-\infty,+\infty)$,

$$f'(x) = 2 - 2x^{-\frac{1}{3}} = \frac{2(x^{\frac{1}{3}} - 1)}{x^{\frac{1}{3}}}.$$

令 $f'(x)=0$,求得驻点 $x=1$,又当 $x=0$ 时,$f'(x)$不存在.

有关讨论情况列表如下:

x	$(-\infty,0)$	0	$(0,1)$	1	$(1,+\infty)$
y'	+	不存在	-	0	+
y	↗	0 极大	↘	-1 极小	↗

所以 $f(0)=0$ 为 $f(x)$的极大值,$f(1)=-1$ 为 $f(x)$的极小值.

例 3.7 求函数 $f(x)=(x^2-1)^3+1$ 的极值.

解 $f(x)$的定义域为$(-\infty,+\infty)$,$f(x)$在$(-\infty,+\infty)$内二阶可导,且

$$f'(x) = 6x(x^2-1)^2,$$

$$f''(x) = 6(x^2-1)(5x^2-1).$$

令 $f'(x)=0$,求得驻点 $x_1=-1, x_2=0, x_3=1$.

因为 $f''(-1)=f''(1)=0$,所以利用极值存在的第一充分条件,列表如下:

x	$(-\infty,-1)$	-1	$(-1,0)$	0	$(0,1)$	1	$(1,+\infty)$
$f'(x)$	-	0	-	0	+	0	+
$f(x)$	↘		↘	极小值	↗		↗

$f(x)$在$(-\infty,+\infty)$上没有极大值,极小值为 $f(0)=0$.

下面介绍一个利用高阶导数判定函数极值点的方法.

***推论** 若 $f(x)$在点 x_0 的某一邻域内具有直到 n 阶的导数,当 $f'(x_0)=f''(x_0)=\cdots=f^{(n-1)}(x_0)=0$,但 $f^{(n)}(x_0)\neq 0$,则有:

(1)当 n 为奇数时,点 x_0 不是 $f(x)$的极值点;

(2)当 n 为偶数时,点 x_0 是 $f(x)$的极值点,且

$$f^{(n)}(x_0) > 0,\text{点 } x_0 \text{ 为极小值点},$$

$$f^{(n)}(x_0) < 0,\text{点 } x_0 \text{ 为极大值点}.$$

读者可利用推论判定函数 $f(x)=x^4$ 的极值点.

习题 4-3

1. 求下列函数的极值:

(1)$y=2x^3-3x^2$;　　(2)$y=\sqrt[3]{(x^2-1)^2}$;

(3)$f(x)=x^{\frac{2}{3}}e^{-x}$;　　(4)$y=\frac{x^3}{3+x^2}$;

(5) $y = x^3(x-5)^2$;　　(6) $y = \dfrac{2x}{\ln x}(x>0)$;

(7) $f(x) = \sin x + \cos x$;　　(8) $y = \arctan x - \dfrac{1}{2}\ln(1+x^2)$.

2. 常数 a 为何值时,函数 $f(x) = a\sin x + \dfrac{1}{3}\sin 3x$ 在 $x = \dfrac{\pi}{3}$ 处取得极值? 并求此极值.

3. 试确定常数 a 和 b,使函数 $f(x) = a\ln x + bx^2 + x$ 在 $x=1$ 和 $x=2$ 处有极值,并求此极值.

4. 证明下列不等式:

(1) $e^{2x-1} > 2x, x > \dfrac{1}{2}$;

(2) $1 + x\ln(x+\sqrt{1+x^2}) > \sqrt{1+x^2}, x>0$;

* (3) $x - \dfrac{1}{6}x^3 < \sin x < x, x>0$.

5. 证明方程 $x\ln x - 2 = 0$ 在区间 $[1,e]$ 上只有一个实根.

*6. 证明方程 $x^3 - 6x^2 + 9x - 10 = 0$ 只有一个实根.

4.4 函数的最大值与最小值

定义 4.1 若函数 $f(x)$ 在某一个区间 I 上,恒有 $f(x_0) \geqslant f(x)$ (或 $f(x_0) \leqslant f(x)$),$x_0, x \in I$,则称点 x_0 为 $f(x)$ 在区间 I 上的最大(小)值点,而 $f(x_0)$ 则称为 $f(x)$ 在区间 I 上的最大(小)值.

函数 $f(x)$ 的最大值与最小值,统称为函数 $f(x)$ 的最值.

由闭区间上连续函数的性质可知,如果函数 $f(x)$ 在闭区间 $[a,b]$ 上是连续的,则知在 $[a,b]$ 上 $f(x)$ 一定可以取得最大值 $f_{\max}(x)$ (或 $\max\{f(x)\}$) 及最小值 $f_{\min}(x)$ (或 $\min\{f(x)\}$). 但是,这仅是最值的存在定理,并没有提供求函数最值的方法.

如果函数 $f(x) \in C[a,b]$, $f(x) \in D(a,b)$,或在 $x \in (a,b)$ 时,至多有有限个驻点和导数不存在的点. 由于最值点是存在的,因此:

(1) 最值点可以在区间 (a,b) 内取得,显然取得最值的点必为极值点,那么在这一点处,或者是驻点,或者是导数不存在的点;

(2) 最值点也可能在区间的端点 $x=a$ 及 $x=b$ 处取得.

对于上面的两种情况,我们可以得出求函数 $f(x)$ 在区间 $[a,b]$ 上的最值的一般方法:

(1) 求出 $f(x)$ 在区间 (a,b) 内的全部驻点和函数有定义但导数不存在的点 $x_1, x_2, \cdots, x_n$;

(2) 比较函数值 $f(a), f(x_1), f(x_2), \cdots f(x_n), f(b)$ 的大小. 其中最大者,就是 $f(x)$ 在 $[a,b]$ 上的最大值;最小者,就是 $f(x)$ 在 $[a,b]$ 上的最小值.

特别要指出的是,如果连续函数 $f(x)$ 在区间 I (I 不局限于闭区间,它可以是开区间,也可以是无穷区间)内只有唯一的极值点 x_0(函数 $f(x)$ 的图形只为一峰或一谷的情况),那么当函数的最大(小)值存在时,则该极大(小)值点即为所求的最大(小)值点,如图 4-5 所示.

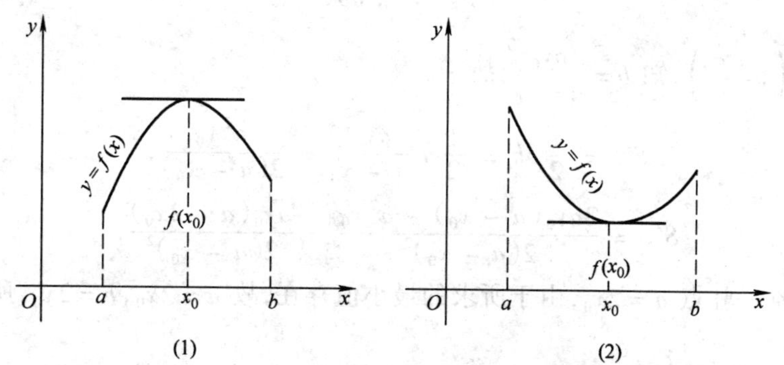

图 4-5

例 4.1 求函数 $f(x)=x^4-2x^2+6$ 在 $[-2,2]$ 上的最大值和最小值.

解 因为 $f'(x)=4x^3-4x=4x(x-1)(x+1)$,所以函数 $f(x)$ 有三个驻点

$$x_1=-1,x_2=0,x_3=1.$$

且

$$f(-2)=f(2)=14,f(-1)=f(1)=5,f(0)=6.$$

故

$$x=\pm 2 \text{ 为最大值点,最大值 } f_{\max}(x)=f(-2)=f(2)=14,$$

$$x=\pm 1 \text{ 为最小值点,最小值 } f_{\min}(x)=f(-1)=f(1)=5.$$

例 4.2 设 $0\leqslant x\leqslant 1,\alpha>1$,试证明不等式

$$\frac{1}{2^{\alpha-1}}\leqslant x^{\alpha}+(1-x)^{\alpha}\leqslant 1$$

成立.

证明 设 $f(x)=x^{\alpha}+(1-x)^{\alpha},x\in[0,1],\alpha>1$,则

$$f'(x)=\alpha x^{\alpha-1}-\alpha(1-x)^{\alpha-1}.$$

令

$$\alpha x^{\alpha-1}-\alpha(1-x)^{\alpha-1}=0,$$

求得驻点 $x=\frac{1}{2}$.并算出下列函数值:

$$f(0)=1,f\left(\frac{1}{2}\right)=\frac{1}{2^{\alpha-1}},f(1)=1.$$

比较这些函数值的大小,可知 $f(x)$ 在 $[0,1]$ 上的最大值为 $f(0)=f(1)=1$.最小值为

$$f\left(\frac{1}{2}\right)=\frac{1}{2^{\alpha-1}},$$

故

$$\frac{1}{2^{\alpha-1}}\leqslant x^{\alpha}+(1-x)^{\alpha}\leqslant 1.$$

例 4.3 在平面直角坐标系的第一象限给定一点 $M_0(x_0,y_0)$,过点 M_0 引直线使它与坐标轴正向所构成的三角形面积最小,求此直线的方程.

解 设直线方程为$\frac{x}{a}+\frac{y}{b}=1$,由题设知$\frac{x_0}{a}+\frac{y_0}{b}=1$.所构成的三角形面积为

$$S_{\triangle}=\frac{1}{2}ab.$$

由于 $y_0=b\left(1-\frac{x_0}{a}\right)$,知 $b=\frac{ay_0}{a-x_0}$.故

$$S_{\triangle}=\frac{1}{2}ab=\frac{1}{2}a\frac{ay_0}{a-x_0}=\frac{a^2y_0}{2(a-x_0)},$$

$$S'_{\triangle}=\frac{2ay_0(a-x_0)-a^2y_0}{2(a-x_0)^2}=\frac{ay_0(a-2x_0)}{2(a-x_0)^2}.$$

函数 $S_{\triangle}$有唯一驻点 $a=2x_0$,由于所求的最小值存在,故 $a=2x_0,b=2y_0$.所求的直线方程为

$$\frac{x}{2x_0}+\frac{y}{2y_0}=1.$$

例 4.4 设可导函数 $f(x)$满足:

$$3f(x)-f(\frac{1}{x})=\frac{1}{x}\ (x\neq 0).$$

求 $f(x)$在闭区间[1,6]上的最大值和最小值.

解 据题意有方程组:$\begin{cases}3f(x)-f(\frac{1}{x})=\frac{1}{x},\\ 3f(\frac{1}{x})-f(x)=x,\end{cases}\quad x\neq 0.$

可解出

$$f(x)=\frac{1}{8}(x+\frac{3}{x}),$$

则

$$f'(x)=\frac{1}{8}(1-\frac{3}{x^2}),x\in[1,6].$$

在区间[1,6]上有唯一驻点 $x=\sqrt{3}$.

由于$f(\sqrt{3})=\frac{\sqrt{3}}{4},f(1)=\frac{1}{2},f(6)=\frac{13}{16}$,所以 $f(x)$的最大值 $f_{\max}(x)=f(6)=\frac{13}{16}$,最小值 $f_{\min}(x)=f(\sqrt{3})=\frac{\sqrt{3}}{4}$.

例 4.5 要制造一个容积为 V 的圆柱形密闭容器,问应当选择圆柱形容器的半径 R 和高 h 为多少时,才能使所用的原材料最省.

解 设圆柱形密闭容器的表面积为 S,则

$$S=2\pi Rh+2\pi R^2,$$

又由于 $V=\pi R^2h$,有 $h=\frac{V}{\pi R^2}$,从而有

$$S=\frac{2V}{R}+2\pi R^2,0<R<+\infty.$$

要求所使用的原材料最省,实际上是使容器的表面积 S 最小.求导数

$$S' = -\frac{2V}{R^2} + 4\pi R,$$

令 $S'=0$,求出定义域内的唯一驻点 $R=\sqrt[3]{\frac{V}{2\pi}}$,而

$$S''\Big|_{R=\sqrt[3]{\frac{V}{2\pi}}} = 12\pi > 0.$$

由于函数 $S=S(R)$在$(0,+\infty)$内有唯一极小点 $R=\sqrt[3]{\frac{V}{2\pi}}$,所以当 $R=\sqrt[3]{\frac{V}{2\pi}}$,$h=\sqrt[3]{\frac{4V}{\pi}}$时,使用的原材料最省.

习题 4-4

1. 求下列函数在指定区间上的最大值与最小值:

(1)$f(x)=x+\frac{1}{x}$在$[1,10]$上;

(2)$f(x)=x^3-3x+3$ 在$[-2,3]$上;

(3)$f(x)=x+\sqrt{1-x}$在$[-5,1]$上;

(4)$f(x)=x+2\cos x$ 在$[0,2\pi]$上;

(5)$f(x)=\sqrt{x(10-x)}$在$[0,10]$上;

(6)$f(x)=|x^2-3x+2|$在$[-10,10]$上.

2. 将 8 分成两部分,使它们的立方和为最小.

3. 过平面上一个定点 $M_0(1,4)$引一条直线,使它在两坐标轴上的截距都为正,且截距之和为最小,求此直线的方程.

4. 圆扇形的周长为 m,问圆的半径为何值时,圆扇形有最大面积.

5. 在一个半径为 a 的球内,作内接圆柱,问圆柱的底半径 r 为何值时,圆柱体的体积最大.

6. 某窗框形状是由半圆置于矩形上面所形成的,若此窗框的周长为一定,试确定半圆的半径和矩形的高,使其通过的光线最为充足.

7. 在东西走向的一段笔直的铁路上有甲乙两城,相距 15 km,在乙城的正南面 8 km 处有一工厂,现要从甲城把货物运往该厂.已知每吨货物的铁路运费为 3 元/km,公路运费为 5 元/km.问在铁路线上何处开始修筑到工厂的公路,才能使运费最省?

4.5 曲线的凹凸性与拐点

研究了函数的增减性与极值,只是掌握了函数变化的大致情况,例如在图 4-6 中,动点从点 A 可以沿 3 条上升的曲线弧到点 B,$\overset{\frown}{ACB}$是向上凸的曲线弧,$\overset{\frown}{AEB}$是直线段,$\overset{\frown}{ADB}$是向上凹的曲线弧.

从几何直观上分析,联结点 A、B 的弦 $\overline{AEB}$ 总在向上凸的曲线弧 $\overset{\frown}{ACB}$ 的下方,而又总在向上凹的曲线弧 $\overset{\frown}{ADB}$ 的上方,曲线的这种性质就是曲线的凹凸性,下面给出定义.

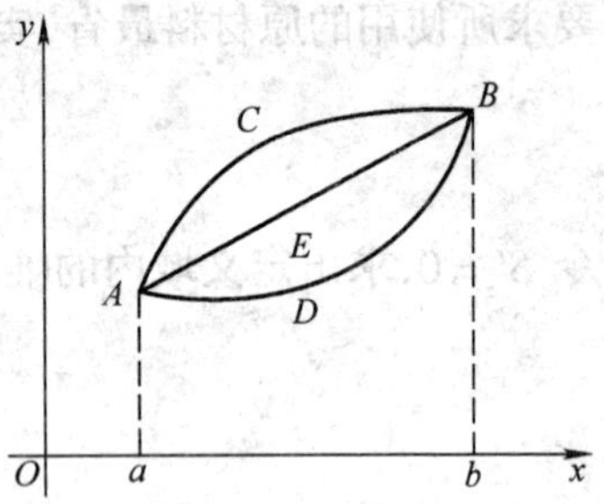

图 4-6

定义 5.1 设函数 $f(x)$ 在 (a,b) 内连续,如果对 (a,b) 内任意两点 x_1、x_2,恒有

$$f\left(\frac{x_1+x_2}{2}\right)<\frac{f(x_1)+f(x_2)}{2},$$

则称函数 $y=f(x)$ 的曲线在 (a,b) 内是向上凹的,简称为凹弧,相应的函数 $f(x)$ 在 (a,b) 内称为凹函数;反之,如果恒有

$$f\left(\frac{x_1+x_2}{2}\right)>\frac{f(x_1)+f(x_2)}{2},$$

则称函数 $y=f(x)$ 的曲线在 (a,b) 内是向上凸的,简称为凸弧,相应的函数 $f(x)$ 在 (a,b) 内称为凸函数(图 4-7).

如果连续函数 $f(x)$ 具有二阶导数,则可以通过二阶导数的正、负号来判断曲线的凹凸性.

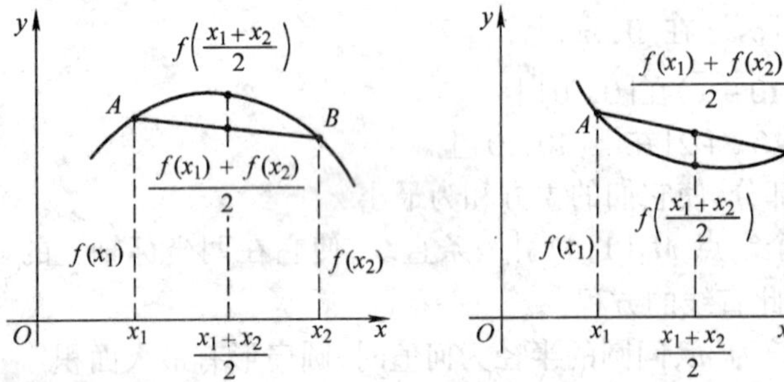

图 4-7

定理 5.1 设函数 $f(x)\in C[a,b]$ 且 $f(x)\in D^2(a,b)$,则有:

(1)如果在 (a,b) 内,$f''(x)\geqslant 0$,但在 (a,b) 的任何子区间内不恒为零,则函数曲线 $y=f(x)$ 在 $[a,b]$ 上为凹弧;

(2)如果在 (a,b) 内,$f''(x)\leqslant 0$,但在 (a,b) 的任何子区间内不恒为零,则函数曲线 $y=f(x)$ 在 $[a,b]$ 上为凸弧.

证 就情形(1)证明如下.在 (a,b) 内任意取两点 x_1、x_2,且 $x_1<x_2$,记

$$x_0=\frac{x_1+x_2}{2},x_2-x_0=x_0-x_1=h>0.$$

据定理所设,函数 $f(x)$ 在区间 $[x_1,x_0]$ 及 $[x_0,x_2]$ 上满足拉格朗日定理的条件,应用拉格朗日公式分别有

$$f(x_0)-f(x_1)=f'(\xi_1)h,x_1<\xi_1<x_0; \tag{5.1}$$

$$f(x_2)-f(x_0)=f'(\xi_2)h,x_0<\xi_2<x_2. \tag{5.2}$$

式(5.2)减式(5.1),得

$$f(x_1)+f(x_2)-2f(x_0)=[f'(\xi_2)-f'(\xi_1)]h. \tag{5.3}$$

因为在(a,b)内$f''(x)\geqslant 0$,但在(a,b)内的任何子区间中不恒为零,据4.3节定理3.1可知$f'(x)$在$[a,b]$上是单调增的,又注意到:$\xi_1<x_0<\xi_2$,从而有

$$f'(\xi_2)-f'(\xi_1)>0.$$

由式(5.3)得到

$$f(x_1)+f(x_2)-2f(x_0)>0,$$

或

$$\frac{f(x_1)+f(x_2)}{2}>f(x_0),$$

即

$$\frac{f(x_1)+f(x_2)}{2}>f\left(\frac{x_1+x_2}{2}\right).$$

据曲线弧凹凸性的定义,可知函数曲线$y=f(x)$在$[a,b]$上是凹弧.

类似地可以证明情形(2). 证毕.

从定理的证明过程可以看出,如果函数$f(x)$在(a,b)内$f''(x)\geqslant 0$,但在(a,b)的任何子区间中不恒为零,则$f'(x)$在(a,b)内是单调增的.由导数的几何意义可知,连续曲线$y=f(x)$的切线的斜率随着x的增大而增大,反之亦然.因此,对于具有连续的一阶导数$f'(x)$的函数来说,如果函数曲线$y=f(x)$的切线斜率$f'(x)$是单调增的,则曲线弧$y=f(x)$必为凹弧.同理,如果函数曲线$y=f(x)$的切线斜率$f'(x)$是单调减的,则曲线弧$y=f(x)$必为凸弧.

另外,函数曲线的凹凸性还可以用下面的定义来描述(参考图4-8).

***定义5.2** 若曲线$y=f(x),x\in(a,b)$在每一点处的曲线弧总位于该点处切线的上(下)方,则称此曲线在(a,b)内为凹(凸)曲线.

当函数曲线$y=f(x)$在(a,b)内为凹(凸)曲线时,相应地称(a,b)为曲线$y=f(x)$的凹(凸)区间.例如在图4-8中,由于$\overset{\frown}{AC}$为凸弧,故(a,c)为$f(x)$的凸区间;$\overset{\frown}{CB}$为凹弧,故(c,b)为$f(x)$的凹区间.

在判定曲线的凹凸性时,定理5.1是常用的工具.

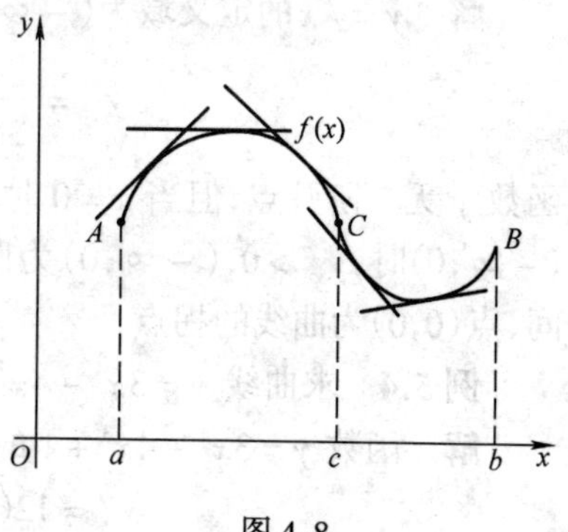

图4-8

例5.1 判断曲线$y=x^3$的凹凸性.

解 因为

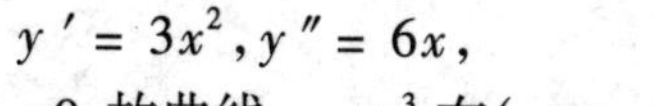

$$y'=3x^2,y''=6x,$$

当$x<0$时,$y''<0$,故曲线$y=x^3$在$(-\infty,0)$内为凸弧;当$x>0$时,$y''>0$,故曲线$y=x^3$在$(0,+\infty)$内为凹弧.

原点$O(0,0)$是曲线$y=x^3$凹凸弧的分界点,通常称为曲线的拐点.

4.5.2 曲线的拐点

定义 5.3 在连续曲线 $y=f(x)$上,凹弧与凸弧的分界点,称为曲线 $y=f(x)$的拐点.

如果 $f(x)$的二阶导数 $f''(x)$在 x_0 的左右两侧变号,则点$(x_0,f(x_0))$一定是拐点.由此可见曲线 $y=f(x)$的拐点的横坐标 x_0 只可能是使 $f''(x)=0$ 的点或者是使 $f''(x)$不存在的点.于是可按下列步骤求曲线 $y=f(x)$的拐点:

(1)求 $f'(x)$及 $f''(x)$;

(2)令 $f''(x)=0$,求出定义域内的二阶驻点及 $f''(x)$不存在的点;

(3)对于(2)中求出的每一点 x_0,检查 $f''(x)$在点 x_0 左、右两侧邻近的符号,如果 $f''(x)$在点 x_0 左、右两侧符号相反时,则点$(x_0,f(x_0))$是拐点,当两侧的符号相同时,点$(x_0,f(x_0))$不是拐点.

例 5.2 求曲线 $y=x^3-3x^2-x$ 的凹凸区间和拐点.

解 $y=x^3-3x^2-x$ 的定义域为$(-\infty,+\infty)$.

$y'=3x^2-6x-1$.

$y''=6x-6$,

令 $y''=0$ 得二阶驻点 $x=1$.将$(-\infty,+\infty)$分为两部分.

当 $x\in(-\infty,1)$时,$y''<0$,$(-\infty,1)$为凸区间;当 $x\in(1,+\infty)$时,$y''>0$,$(1,+\infty)$为凹区间.

当 $x=1$ 时,$y=-3$,点$(1,-3)$为曲线的拐点.

定理 5.2 设函数曲线 $y=f(x)$具有三阶导数,当 $f''(x_0)=0$,即 x_0 是二阶驻点且有 $f'''(x_0)\neq 0$,则点$(x_0,f(x_0))$是曲线 $f(x)$的拐点.

例 5.3 求曲线 $y=\sqrt[3]{x}$的凹凸区间与拐点.

解 $y=\sqrt[3]{x}$的定义域为$(-\infty,+\infty)$.

$$y'=\frac{1}{3\sqrt[3]{x^2}},\ y''=-\frac{2}{9x\sqrt[3]{x^2}}\neq 0.$$

函数 y 无二阶驻点,但当 $x=0$ 时,y''不存在.$x=0$ 把$(-\infty,+\infty)$分为两部分;当 $x\in(-\infty,0)$时,$y''>0$,$(-\infty,0)$为凹区间;当 $x\in(0,+\infty)$时,$y''<0$,$(0,+\infty)$为凸区间,点$(0,0)$为曲线的拐点.

例 5.4 求曲线 $y=3x^4-4x^3+1$ 的拐点.

解 函数 $y=3x^4-4x^3+1$ 的定义域为$(-\infty,+\infty)$.求函数的导数:

$$y'=12(x^3-x^2),\ y''=12(3x^2-2x),$$
$$y'''=24(3x-1).$$

令 $y''=0$,解得 $x_1=0$, $x_2=\frac{2}{3}$.由于

$$y'''\Big|_{x=0}=-24\neq 0,\ y'''\Big|_{x=\frac{2}{3}}=24\neq 0,$$

所以点(0,1)及点$\left(\frac{2}{3},\frac{11}{27}\right)$都是曲线 $y=3x^4-4x^3+1$ 的拐点.

习题　4-5

1. 求下列曲线的凹凸区间与拐点:

(1)$y=\sin x\quad x\in(0,2\pi)$;　　(2)$y=x^3-x+2$;

(3)$y=(1+x^2)e^x$;　　(4)$y=\arctan x-x$;

(5)$y=\dfrac{x^3}{x^2+12}$.

2. 设曲线 $y=ax^3+bx^2+cx+2$ 在 $x=1$ 处有极小值 0,点(0,2)是曲线的拐点,试确定常数 a、b、c.

3. 试确定曲线 $y=ax^3+bx^2+cx+d$ 中的常数 a、b、c、d,使得 $x=-2$ 为驻点,点(1,-10)为拐点,且曲线经过点(-2,44).

4. 验证曲线 $y=\dfrac{x-1}{x^2+1}$ 有三个拐点,且这三个拐点位于同一条直线上.

5. 证明曲线 $f(x)=x\arctan x$ 在$(-\infty,+\infty)$内是凹曲线.

6. 证明摆线$\begin{cases}x=a(t-\sin t),\\y=a(1-\cos t)\end{cases}(a>0,0<t<2\pi)$为凸曲线.

4.6　函数图形的描绘

描绘函数的图形,以前主要用“逐点描迹”法.对于复杂的函数,用这种方法就很难迅速、准确地作出它的图形.为了能够比较迅速和准确地作出函数的图形,可以借助于函数的一阶导数,确定函数图形的增减区间和极值;借助于函数的二阶导数,确定函数图形的凹凸区间和拐点,使得在有限范围之内容易作出函数的图形.当 $x\to\infty$ 或 $y\to\infty$ 时,函数的图形伸向无穷远处,在某些情况下,函数的图形可以借助于“渐近线”来说明.

4.6.1　曲线的渐近线

定义 6.1　当曲线 C 上的动点 M 沿着曲线无限远离坐标原点时,如果动点 M 与某直线 L 的距离趋向于零,则称直线 L 为曲线 C 的渐近线(见图 4-9).

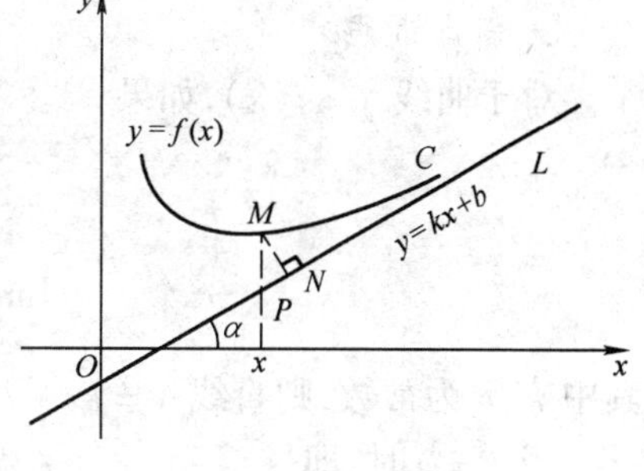

图 4-9

1. 垂直渐近线

对于曲线 $y=f(x)$,如果有 $\lim\limits_{\substack{x\to x_0^+\\(x\to x_0^-)}} f(x)=+\infty$(或 $-\infty$),则称直线 $x=x_0$ 为曲线 $y=f(x)$的一条垂直渐近线.例如,因为

$$\lim_{x\to\frac{\pi}{2}^-}\tan x=+\infty,$$

$$\lim_{x\to-\frac{\pi}{2}^+}\tan x=-\infty,$$

所以,直线 $x=\pm\dfrac{\pi}{2}$是曲线 $y=\tan x$, $x\in\left(-\dfrac{\pi}{2},\dfrac{\pi}{2}\right)$的两条垂直渐近线(图 4-10).

又例如,由于

$$\lim_{x\to1}\frac{1}{1-x}=\infty,$$

所以,$x=1$ 为曲线 $y=\dfrac{1}{1-x}$的一条垂直渐近线(图 4-11).

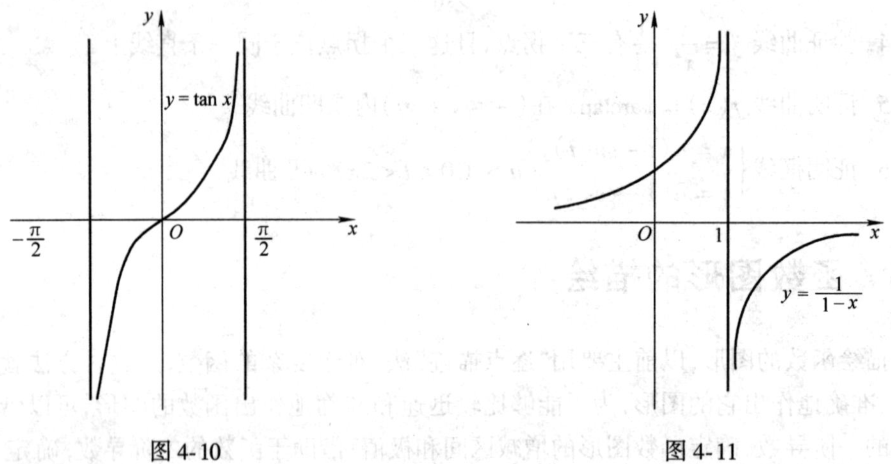

图 4-10　　图 4-11

2. 斜渐近线

对于曲线 $y=f(x)$,如果

$$\lim_{\substack{x\to+\infty\\(\text{或}x\to-\infty)}}\frac{f(x)}{x}=k,$$

$$\lim_{\substack{x\to+\infty\\(\text{或}x\to-\infty)}}[f(x)-kx]=b,$$

其中 k、b 为常数,则直线 $y=kx+b$ 为曲线$y=f(x)$的一条斜渐近线.

当 $k=0$ 时,即

$$\lim_{\substack{x\to+\infty\\(\text{或}x\to-\infty)}}f(x)=b,$$

则直线 $y=b$ 为曲线$y=f(x)$的一条水平渐近线.

例如,因为

$$\lim_{x \to -\infty} e^x = 0,$$

所以直线 $y=0$ 为曲线 $y=e^x$ 的一条水平渐近线.

又例如,因为

$$\lim_{x \to +\infty} \arctan x = \frac{\pi}{2},$$

$$\lim_{x \to -\infty} \arctan x = -\frac{\pi}{2},$$

所以,$y=\pm\frac{\pi}{2}$为曲线 $y=\arctan x$ 的两条水平渐近线.

例 6.1 求曲线 $y=\frac{4x-1}{(x-2)^2}$的渐近线.

解 因为

$$\lim_{x \to 2} \frac{4x-1}{(x-2)^2} = \infty,$$

所以 $x=2$ 是曲线的垂直渐近线.

又由极限

$$\lim_{x \to \infty} \frac{4x-1}{(x-2)^2} = 0,$$

可知 $y=0$ 为曲线的水平渐近线.

例 6.2 求曲线 $y=f(x)=\frac{x^2}{1+x}$的渐近线.

解 因为

$$\lim_{x \to -1^-} \frac{x^2}{1+x} = -\infty, \lim_{x \to -1^+} \frac{x^2}{1+x} = +\infty.$$

所以 $x=-1$ 是曲线的垂直渐近线.

又由极限

$$\lim_{x \to \infty} \frac{f(x)}{x} = \lim_{x \to \infty} \frac{x}{1+x} = 1,$$

及

$$\lim_{x \to \infty}[f(x)-kx] = \lim_{x \to \infty}\left[\frac{x^2}{1+x}-x\right] = -1,$$

求得 $k=1, b=-1$,所以 $y=x-1$ 是曲线的斜渐近线.

4.6.2 函数图形的描绘

函数图形的描绘是单元函数微分学知识的综合应用.将前面各章及本章所讨论的有关函数的某些性态总结起来,就得到描绘函数图形的一般步骤:

(1)确定函数 $f(x)$的定义域、间断点、奇偶性、周期性等;

(2)求函数的一阶导数 $f'(x)$,确定函数的增减区间与极值;

(3)求函数的二阶导数 $f''(x)$,确定函数图形的凹凸区间与拐点;

(4)求出函数曲线 $f(x)$的渐近线;

(5)列出表格,并描绘出函数 $f(x)$的图形.

例 6.3 描绘函数 $y=\frac{2x-1}{(x-1)^2}$的图形.

解 函数 $y=\frac{2x-1}{(x-1)^2}$的定义域为 $D_f=(-\infty,1)\cup(1,+\infty)$.

$$y'=\frac{-2x}{(x-1)^3},$$

有驻点 $x=0$,且为极小值点,即

$$y\Big|_{x=0}=-1.$$

$$y''=\frac{2(2x+1)}{(x-1)^4},$$

有二阶驻点 $x=-\frac{1}{2}$,且点$\left(-\frac{1}{2},-\frac{8}{9}\right)$为拐点.

函数曲线有垂直渐近线 $x=1$ 及水平渐近线 $y=0$.

列表讨论如下:

x	$\left(-\infty,-\frac{1}{2}\right)$	$-\frac{1}{2}$	$\left(-\frac{1}{2},0\right)$	0	$(0,1)$	$(1,+\infty)$
y'	−	−	−	0	+	−
y''	−	0	+	+	+	+
y	↘	$\left(-\frac{1}{2},-\frac{8}{9}\right)$ 拐点	↘	−1 极小值	↗	↘

其图形见图 4-12 所示.

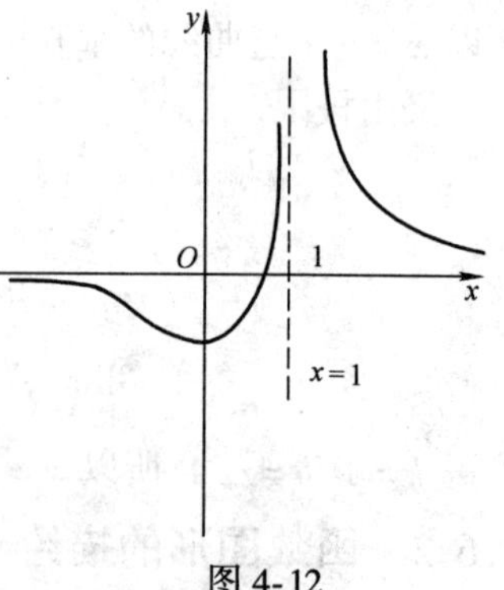

图 4-12

例 6.4 描绘函数 $y=\frac{1-x^3}{x^2}$的图形.

解 函数的定义域为$(-\infty,0)\cup(0,+\infty)$.

$$y'=-\frac{x^3+2}{x^3}.$$

令 $y'=0$,解得驻点 $x=-\sqrt[3]{2}$,在定义域内没有一阶导数不存在的点.

$y''=\frac{6}{x^4}>0$,在定义域内没有二阶驻点.

因为

$$\lim_{x\to0}\frac{1-x^3}{x^2}=+\infty,$$

所以,$x=0$ 为函数图形的垂直渐近线.

又因为

$$k=\lim_{x\to\infty}\frac{y}{x}=\lim_{x\to\infty}\frac{1-x^3}{x^3}=-1,$$

$$b=\lim_{x\to\infty}(y-kx)=\lim_{x\to\infty}\left(\frac{1-x^3}{x^2}+x\right)=0.$$

所以，$y=-x$ 是斜渐近线.

列表讨论如下：

x	$(-\infty,-\sqrt[3]{2})$	$-\sqrt[3]{2}$	$(-\sqrt[3]{2},0)$	0	$(0,+\infty)$
y'	−	0	+		−
y''	+	+	+		+
y	↘	极小$\frac{3}{\sqrt[3]{4}}$	↗		↘

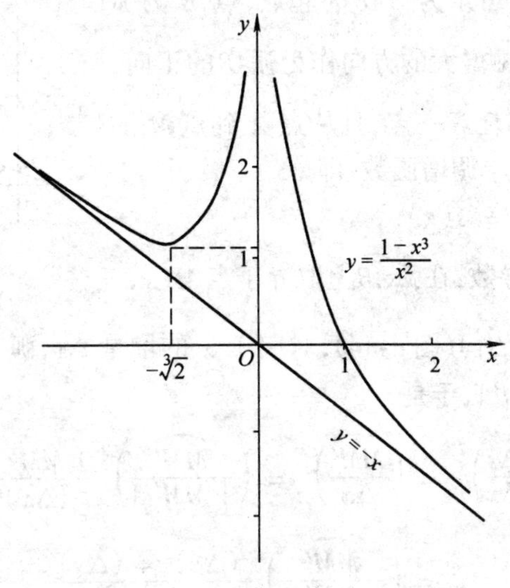

图 4-13

习题 4-6

1. 求下列曲线的渐近线：

(1) $y=\frac{x}{\sqrt{x^2+3}}$；　(2) $y=\frac{x^2}{x^2-2}$；

(3) $y=\sqrt{x^2-1}$；　(4) $y=\frac{x^3}{x^2+9}$；

(5) $y=x+\arctan x$；　(6) $y=e^{\frac{1}{x}}$.

2. 描绘下列函数的图形：

(1) $y=x^3-3x^2+1$；　(2) $y=\frac{x^2}{1+x}$；

(3) $y=\dfrac{x^3}{(x-1)^2}$；　　　　(4) $y=\left(\dfrac{1+x}{1-x}\right)^4$.

4.7 曲率

在工程实际中,常常要考虑曲线的弯曲程度,曲率就是表示曲线弯曲程度的量.为了得到曲率的计算公式,我们先介绍弧微分的概念.

4.7.1 弧微分

定义 7.1 设函数 $f(x)\in C^1[a,b]$,则称曲线 $y=f(x)$ 是 $[a,b]$ 上的一条光滑的曲线.

设曲线 $y=f(x)$ 是一条光滑的曲线,曲线 $y=f(x)$ 上的一段弧为 $\overset{\frown}{AB}$,其中点 A 为弧 $\overset{\frown}{AB}$ 的起点,点 B 为弧 $\overset{\frown}{AB}$ 的终点.并规定按照 x 增大的方向作为弧 $\overset{\frown}{AB}$ 的正向,点 $M(x,y)$ 为弧 $\overset{\frown}{AB}$ 上的任意一点,且从点 A 到点 M 的弧长为 s,于是 s 是 x 的单调增函数,即

$$s=s(x).$$

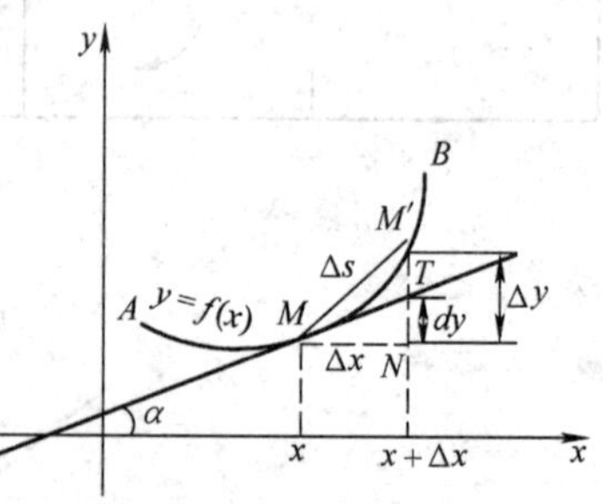

图 4-14

现在,求 s 对 x 的导数.在弧 $\overset{\frown}{AB}$ 上取异于点 $M(x,y)$ 的点 $M'(x+\Delta x,y+\Delta y)$(图 4-14),对应于 x 的增量 Δx,弧长 s 有增量 $\Delta s=\overset{\frown}{MM'}$.记弦 MM' 的长度为 $|MM'|$,于是

$$\left(\frac{\Delta s}{\Delta x}\right)^2=\left(\frac{\overset{\frown}{MM'}}{\Delta x}\right)^2=\left(\frac{\overset{\frown}{MM'}}{|MM'|}\right)^2\frac{|MM'|^2}{(\Delta x)^2}$$

$$=\left(\frac{\overset{\frown}{MM'}}{|MM'|}\right)^2\frac{(\Delta x)^2+(\Delta y)^2}{(\Delta x)^2}$$

$$=\left(\frac{\overset{\frown}{MM'}}{|MM'|}\right)^2\left[1+\left(\frac{\Delta y}{\Delta x}\right)^2\right].$$

开平方,得

$$\frac{\Delta s}{\Delta x}=\pm\sqrt{\left(\frac{\overset{\frown}{MM'}}{|MM'|}\right)^2\left[1+\left(\frac{\Delta y}{\Delta x}\right)^2\right]}.$$

当 $\Delta x\to 0$ 时,$M'\to M$,故有

$$\lim_{M'\to M}\frac{|\overset{\frown}{MM'}|}{|MM'|}=1 \text{ 及 } \lim_{\Delta x\to 0}\frac{\Delta y}{\Delta x}=y',$$

从而有

$$\lim_{\Delta x\to 0}\frac{\Delta s}{\Delta x}=\pm\sqrt{1+y'^2}.$$

又因为 $s=s(x)$ 是单调增函数，必有 $\frac{\mathrm{d}s}{\mathrm{d}x}=\lim\limits_{\Delta x\to 0}\frac{\Delta s}{\Delta x}>0$，所以根号前应取正号，于是得到

$$\frac{\mathrm{d}s}{\mathrm{d}x}=\sqrt{1+y'^2},$$

或

$$\mathrm{d}s=\sqrt{1+y'^2}\,\mathrm{d}x. \tag{7.1}$$

这就是要求的弧微分的公式.

有时把式(7.1)写成对称的形式

$$(\mathrm{d}s)^2=(\mathrm{d}x)^2+(\mathrm{d}y)^2. \tag{7.2}$$

如果曲线是以参量方程：$x=\varphi(t)$，$y=\psi(t)$ 给出，则有

$$\mathrm{d}s=\sqrt{\varphi'^2(t)+\psi'^2(t)}\,\mathrm{d}t. \tag{7.3}$$

从式(7.2)可以看出，弧微分 $\mathrm{d}s$ 的几何意义表示切线段 MT 的长度. 若记切线 MT 的倾斜角为 α，则在以 $\mathrm{d}x$、$\mathrm{d}y$ 和 $\mathrm{d}s$ 为边长的直角三角形 MNT 中(图 4-14)，有

$$\frac{\mathrm{d}x}{\mathrm{d}s}=\cos\alpha,\ \frac{\mathrm{d}y}{\mathrm{d}s}=\sin\alpha.$$

例 7.1 求曲线 $y=\sqrt{2px}\,(p>0)$ 的弧微分.

解 因为 $y'=\sqrt{2p}\frac{1}{2\sqrt{x}}$，所以

$$\mathrm{d}s=\sqrt{1+y'^2}\,\mathrm{d}x=\sqrt{1+\left(\frac{\sqrt{2p}}{2}\frac{1}{\sqrt{x}}\right)^2}\,\mathrm{d}x=\sqrt{1+\frac{p}{2x}}\,\mathrm{d}x.$$

4.7.2 曲率

设弧段 $\overset{\frown}{MM_1}$ 为光滑线段，其长度记为 Δs，弧段 $\overset{\frown}{MM_1}$ 上切线的倾角随切点的移动而改变，若从点 M 到点 M' 切线倾角的改变量为 $\Delta\alpha$（$\Delta\alpha$ 也称为弧段 $\overset{\frown}{MM'}$ 切线的转角），则弧段 $\overset{\frown}{MM'}$ 的弯曲程度由 $\Delta\alpha$ 与 Δs 两个量确定.

由图 4-15 可以看出，当两个弧段 $\overset{\frown}{MM'}$ 与 $\overset{\frown}{NN'}$ 的弧长相等时，切线转角大的弯曲程度大. 这说明曲线的弯曲程度与切线的转角成正比.

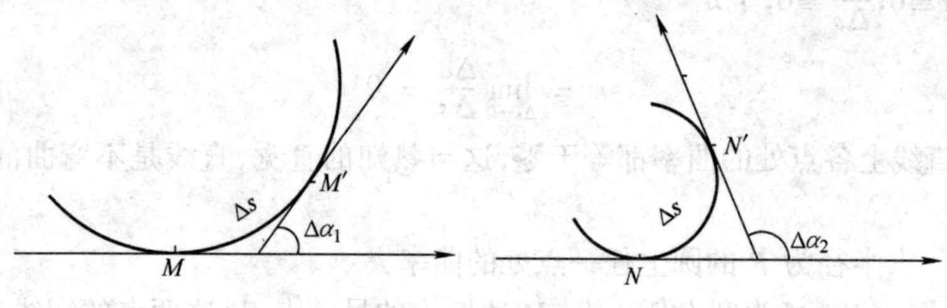

图 4-15

由图 4-16 可以看出,当两个弧段$\overset{\frown}{MM'}$与$\overset{\frown}{NN'}$的切线转角相等时,弧长小的弯曲程度大.这说明曲线的弯曲程度与弧段的长度成反比.

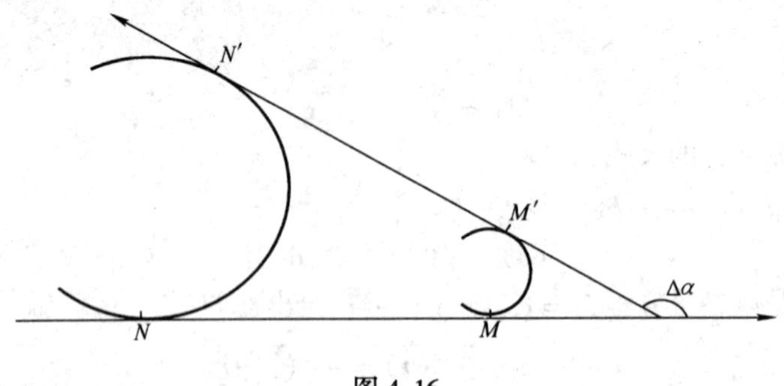

图 4-16

下面我们引入曲率的概念.

通常用比值$\left|\dfrac{\Delta\alpha}{\Delta s}\right|$,即单位弧段上切线的转角的大小来描述弧段$\overset{\frown}{MM'}$的平均弯曲程度,称这个比值为弧段$\overset{\frown}{MM'}$的平均曲率,记为

$$\bar{\kappa}=\left|\frac{\Delta\alpha}{\Delta s}\right|.$$

一般地,曲线在各点处的弯曲程度常常不同.因此平均曲率还不能准确地刻画曲线在各点处的弯曲程度.仿照从平均速度引进瞬时速度的方法,利用平均曲率的极限定义曲线在一点处的曲率.

定义 7.2 当点 M'沿着曲线趋于点 M 时,即 $\Delta s\to 0$ 时,平均曲率$\bar{\kappa}$的极限

$$\lim_{\Delta s\to 0}\left|\frac{\Delta\alpha}{\Delta s}\right|$$

如果存在,则称这个极限为曲线在点 M 处的曲率,记为 κ,即

$$\kappa=\lim_{\Delta s\to 0}\left|\frac{\Delta\alpha}{\Delta s}\right|=\left|\frac{\mathrm{d}\alpha}{\mathrm{d}s}\right|.$$

例 7.2 求直线上各点处的曲率.

解 对于直线来说,切线与直线本身重合,当点沿着直线移动时,切线的倾斜角都不变,故 $\Delta\alpha\equiv 0,\dfrac{\Delta\alpha}{\Delta s}\equiv 0$,于是

$$\kappa=\lim_{\Delta s\to 0}\frac{\Delta\alpha}{\Delta s}=0.$$

这就是说,直线上各点处的曲率都等于零,这与熟知的直觉,直线是不弯曲的认识是一致的.

例 7.3 求半径为 R 的圆上任一点处的曲率.

解 由图 4-17,M 为圆上任一点,M'为圆上的另一点,过这两点的切线分别为 MT 与 $M'T'$,切线的转角为 $\Delta\alpha$,且有

$$|\Delta s|=|\overset{\frown}{MM'}|=R|\Delta\alpha|,$$

圆弧$\overset{\frown}{MM'}$的平均曲率为

$$\bar{\kappa}=\left|\frac{\Delta\alpha}{\Delta s}\right|=\frac{|\Delta\alpha|}{R|\Delta\alpha|}=\frac{1}{R},$$

所以点 M 处的曲率为

$$\kappa=\lim_{\Delta s\to 0}\bar{\kappa}=\frac{1}{R}.$$

这就是说,圆上各点处的曲率都等于半径 R 的倒数$\frac{1}{R}$,同一圆上各点处的弯曲程度都一样,而且半径愈小,弯曲愈甚,这与我们直觉的认识完全一致.

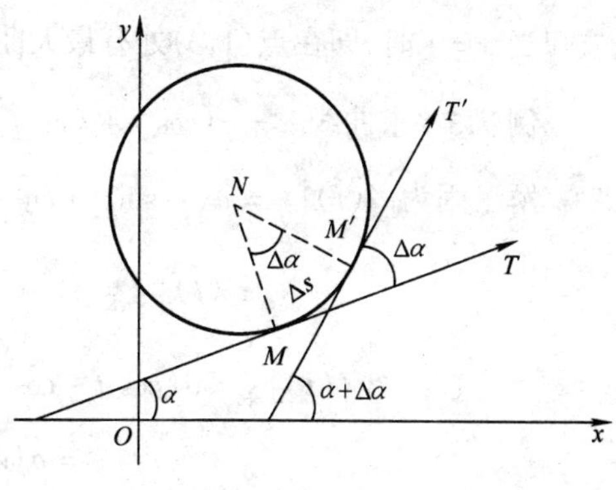

图 4-17

下面根据曲率的定义,推导出一般情况下的计算公式.

设曲线 $y=f(x)$,其中 $f(x)$具有二阶导数,显然这时 $f'(x)$是连续函数,从而此曲线是光滑的.根据导数的几何意义,有 $\tan\alpha=y'$,两边对 x 求导数,得

$$\sec^2\alpha\,\frac{\mathrm{d}\alpha}{\mathrm{d}x}=y'',$$

$$\frac{\mathrm{d}\alpha}{\mathrm{d}x}=\frac{y''}{\sec^2\alpha}=\frac{y''}{1+\tan^2\alpha}=\frac{y''}{1+y'^2},$$

即

$$\mathrm{d}\alpha=\frac{y''}{1+y'^2}\mathrm{d}x.$$

而

$$\mathrm{d}s=\sqrt{1+y'^2}\,\mathrm{d}x.$$

由曲率的定义可以得出

$$\kappa=\left|\frac{\mathrm{d}\alpha}{\mathrm{d}s}\right|=\frac{|y''|}{(1+y'^2)^{\frac{3}{2}}}.\tag{7.4}$$

如果曲线由参量方程

$$\begin{cases}x=\varphi(t),\\ y=\psi(t)\end{cases}$$

给出,则由参量函数微分法,分别求出 y'_x及y''_x为

$$y'_x=\frac{\psi'(t)}{\varphi'(t)},\ y''_x=\frac{\varphi'(t)\psi''(t)-\varphi''(t)\psi'(t)}{[\varphi'(t)]^3}.$$

代入式(7.4),得

$$\kappa=\frac{|\varphi'(t)\psi''(t)-\varphi''(t)\psi'(t)|}{[\varphi'^2(t)+\psi'^2(t)]^{3/2}}.\tag{7.5}$$

例 7.4 问抛物线 $y=-2x^2+4x+1$ 在哪一点处的曲率最大?并求出最大曲率.

解 因为 $y'=-4x+4,\ y''=-4$.所以

$$\kappa=\frac{|-4|}{[1+(4-4x)^2]^{3/2}}=\frac{4}{[1+16(1-x)^2]^{3/2}}.$$

故知当 $x=1$ 时,即在点(1,3)处有最大曲率 $\kappa_{max}=4$.

例 7.5 求曲线 $x=a(\cos t+t\sin t),y=a(\sin t-t\cos t)$在 $t=\frac{\pi}{2}$的曲率.

解 因为$x'(t)\big|_{\frac{\pi}{2}}=a(-\sin t+\sin t+t\cos t)\big|_{\frac{\pi}{2}}=at\cos t\big|_{\frac{\pi}{2}}=0$,

$$x''(t)\big|_{\frac{\pi}{2}}=a(\cos t-t\sin t)\big|_{\frac{\pi}{2}}=-\frac{\pi}{2}a,$$

$$y'(t)\big|_{\frac{\pi}{2}}=a(\cos t-\cos t+t\sin t)\big|_{\frac{\pi}{2}}=at\sin t\big|_{\frac{\pi}{2}}=\frac{\pi a}{2},$$

$$y''(t)\big|_{\frac{\pi}{2}}=a(\sin t+t\cos t)\big|_{\frac{\pi}{2}}=a,$$

所以

$$\kappa\Big|_{t=\frac{\pi}{2}}=\frac{|x'y''-x''y'|}{[x'^2+y'^2]^{3/2}}\Bigg|_{t=\frac{\pi}{2}}=\frac{\left|0-\left(-\frac{\pi}{2}a\right)\frac{\pi a}{2}\right|^2}{\left(0+\left(\frac{\pi a}{2}\right)^2\right)^{3/2}}=\frac{2}{a\pi}.$$

在有些工程实际问题中,例如土木建筑工程或机械制造中,梁的弯曲程度很小,各点处切线的倾角 α 也很小,从而$|y'|=|\tan\alpha|$与 1 比起来小得多(工程上记为$|y'|<1$),故有

$$1+y'^2\approx 1,$$

从而可以得到曲率的近似公式

$$\kappa=\frac{|y''|}{(1+y'^2)^{\frac{3}{2}}}\approx|y''|.$$

4.7.3 曲率圆

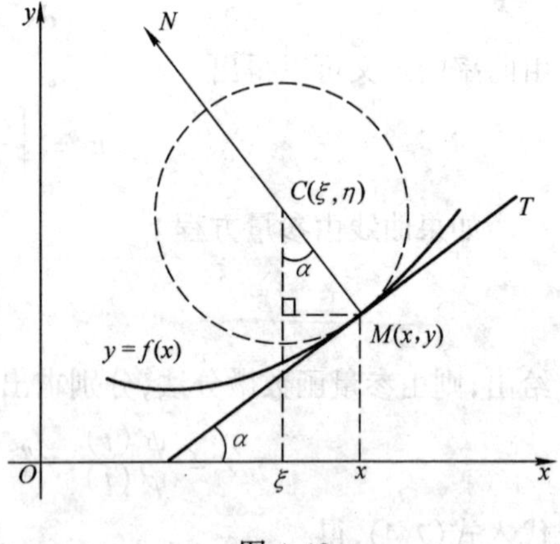

图 4-18

设曲线 $y=f(x)$在点 $M(x,y)$处的曲率为$\kappa(\kappa\neq0)$.过点 M 作切线 MT,并作法线 MN 指向曲线的凹侧(图 4-18),在 MN 上取一点 C,使$|MC|=\frac{1}{\kappa}=\rho$,以 C 为圆心,ρ 为半径作圆,则这个圆上各点处的曲率恰好也是 κ,我们称这个圆为曲线在点 M 的曲率圆,称 ρ 为曲率半径,称点 C 为曲率中心.曲率圆与曲线在点 M 处有三个相同:相同的切线,相同的凹向,相同的曲率,所以曲率圆也叫密切圆.

当 $\kappa=0$ 时,就认为曲率半径为无限大.

设函数 $y=f(x)$具有二阶导数,且 $y''\neq0$.则在函数曲线 $y=f(x)$上的任意一点 $M(x,y)$处的曲率中心 $C(\xi,\eta)$的坐标可以用下面的公式算出:

$$\begin{cases}\xi = x - \dfrac{y'(1+y'^2)}{y''},\\ \eta = y + \dfrac{1+y'^2}{y''}.\end{cases} \tag{7.6}$$

习题 4-7

1. 求下列曲线的弧微分：

(1) $y=\ln\sec x\left(0<x<\dfrac{\pi}{2}\right)$；

(2) $\begin{cases}x=a(t-\sin t),\\ y=a(t-\cos t),\end{cases}\quad a>0, 0\leqslant t\leqslant 2\pi.$

2. 求下列曲线在指定点处的曲率：

(1) $y=4x-x^2$ 在点(2,4)处；(2) $xy=4$ 在点(2,2)处；

(3) $\begin{cases}x=2\cos t,\\ y=\sin t,\end{cases}$ 在点(2,0)及(0,1)处；

(4)曲线 $x^2+xy+y^2=3$ 在点(1,1)处.

3. 在哪点处 $y=e^x$ 有最大曲率？并求出最大曲率值.

复 习 题 4

1. 填空题

(1) $\lim\limits_{x\to 0}\dfrac{x^2\sin\dfrac{1}{x}}{\sin x}=$________.

(2)设 $y=2x^2+ax+3$ 在点 $x=1$ 取得极小值，则 $a=$________.

(3)函数 $y=2x^2-\ln x$ 的单调减少区间为________.

(4)曲线 $y=x^3-3x^2+4x$ 的拐点坐标为________.

(5)曲线 $y=xe^{\frac{2}{x}}+1$ 的斜渐近线为________.

2. 选择题

(1)下列函数中，在[1,e]上满足拉格朗日定理条件的是

(A) $y=\ln(\ln x)$ (B) $y=\ln x$ (C) $y=\dfrac{1}{\ln x}$ (D) $y=\ln(2-x)$

答( ).

(2) $\lim\limits_{x\to\frac{\pi}{2}}\left(\dfrac{x}{\cot x}-\dfrac{\pi}{2\cos x}\right)$ 等于

(A)0 (B)1 (C) -1 (D) $-\dfrac{\pi}{2}$

答(　　).

(3)函数 $y=x^3+6x+1$ 在其定义域 $(-\infty,+\infty)$ 内

(A)图形为凸曲线　　(B)图形为凹曲线

(C)是单调增加的函数　　(D)是单调减少的函数

答(　　).

(4)设函数 $f(x)=ax^3-6ax^2+b$ 在区间 $[-1,2]$ 上的最大值为8,最小值为 -24,且知 $a>0$,则系数 a、b 的值是(　　).

(A)$a=2,b=24$　　(B)$a=8,b=2$

(C)$a=8,b=-24$　　(D)$a=2,b=8$

答(　　).

(5)曲线 $y=4-x^2$ 在点 $M_0(0,4)$ 处的曲率 κ 等于(　　).

(A)2　　(B)0　　(C)$\frac{1}{4}$　　(D)1

答(　　).

3. 解下列各题:

(1)$\lim\limits_{x\to0}\dfrac{e^x\cos x-1}{\sin 2x}$;　　(2)$\lim\limits_{x\to0}(e^x+x)^{\frac{1}{x}}$;

(3)求函数 $f(x)=3x^4-4x^3-12x^2+1$ 在 $[-3,3]$ 上的最大值和最小值;

(4)判定函数 $y=(x-1)(x+1)^3$ 的增减性;

(5)判定曲线 $y=x^2+\frac{1}{5}(3x+2)^{\frac{5}{3}}$ 的凹凸性并求拐点.

4. 解下列各题:

(1)在半径为 R 的半圆及其直径围成的闭曲线内,如图作一矩形.求周长最大的矩形的边长;

题4(1)图

(2)求曲线 $y=\ln(1-x^2)$ 上曲率最大的点处的曲率;

(3)证明方程 $x^2=x\sin x+\cos x$ 恰好只有两个不同的实数根;

(4)试证 $|\arctan b-\arctan a|\leqslant|b-a|$;

(5)从点 $A(5,0)$ 向抛物线 $y=\sqrt{x}$ 上的点 $P(x,y)$ 作最短线段 AP,验证:AP 是抛物线过点 P 处的法线.

*5. 试解下列各题:

(1)若 $\lim\limits_{x\to\pi}f(x)$ 存在,且 $f(x)=\dfrac{\sin x}{x-\pi}+2\lim\limits_{x\to\pi}f(x)$,试求 $\lim\limits_{x\to\pi}f(x)$;

(2)设 $f(x)\in D[0,1]$,且 $f(0)=0,f(1)=1$,但 $f(x)\neq x(x\neq0,1)$.证明:在(0,1)区间内必有 x_1 与 x_2 存在,使

$$\frac{1}{f'(x_1)}+\frac{1}{f'(x_2)}=2.$$

5 不定积分

本章学习要点

1. 知道不定积分与原函数的概念，了解不定积分的基本性质，记熟基本积分表.

2. 掌握不定积分的基本方法——换元积分法与分部积分法.

3. 理解本章中的主要内容(包括例题)，能独立完成本章中的习题.

在数学上，正的运算和逆的运算是经常会遇到的.对应于正运算加法的逆运算是减法；对应于正运算乘法的逆运算是除法；对应于正运算正整数次乘方的逆运算是开方.

一般地说，逆运算要比正运算困难.不定积分就是微分运算的逆运算，虽然从概念上讲比较简单，但是在计算上则是较为繁杂的.

众所周知微分学的基本问题是已知一个函数 $F(x)$，求它的导数 $F'(x)$.在实际问题中，往往会遇到这样的问题：已知一个函数 $f(x)$，求函数 $F(x)$，使 $F'(x)=f(x)$.这样的问题实际上是微分的逆运算，也就是本章要研究的不定积分.正因为如此，结合微分学来学习不定积分是十分有益的.

5.1 不定积分的概念

5.1.1 原函数与不定积分

1. 原函数

定义 1.1 若 $F(x)$与 $f(x)$在区间 I 内，任给 $x\in I$，均有

$$F'(x)=f(x), \text{或 } \mathrm{d}F(x)=f(x)\mathrm{d}x,$$

则称 $F(x)$是 $f(x)$在 I 内的一个原函数.

今后,凡提到原函数,都是指在某一区间上而言的,对此就不再一一说明.

求原函数是求导数的逆运算,要判断一个函数 $F(x)$是不是 $f(x)$的原函数,只要看它的导数 $F'(x)$是不是 $f(x)$就行了.

因为$(x^3)'=3x^2$,所以 x^3 是 $3x^2$ 的一个原函数;因为$(\sin x)'=\cos x$,所以 $\sin x$ 是 $\cos x$ 的一个原函数.

应当指出的是,函数 $F(x)\in \mathrm{D}(a,b)$,则 $F'(x)=f(x)$是唯一的.而函数 $f(x)$的原函数,如果存在的话,就不止一个.实际上 $f(x)$的原函数有无穷多个.例如,x^3 是 $3x^2$ 的一个原函数,由于常数的导数是零,对任意的常数 C,均有

$$(x^3+C)'=3x^2.$$

这说明 x^3+C 均为 $3x^2$ 的原函数.

定理 1.1 若 $f(x)$有一个原函数 $F(x)$,则它必有无穷多个原函数.并且对任意的常数 C,形如 $F(x)+C$ 的函数族,包括了 $f(x)$的全体原函数.

证 对任意的常数 C,均有

$$[F(x)+C]'=F'(x)+0=f(x).$$

知 $f(x)$有无穷多个原函数:$F(x)+C$.

设 $G(x)$是 $f(x)$的另一个任意的原函数,即 $G'(x)=f(x)$.于是

$$[G(x)-F(x)]'=G'(x)-F'(x)=f(x)-f(x)=0.$$

导数为零的函数,在该区间内必为常数,故有

$$G(x)-F(x)=C,$$

即

$$G(x)=F(x)+C.$$

证毕.

定理 1.1 的证明过程表明:$f(x)$的任意两个原函数之差是一个常数.

至于已给函数 $f(x)$具备什么条件才有原函数,这里先介绍结论,以后再给出证明.

存在定理 若 $f(x)\in \mathrm{C}[a,b]$,则存在 $F(x)$,使 $F'(x)=f(x)$, $x\in[a,b]$.

2. 不定积分的定义

定义 1.2 函数 $f(x)$的全体原函数称为 $f(x)$的不定积分,记为$\int f(x)\,\mathrm{d}x$.其中记号$\int$称为积分号,$f(x)$称为被积函数,$f(x)\mathrm{d}x$ 称为被积式,x 称为积分变量.

如果 $F(x)$是 $f(x)$的一个原函数,那么由定理 1.1 知 $f(x)$的任何一个原函数都可以表示为 $F(x)+C$(C 为常数).当 C 为任意常数时,形如 $F(x)+C$ 的一族函数就是 $f(x)$的全体原函数,由定义 1.2 有

$$\int f(x)\mathrm{d}x=F(x)+C.$$

这里,任意常数 C 又称为积分常数.

在求不定积分$\int f(x)\mathrm{d}x$ 时,只需要先求出它的一个原函数,然后再加上积分常数

C 就行了.

例 1.1 求 $\int 4x^3 \mathrm{d}x$.

解 因为 $(x^4)' = 4x^3$,所以 x^4 是 $4x^3$ 的一个原函数,故

$$\int 4x^3 \mathrm{d}x = x^4 + C.$$

例 1.2 求 $\int \cos x \mathrm{d}x$.

解 因为 $\sin x$ 是 $\cos x$ 的一个原函数,所以

$$\int \cos x \mathrm{d}x = \sin x + C.$$

例 1.3 求 $\int \frac{1}{\sqrt{1-x^2}} \mathrm{d}x$.

解 因为 $\arcsin x$ 是 $\frac{1}{\sqrt{1-x^2}}$ 的一个原函数,所以

$$\int \frac{1}{\sqrt{1-x^2}} \mathrm{d}x = \arcsin x + C.$$

5.1.2 不定积分的几何意义

在平面直角坐标系 xOy 中,$f(x)$ 的任意一个原函数的图形称为 $f(x)$ 的一条积分曲线,其方程为 $y = F(x)$. 而 $f(x)$ 的全体原函数 $F(x) + C$ 的图形称为 $f(x)$ 的积分曲线族. 它们的方程是 $y = F(x) + C$ 或者 $y = \int f(x) \mathrm{d}x$(图 5-1).

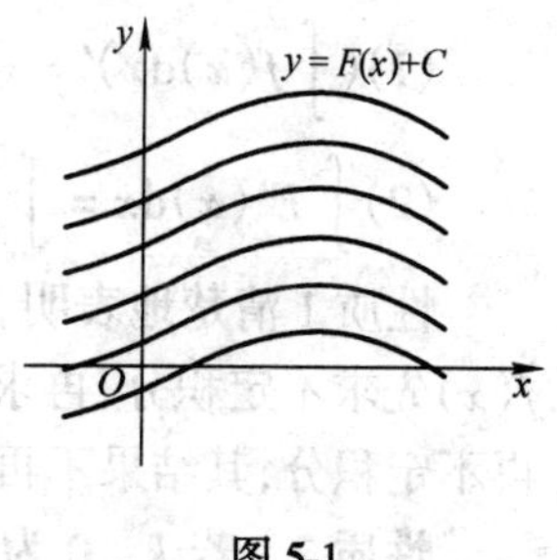

图 5-1

显然,积分曲线族中的任意一条曲线,都可以由曲线 $y = F(x)$ 沿 Oy 轴平行移动一段距离得到. 因此,积分曲线族中的所有积分曲线都是彼此平行的. 换一句话说,在积分曲线族上横坐标相同的点处,所有的积分曲线的切线都是互相平行的. 这是因为

$$[F(x) + C]' = F'(x) = f(x),$$

即所有的切线都有相同的斜率 $f(x)$.

因此,不定积分 $\int f(x) \mathrm{d}x$ 在几何上表示了 $f(x)$ 的积分曲线族 $y = F(x) + C$.

在一些具体问题中,如果已知一条积分曲线经过定点 (x_0, y_0),要求这条积分曲线,可以先用不定积分的方法求出积分曲线族 $y = F(x) + C$,然后,再根据已知条件 $y_0 = F(x_0) + C$,解出常数 $C = y_0 - F(x_0)$. 这样就得到了所求的积分曲线 $y = F(x) + [y_0 - F(x_0)]$.

例 1.4 一条曲线过点 $(1,3)$,且曲线上任意一点 (x, y) 处的切线斜率为 $2x$,求此曲线的方程.

解 设所求的曲线方程为 $y = F(x)$,由题意知 $F'(x) = 2x$,即 $F(x)$ 是 $2x$ 的一个原函数. 由

$$\int 2x\mathrm{d}x = x^2 + C,$$

知所求的曲线是积分曲线族 $y = x^2 + C$ 中的一条.由曲线过点(1,3)得 $y_0 = 3 = 1^2 + C$.有

$$C = y_0 - F(x_0) = 3 - 1^2 = 2.$$

故所求的曲线为

$$y = x^2 + 2.$$

像例1.4中确定积分常数的条件:曲线过点式(1,3),通常称为定解条件.定解条件也可以用数学等式表示为 $y|_{x=1} = 3$ 或 $y(1) = 3$.

5.1.3 不定积分的性质

在讨论不定积分的性质时,总是假设被积函数在所讨论的某区间上是连续的.

性质1 若 $F(x)$是$f(x)$的一个原函数,则

(1)$\left(\int f(x)\mathrm{d}x\right)' = f(x)$或 $\mathrm{d}\left(\int f(x)\mathrm{d}x\right) = f(x)\mathrm{d}x$;

(2)$\int F'(x)\mathrm{d}x = F(x) + C$ 或 $\int \mathrm{d}F(x) = F(x) + C$.

(这里$\left(\int f(x)\mathrm{d}x\right)' = \frac{\mathrm{d}}{\mathrm{d}x}\left(\int f(x)\mathrm{d}x\right)$.)

证 由于 $F'(x) = f(x)$,故有

(1)$\left(\int f(x)\mathrm{d}x\right)' = (F(x) + C)' = F'(x) = f(x)$;

(2)$\int F'(x)\mathrm{d}x = \int f(x)\mathrm{d}x = F(x) + C$.

性质1清楚地表明,不定积分运算与微分运算之间的互逆关系,从(1)中看到:函数$f(x)$先求不定积分,再求导数,其结果等于 $f(x)$;从(2)中可以看出:对 $F(x)$先求导数,再不定积分,其结果不再是 $F(x)$,而是 $F(x) + C$. 证毕.

性质2 若 $k \neq 0$ 为常数,则

$$\int kf(x)\mathrm{d}x = k\int f(x)\mathrm{d}x.$$

证 因为$\left(k\int f(x)\mathrm{d}x\right)' = k\left(\int f(x)\mathrm{d}x\right)' = kf(x)$,

$$\left(\int kf(x)\mathrm{d}x\right)' = kf(x).$$

性质2等式的两端均含有任意常数,它们都是 $kf(x)$的全体原函数,所以

$$\int kf(x)\mathrm{d}x = k\int f(x)\mathrm{d}x.$$

证毕.

性质2说明:不定积分中不为零的常数因子可以提到积分号外面来.

性质3 $\int [f_1(x) \pm f_2(x)]\mathrm{d}x = \int f_1(x)\mathrm{d}x \pm \int f_2(x)\mathrm{d}x$.

证 对上面等式右端求导,有

$$\left[\int f_1(x)\mathrm{d}x \pm \int f_2(x)\mathrm{d}x\right]' = \left[\int f_1(x)\mathrm{d}x\right]' \pm \left[\int f_2(x)\mathrm{d}x\right]'$$

$$=f_1(x)\pm f_2(x).$$

这说明性质3等式的右端是$f_1(x)\pm f_2(x)$的原函数,由于它有两个积分记号,形式上含有两个积分常数,把这两个积分常数合并为一个.因此它实际上是$f_1(x)\pm f_2(x)$的不定积分,与性质3等式左端相等.

证毕.

性质3说明:两个函数代数和的不定积分等于它们不定积分的代数和.

性质3对于有限个函数的情形,结论也是成立的,即

$$\int[f_1(x)\pm f_2(x)\pm\cdots\pm f_n(x)]\mathrm{d}x=$$

$$\int f_1(x)\mathrm{d}x\pm\int f_2(x)\mathrm{d}x\pm\cdots\pm\int f_n(x)\mathrm{d}x.$$

5.1.4 基本积分表

由于积分运算与微分运算是互逆的运算,因此,由导数的基本公式就可以得到相应的不定积分的基本积分表.

(1) $\int k\mathrm{d}x=kx+C\quad(k$ 为常数$)$;

(2) $\int x^\alpha\mathrm{d}x=\dfrac{x^{\alpha+1}}{\alpha+1}+C\quad(\alpha\in\mathbf{R},\alpha\neq-1)$;

(3) $\int\dfrac{1}{x}\mathrm{d}x=\ln|x|+C$;

(4) $\int a^x\mathrm{d}x=\dfrac{a^x}{\ln a}+C\quad(a>0,a\neq1)$;

(5) $\int \mathrm{e}^x\mathrm{d}x=\mathrm{e}^x+C$;

(6) $\int\sin x\mathrm{d}x=-\cos x+C$;

(7) $\int\cos x\mathrm{d}x=\sin x+C$;

(8) $\int\dfrac{1}{\cos^2x}\mathrm{d}x=\int\sec^2x\mathrm{d}x=\tan x+C$;

(9) $\int\dfrac{1}{\sin^2x}\mathrm{d}x=\int\csc^2x\mathrm{d}x=-\cot x+C$;

(10) $\int\sec x\tan x\mathrm{d}x=\sec x+C$;

(11) $\int\csc x\cot x\mathrm{d}x=-\csc x+C$;

(12) $\int\dfrac{1}{1+x^2}\mathrm{d}x=\arctan x+C$;

(13) $\int\dfrac{1}{\sqrt{1-x^2}}\mathrm{d}x=\arcsin x+C$;

(14) $\int\operatorname{sh}x\mathrm{d}x=\operatorname{ch}x+C$;

(15) $\int \operatorname{ch} x \mathrm{d}x = \operatorname{sh} x + C$.

基本积分表是求不定积分的基础,必须熟记.下面利用基本积分表和不定积分的简单性质,求一些不定积分.

例 1.5 求 $\int \frac{1}{x^2}\mathrm{d}x$.

解 $\int \frac{1}{x^2}\mathrm{d}x = \int x^{-2}\mathrm{d}x = \frac{x^{-2+1}}{-2+1} + C = -\frac{1}{x} + C$.

例 1.6 求 $\int x^3\sqrt{x}\mathrm{d}x$.

解 原式 $= \int x^{\frac{7}{2}}\mathrm{d}x = \frac{x^{\frac{7}{2}+1}}{\frac{7}{2}+1} + C = \frac{2}{9}x^{\frac{9}{2}} + C$.

例 1.7 求 $\int \left(3\sin x - \frac{1}{5\sqrt{x}}\right)\mathrm{d}x$.

解

$$
\begin{aligned}
\text{原式} &= \int 3\sin x \mathrm{d}x - \int \frac{1}{5\sqrt{x}}\mathrm{d}x \\
&= 3\int \sin x \mathrm{d}x - \frac{1}{5}\int \frac{1}{\sqrt{x}}\mathrm{d}x \\
&= -3\cos x + C_1 - \frac{2}{5}\sqrt{x} + C_2 \\
&= 3\cos x - \frac{2}{5}\sqrt{x} + C \quad (C = C_1 + C_2).
\end{aligned}
$$

注意,在例 1.7 的解答过程中,分项积分后,每一个不定积分的结果都应加上一个任意常数,但因为两个任意常数 C_1 与 C_2 之和,仍是任意常数,所以只要在最后结果中加上一个任意常数 C 就可以了.

在求不定积分的过程中,适当应用代数及三角公式对被积函数进行恒等变形,有利于把所求的积分化为基本积分表中已有的形式,使积分可以顺利求出.

例 1.8 求 $\int \frac{(x+1)(x+2)}{x^2}\mathrm{d}x$.

解

$$
\begin{aligned}
\text{原式} &= \int \frac{x^2+3x+2}{x^2}\mathrm{d}x = \int \left(1 + \frac{3}{x} + \frac{2}{x^2}\right)\mathrm{d}x \\
&= \int \mathrm{d}x + \int \frac{3}{x}\mathrm{d}x + 2\int \frac{1}{x^2}\mathrm{d}x \\
&= x + 3\ln|x| - \frac{2}{x} + C.
\end{aligned}
$$

例 1.9 求 $\int \frac{x^2}{x^2+1}\mathrm{d}x$.

解 原式 $= \int \frac{x^2+1-1}{x^2+1}\mathrm{d}x = \int \left(1 - \frac{1}{x^2+1}\right)\mathrm{d}x$

$= x - \arctan x + C.$

例 1.10 求 $\int \tan^2 x dx$

解 原式 $= \int (\sec^2 x - 1) dx = \int \sec^2 x dx - \int dx$

$= \tan x - x + C.$

习题 5-1

1. 求下列不定积分：

(1) $\int \frac{3}{x^4} dx$；　(2) $\int 2^x dx$；

(3) $\int 3^x e^x dx$；　(4) $\int \frac{2}{\cos^2 x} dx$；

(5) $\int \frac{4}{\sin^2 x} dx$；　(6) $\int \frac{5}{1+x^2} dx$.

2. 求下列不定积分：

(1) $\int \frac{1}{\sec x} dx$；　(2) $\int \frac{\sin x}{\cos^2 x} dx$；

(3) $\int \frac{\cos x}{\sin^2 x} dx$；　(4) $\int \sin(x + \frac{\pi}{4}) dx$；

(5) $\int \frac{\sqrt{1+x^2}}{2\sqrt{1-x^4}} dx$；　(6) $\int \cot^2 x dx$.

3. 解下列各题：

(1) $\int \frac{6}{\sin^2 x} dx$；　(2) $\int \sin \frac{x}{2} \cos \frac{x}{2} dx$；

(3) $\int 2\cos^2 \frac{x}{2} dx$；　(4) $\int \frac{5^x - 2^x}{3^x} dx$；

(5) $\int \frac{\cos^2 x}{\sin^2 x \cos^2 x} dx$；　(6) $\int \frac{1}{\sin^2 x \cos^2 x} dx$.

4. 一条曲线经过点(1,2)，且在曲线上任意点(x, y)处的切线斜率等于$3x^2$，求这条曲线的方程.

5. 设$f'(\sin^2 x) = \cos^2 x$，求$f(x)$.

6. 求满足下列条件的函数$F(x)$：

(1) $F'(x) = 2x$，且 $F(0) = 1$；

(2) $F'(x) = (3x-5)(1-x)$，且 $F(1) = 3$；

(3) $F'(x) = (\sin \frac{x}{2} - \cos \frac{x}{2})^2$，且 $F(\frac{\pi}{2}) = 0$.

5.2 换元积分法

利用基本积分表和积分的性质,只能计算为数不多的积分,为了扩大计算积分的范围,本节介绍基本积分法之一的换元积分法.

5.2.1 第一类换元积分法

定理 2.1 设 $F(u)$ 是 $f(u)$ 的一个原函数,$u=u(x)$ 有连续的一阶导数,则有

$$\int f[u(x)]u'(x)\mathrm{d}x = F[u(x)] + C.$$

证 因为 $F'(u)=f(u)$,所以 $\int f(u)\mathrm{d}u = F(u)+C$.

由于
$$\mathrm{d}F[u(x)] = f[u(x)]u'(x)\mathrm{d}x = f[u(x)]\mathrm{d}u(x),$$
故
$$\begin{aligned}\int f[u(x)]u'(x)\mathrm{d}x &= \int f[u(x)]\mathrm{d}u(x)\\ &= \left[\int f(u)\mathrm{d}u\right]_{u=u(x)}\\ &= [F(u)+C]_{u=u(x)}\\ &= F[u(x)]+C.\end{aligned}$$
证毕.

例 2.1 求 $\int \cos 5x\mathrm{d}x$.

解 $\int \cos 5x\mathrm{d}x = \frac{1}{5}\int \cos 5x\cdot 5\mathrm{d}x = \frac{1}{5}\int \cos 5x\mathrm{d}(5x)$

$$\xlongequal{\text{设 } u=5x} \frac{1}{5}\int \cos u\mathrm{d}u = \frac{1}{5}\sin u + C,$$

代回原来的变量 x,得

$$\int \cos 5x\mathrm{d}x = \frac{1}{5}\sin 5x + C.$$

例 2.2 求 $\int (2x+1)^9\mathrm{d}x$

解
$$\begin{aligned}\int (2x+1)^9\mathrm{d}x &= \frac{1}{2}\int (2x+1)^9\cdot 2\mathrm{d}x\\ &= \frac{1}{2}\int (2x+1)^9\mathrm{d}(2x+1)\\ &\xlongequal{\text{设 } u=2x+1} \frac{1}{2}\int u^9\mathrm{d}u = \frac{1}{2}\times\frac{1}{10}u^{10}+C\\ &= \frac{1}{20}(2x+1)^{10}+C.\end{aligned}$$

例 2.3 求 $\int x\sqrt{1-x^2}\mathrm{d}x$.

解 $\int x\sqrt{1-x^2}\mathrm{d}x = -\frac{1}{2}\int \sqrt{1-x^2}(1-x^2)'\mathrm{d}x$

$$\xlongequal{\text{设 } u=1-x^2} -\frac{1}{2}\int\sqrt{u}\,du = -\frac{1}{2}\times\frac{2}{3}u^{\frac{3}{2}}+C$$

$$= -\frac{1}{3}(1-x^2)^{\frac{3}{2}}+C.$$

例 2.4 求$\int\frac{x}{1+x^4}dx$.

解 $$\int\frac{x}{1+x^4}dx = \frac{1}{2}\int\frac{1}{1+(x^2)^2}(x^2)'dx$$

$$\xlongequal{\text{设 } u=x^2}\frac{1}{2}\int\frac{1}{1+u^2}du = \frac{1}{2}\arctan u+C$$

$$= \frac{1}{2}\arctan x^2+C.$$

第一类换元积分法，实际上是用变量代换的方法来计算不定积分的.比较困难一点的是，当代换式 $u=u(x)$ 给出之后，需要把 $u'(x)dx$ 换成 $du(x)$.技巧和经验总是要通过多次的实践并加以总结才能获得的.

当运算熟练之后，解题过程可以写得更简捷些，有时甚至可以不写出代换式和新变量 u.

例 2.5 求$\int\frac{1+\ln x}{x}dx$.

解 方法 1：

$$\int\frac{1+\ln x}{x}dx = \int\frac{1}{x}dx+\int\frac{\ln x}{x}dx = \ln x+\int\ln x\cdot(\ln x)'dx$$

$$= \ln x+\int\ln x\,d(\ln x) = \ln x+\frac{1}{2}\ln^2 x+C.$$

方法 2：

$$\int\frac{1+\ln x}{x}dx = \int(1+\ln x)\cdot(1+\ln x)'dx$$

$$= \int(1+\ln x)d(1+\ln x) = \frac{1}{2}(1+\ln x)^2+C.$$

两种解法，殊途同归，读者可以自行验证一下.它们的结果形式虽然不同，但是结果都是正确的.

例 2.6 求$\int\frac{1}{\sqrt{a^2-x^2}}dx$，$a>0$ 为常数.

解 $$\int\frac{1}{\sqrt{a^2-x^2}}dx = \int\frac{1}{a\sqrt{1-\left(\frac{x}{a}\right)^2}}dx$$

$$= \int\frac{1}{\sqrt{1-\left(\frac{x}{a}\right)^2}}d\left(\frac{x}{a}\right) = \arcsin\frac{x}{a}+C.$$

例 2.7 求$\int\frac{1}{a^2+x^2}dx$，$a>0$ 为常数.

解 $$\int \frac{1}{a^2+x^2}dx = \int \frac{1}{a^2\left(1+\frac{x^2}{a^2}\right)}dx$$

$$= \frac{1}{a}\int \frac{1}{1+\left(\frac{x}{a}\right)^2}d\left(\frac{x}{a}\right) = \frac{1}{a}\arctan\frac{x}{a} + C.$$

例 2.8 求 $\int \frac{1}{x^2+4x+5}dx$.

解 $$\int \frac{1}{x^2+4x+5}dx = \int \frac{1}{1+(x+2)^2}dx$$

$$= \arctan(x+2) + C.$$

例 2.9 求 $\int \sin^3 x\cos x dx$.

解 $\int \sin^3 x\cos x dx = \int \sin^3 x d(\sin x) = \frac{1}{4}\sin^4 x + C$.

运用换元积分法,必须要熟悉基本积分表中的公式及一些常用的微分式,如:

$dx = \frac{1}{a}d(ax\pm b) = -d(a-x) = d(x\pm a)$;

$xdx = \frac{1}{2}d(x^2) = \frac{1}{2a}d(ax^2\pm b) = -\frac{1}{2}d(a^2-x^2)$;

$\frac{1}{x}dx = d(\ln x) = d(\ln x\pm b)$;

$e^x dx = d(e^x) = \frac{1}{a}d(ae^x) = d(e^x\pm b)$;

$\cos x dx = d(\sin x)$;

$\sin x dx = -d(\cos x) = d(a-\cos x)$

等等.在运用换元积分法时,常要用到一些技巧,并进行一些适当的初等代数或三角函数的运算,把被积函数变形之后,再用换元积分法.

例 2.10 求 $\int \tan x dx$.

解 $\int \tan x dx = \int \frac{\sin x}{\cos x}dx = -\int \frac{d(\cos x)}{\cos x} = -\ln|\cos x| + C$.

类似地,有

$$\int \cot x dx = \ln|\sin x| + C.$$

在例 2.10 中,遇到了形如 $\int \frac{\varphi'(x)}{\varphi(x)}dx\left(\text{或}\int \frac{d[\varphi(x)]}{\varphi(x)}\right)$ 的积分,我们可以利用下面的公式:

$$\int \frac{\varphi'(x)}{\varphi(x)}dx = \int \frac{d[\varphi(x)]}{\varphi(x)} = \ln|\varphi(x)| + C.$$

例 2.11 求$\int \frac{1}{1+e^{-x}}dx$.

解 $$\int \frac{1}{1+e^{-x}}dx = \int \frac{e^x}{e^x+1}dx = \int \frac{d(e^x+1)}{e^x+1}$$
$$= \ln(e^x+1)+C.$$

例 2.12 求$\int \frac{1}{\sin x\cos x}dx$.

解 $$\int \frac{1}{\sin x\cos x}dx = \int \frac{1}{\tan x\cdot\cos^2 x}dx$$
$$= \int \frac{d(\tan x)}{\tan x} = \ln|\tan x| + C.$$

类似地，不难看出下面的结果：
$$\int \frac{1}{\sin 2x}dx = \frac{1}{2}\ln|\tan x| + C.$$

例 2.13 求$\int \csc x dx$.

解 $$\int \csc x dx = \int \frac{1}{\sin x}dx = \int \frac{dx}{2\sin\frac{x}{2}\cos\frac{x}{2}}$$
$$= \int \frac{d\left(\frac{x}{2}\right)}{\sin\frac{x}{2}\cos\frac{x}{2}} = \ln\left|\tan\frac{x}{2}\right| + C.$$

因为
$$\tan\frac{x}{2} = \frac{\sin\frac{x}{2}}{\cos\frac{x}{2}} = \frac{2\sin^2\frac{x}{2}}{2\sin\frac{x}{2}\cos\frac{x}{2}} = \frac{1-\cos x}{\sin x},$$
$$= \csc x - \cot x.$$

所以例 2.13 的不定积分又可以表示为
$$\int \csc x dx = \ln|\csc x - \cot x| + C.$$

例 2.14 求$\int \sec x dx$.

解 $$\int \sec x dx = \int \frac{1}{\cos x}dx = \int \frac{d\left(x+\frac{\pi}{2}\right)}{\sin\left(x+\frac{\pi}{2}\right)}$$
$$= \ln\left|\tan\left(\frac{x}{2}+\frac{\pi}{4}\right)\right| + C$$
$$= \ln\left|\csc\left(x+\frac{\pi}{2}\right) - \cot\left(x+\frac{\pi}{2}\right)\right| + C$$
$$= \ln|\sec x + \tan x| + C.$$

例 2.15 求$\int \frac{1}{a^2-x^2}\mathrm{d}x(a>0)$.

解 $$\begin{aligned}\int \frac{1}{a^2-x^2}\mathrm{d}x &= \int \frac{1}{2a}\left(\frac{1}{a+x}+\frac{1}{a-x}\right)\mathrm{d}x \\ &= \frac{1}{2a}\left[\int \frac{\mathrm{d}(a+x)}{a+x}-\int \frac{\mathrm{d}(a-x)}{a-x}\right] \\ &= \frac{1}{2a}[\ln|a+x|-\ln|a-x|]+C \\ &= \frac{1}{2a}\ln\left|\frac{a+x}{a-x}\right|+C.\end{aligned}$$

类似地,有

$$\int \frac{1}{x^2-a^2}\mathrm{d}x=\frac{1}{2a}\ln\left|\frac{x-a}{x+a}\right|+C.$$

5.2.2 第二类换元积分法

第一类换元积分法是利用代换 $u=u(x)$,把积分$\int f[u(x)]u'(x)\mathrm{d}x$ 化为$\int f(u)\mathrm{d}u=F[u(x)]+C$,从而使不定积分$\int f[u(x)]u'(x)\mathrm{d}x$ 得到解决.可是,有的不定积分则要用相反的代换来解决.若不定积分$\int f(x)\mathrm{d}x$ 不易直接计算,当作代换 $x=\varphi(t)$之后,$\int f(x)\mathrm{d}x=\int f[\varphi(t)]\varphi'(t)\mathrm{d}t$,而后面一个不定积分对变元 t 容易求出,则称这种换元的方法为第二类换元积分法.

定理 2.2 设 $x=\varphi(t)$是单调的、有连续导数的函数,且 $\varphi'(t)\neq 0$,$f[\varphi(t)]\varphi'(t)$有原函数 $F(t)$,则有

$$\int f(x)\mathrm{d}x=\int f[\varphi(t)]\varphi'(t)\mathrm{d}t=F[\varphi^{-1}(x)]+C,$$

其中 $\varphi^{-1}(x)$是 $x=\varphi(t)$的反函数.

证 因为 $x=\varphi(t)$是单调的、有连续导数的函数,且 $\varphi'(t)\neq 0$,所以存在可导的反函数 $t=\varphi^{-1}(x)$,故

$$\begin{aligned}\frac{\mathrm{d}}{\mathrm{d}x}F[\varphi^{-1}(x)] &= \frac{\mathrm{d}}{\mathrm{d}t}F(t)\cdot\frac{\mathrm{d}t}{\mathrm{d}x} \\ &= f[\varphi(t)]\varphi'(t)\cdot\frac{1}{\varphi'(t)} \\ &= f[\varphi(t)]=f(x),\end{aligned}$$

因此,$F[\varphi^{-1}(x)]$是 $f(x)$的原函数,于是得

$$\int f(x)\mathrm{d}x=\int f[\varphi(t)]\varphi'(t)\mathrm{d}t=F[\varphi^{-1}(x)]+C.$$ 证毕.

例 2.16 求$\int \sqrt{a^2-x^2}\mathrm{d}x$,$a>0$.

解 为了去掉被积函数中的根式,可令 $x=a\sin t\left(-\frac{\pi}{2}<t<\frac{\pi}{2}\right)$,则

$$\mathrm{d}x=a\cos t\mathrm{d}t,\sqrt{a^2-x^2}=\sqrt{a^2-(a\sin t)^2}=a\cos t,$$

于是

$$\begin{aligned}\int\sqrt{a^2-x^2}\mathrm{d}x&\xlongequal{x=a\sin t}\int a\cos t\cdot a\cos t\mathrm{d}t\\&=a^2\int\cos^2 t\mathrm{d}t=a^2\int\frac{1+\cos 2t}{2}\mathrm{d}t\\&=\frac{a^2}{2}\left(t+\frac{\sin 2t}{2}\right)+C.\end{aligned}$$

由代换式:$x=a\sin t$,有 $\sin t=\frac{x}{a}$,$t=\arcsin\frac{x}{a}$,则

$$\cos t=\sqrt{1-\sin^2 t}=\sqrt{1-\left(\frac{x}{a}\right)^2}=\frac{1}{a}\sqrt{a^2-x^2},$$

$$\sin 2t=2\sin t\cos t=2\cdot\frac{x}{a}\cdot\frac{1}{a}\sqrt{a^2-x^2}=\frac{2x}{a^2}\sqrt{a^2-x^2}.$$

因此有

$$\begin{aligned}\int\sqrt{a^2-x^2}\mathrm{d}x&=\frac{a^2}{2}\left(\arcsin\frac{x}{a}+\frac{x}{a^2}\sqrt{a^2-x^2}\right)+C\\&=\frac{a^2}{2}\arcsin\frac{x}{a}+\frac{x}{2}\sqrt{a^2-x^2}+C.\end{aligned}$$

由代换式 $x=a\sin t$ 求 $\cos t$ 或 t 的其他三角函数的 x 表达式时,通常采用三角形法.从 $\sin t=\frac{x}{a}$,作一个直角三角形,使它的一个锐角为 t,斜边为 a,角 t 的对边为 x(见图 5-2).与角 t 相邻的另一条直角边为 $\sqrt{a^2-x^2}$,故 $\cos t=\frac{1}{a}\sqrt{a^2-x^2}$.

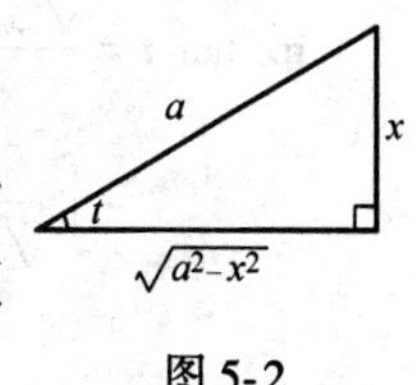

图 5-2

例 2.17 求 $\int\frac{1}{\sqrt{a^2+x^2}}\mathrm{d}x$, $a>0$.

解 令 $x=a\tan t\left(-\frac{\pi}{2}<t<\frac{\pi}{2}\right)$,则 $\mathrm{d}x=a\sec^2 t\mathrm{d}t$, $\sqrt{a^2+x^2}=a\sec t$.

于是

$$\begin{aligned}\int\frac{1}{\sqrt{a^2+x^2}}\mathrm{d}x&\xlongequal{x=a\tan t}\int\frac{a\sec^2 t}{a\sec t}\mathrm{d}t=\int\sec t\mathrm{d}t\\&=\ln|\sec t+\tan t|+C_1.\end{aligned}$$

为了把 $\sec t$, $\tan t$ 还原为 x 的函数,仍用三角形法.由代换式 $x=a\tan t$,有 $\tan t=\frac{x}{a}$,作一个锐角为 t 的直角三角形.角 t 的对边为 x,相邻的直角边为 a,斜边为 $\sqrt{a^2+x^2}$,得 $\sec t=\frac{1}{a}\sqrt{a^2+x^2}$(见图 5-3).

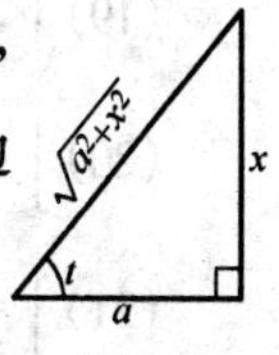

图 5-3

最后得

$$\int \frac{1}{\sqrt{a^2+x^2}}\mathrm{d}x = \ln\left|\frac{\sqrt{a^2+x^2}}{a}+\frac{x}{a}\right| + C_1$$

$$= \ln(x+\sqrt{a^2+x^2}) + C,$$

其中 $C = C_1 - \ln a$ 为任意常数.

例 2.18 求 $\int \frac{1}{\sqrt{x^2-a^2}}\mathrm{d}x, x > a > 0$.

解 令 $x = a\sec t\left(0 < t < \frac{\pi}{2}\right)$,则

$$\mathrm{d}x = a\sec t \cdot \tan t\mathrm{d}t, \sqrt{x^2-a^2} = a\tan t.$$

于是

$$\int \frac{1}{\sqrt{x^2-a^2}}\mathrm{d}x = \int \frac{a\sec t \cdot \tan t}{a\tan t}\mathrm{d}t = \int \sec t\mathrm{d}t$$

$$= \ln|\sec t + \tan t| + C_1.$$

用三角形法,由代换 $x = a\sec t$,有 $\sec t = \frac{x}{a}$,作一个锐角为 t,斜边为 x 的直角三角形,这个直角三角形的与角 t 相邻的直角边为 a,另一条直角边为$\sqrt{x^2-a^2}$(见图 5-4).

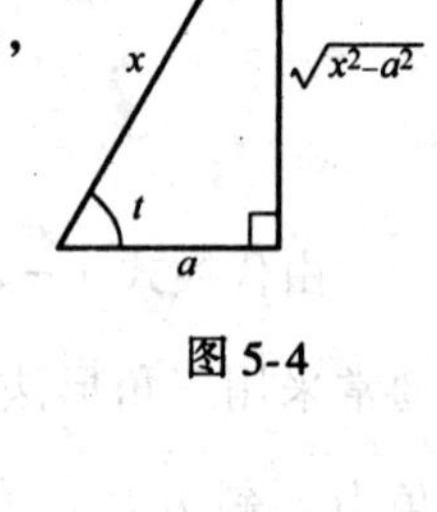

图 5-4

故 $\tan t = \frac{\sqrt{x^2-a^2}}{a}$,最后得

$$\int \frac{1}{\sqrt{x^2-a^2}}\mathrm{d}x = \ln\left|\frac{x}{a}+\frac{\sqrt{x^2-a^2}}{a}\right| + C_1$$

$$= \ln|x+\sqrt{x^2-a^2}| + C,$$

其中 $C = C_1 - \ln a$ 仍为任意常数.

在上面讲的换元积分法的例子中,有些积分的结果是今后常会遇到的,它们通常可以当作公式来使用,继前面 5.1 节的基本积分表之后,还有下面的 10 个公式:

(16) $\int \tan x\mathrm{d}x = -\ln|\cos x| + C$;

(17) $\int \cot x\mathrm{d}x = \ln|\sin x| + C$;

(18) $\int \sec x\mathrm{d}x = \ln|\sec x + \tan x| + C$;

(19) $\int \csc x\mathrm{d}x = \ln|\csc x - \cot x| + C$;

(20) $\int \frac{1}{a^2+x^2}\mathrm{d}x = \frac{1}{a}\arctan\left(\frac{x}{a}\right) + C$;

(21) $\int \frac{1}{a^2-x^2}\mathrm{d}x = \frac{1}{2a}\ln\left|\frac{a+x}{a-x}\right| + C$;

(22) $\int \frac{1}{x^2-a^2}\mathrm{d}x=\frac{1}{2a}\ln\left|\frac{x-a}{x+a}\right|+C$;

(23) $\int \frac{1}{\sqrt{a^2-x^2}}\mathrm{d}x=\arcsin\frac{x}{a}+C$;

(24) $\int \frac{1}{\sqrt{x^2\pm a^2}}\mathrm{d}x=\ln|x+\sqrt{x^2\pm a^2}|+C$;

(25) $\int \sqrt{a^2-x^2}\mathrm{d}x=\frac{a^2}{2}\arcsin\frac{x}{a}+\frac{x}{2}\sqrt{a^2-x^2}+C$.

习题 5-2

1. 求下列不定积分:

(1) $\int \sin 2x\mathrm{d}x$;　(2) $\int \cos(2x+1)\mathrm{d}x$;

(3) $\int x\mathrm{e}^{x^2}\mathrm{d}x$;　(4) $\int 2x\sqrt{x^2+1}\mathrm{d}x$;

(5) $\int \frac{x}{\sqrt{x^2+1}}\mathrm{d}x$;　(6) $\int \frac{1}{x\ln x}\mathrm{d}x$.

2. 求下列不定积分:

(1) $\int \sin^2 x\mathrm{d}x$;　(2) $\int \sin^3 x\mathrm{d}x$;

(3) $\int \sin 3x\cos 5x\mathrm{d}x$;　(4) $\int \tan^4 x\mathrm{d}x$;

(5) $\int \frac{1}{1+\mathrm{e}^x}\mathrm{d}x$;　(6) $\int \frac{\cos x}{1+\sin^2 x}\mathrm{d}x$.

3. 求下列不定积分:

(1) $\int \frac{\sqrt{x^2-4}}{x}\mathrm{d}x$;　(2) $\int \frac{1}{x^2\sqrt{x^2+1}}\mathrm{d}x$;

(3) $\int \frac{1}{x\sqrt{1-\ln^2 x}}\mathrm{d}x$;　(4) $\int \frac{\sqrt{\tan x+1}}{\cos^2 x}\mathrm{d}x$;

(5) $\int \sqrt{1-x^2}\mathrm{d}x$;　(6) $\int \frac{1}{x^2+2x+3}\mathrm{d}x$.

4. 设 $f'(x)+xf'(-x)=x$,求 $f(x)$.

5. 求下列不定积分:

(1) $\int \frac{\sqrt{x^2-1}}{x}\mathrm{d}x$;　(2) $\int x\sqrt{1-x^2}\mathrm{d}x$.

5.3 分部积分法

分部积分法与换元积分法一样,是不定积分中的基本积分方法.它是与函数乘积的微分法相对应的一种积分方法.

定理 3.1 设 $u(x)$、$v(x)\in C^1(I)$,则有

$$\int u(x)v'(x)\mathrm{d}x=u(x)v(x)-\int v(x)u'(x)\mathrm{d}x,$$

或

$$\int u(x)\mathrm{d}v(x)=u(x)v(x)-\int v(x)\mathrm{d}u(x). \tag{3.1}$$

证 由于

$$[u(x)v(x)]'=u'(x)v(x)+u(x)v'(x),$$

得

$$u(x)v'(x)=[u(x)v(x)]'-u'(x)v(x),$$

积分有

$$\int u(x)v'(x)\mathrm{d}x=u(x)v(x)-\int v(x)u'(x)\mathrm{d}x,$$

或

$$\int u(x)\mathrm{d}v(x)=u(x)v(x)-\int v(x)\mathrm{d}u(x).$$ 证毕.

公式(3.1)常称为分部积分公式.尤其是当(3.1)式中左边的积分 $\int u(x)\mathrm{d}v(x)$ 计算起来有困难,而右边的积分 $\int v(x)\mathrm{d}u(x)$ 比较容易求时,可以用分部积分公式来计算.

例 3.1 求 $\int x\mathrm{e}^x\mathrm{d}x$.

解 若取 $u(x)=x$,$v(x)=\mathrm{e}^x$,则由分部积分公式有

$$\begin{aligned}\int x\mathrm{e}^x\mathrm{d}x&=\int x\mathrm{d}\mathrm{e}^x=x\mathrm{e}^x-\int \mathrm{e}^x\mathrm{d}x\\&=x\mathrm{e}^x-\mathrm{e}^x+C.\end{aligned}$$

例 3.2 求 $\int x\cos x\mathrm{d}x$.

解 设 $u(x)=x$,$v(x)=\sin x$,则由分部积分公式有

$$\begin{aligned}\int x\cos x\mathrm{d}x&=\int x\mathrm{d}\sin x=x\sin x-\int \sin x\mathrm{d}x\\&=x\sin x+\cos x+C.\end{aligned}$$

例 3.3 求 $\int \ln x\mathrm{d}x$.

解 设 $u(x)=\ln x$,$v(x)=x$,由分部积分公式有

$$\begin{aligned}\int \ln x\mathrm{d}x&=x\ln x-\int x\mathrm{d}(\ln x)=x\ln x-\int \mathrm{d}x\\&=x\ln x-x+C.\end{aligned}$$

分部积分分式还可以多次使用.

例 3.4 求$\int x^2\sin x\mathrm{d}x$.

解 设$u(x)=x^2,v(x)=-\cos x$,则

$$\begin{aligned}\int x^2\sin x\mathrm{d}x &= \int x^2\mathrm{d}(-\cos x)\\ &= x^2(-\cos x)-\int(-\cos x)\mathrm{d}(x^2)\\ &= -x^2\cos x+2\int x\cos x\mathrm{d}x\\ &= -x^2\cos x+2x\sin x+2\cos x+C.\end{aligned}$$

这里,$\int x\cos x\mathrm{d}x$用了例 3.2 的结果(实际上是两次使用了分部积分公式).

一旦对分部积分公式比较熟悉之后,可以不必写出函数$u(x)$和$v(x)$,而直接从分部积分公式写出结果.

例 3.5 求$\int \mathrm{e}^x\sin x\mathrm{d}x$.

解

$$\begin{aligned}\int \mathrm{e}^x\sin x\mathrm{d}x &= \int \mathrm{e}^x\mathrm{d}(-\cos x)\\ &= -\mathrm{e}^x\cos x-\int(-\cos x)\mathrm{d}\mathrm{e}^x\\ &= -\mathrm{e}^x\cos x+\int \mathrm{e}^x\cos x\mathrm{d}x\\ &= -\mathrm{e}^x\cos x+\int \mathrm{e}^x\mathrm{d}(\sin x)\\ &= -\mathrm{e}^x\cos x+\mathrm{e}^x\sin x-\int \mathrm{e}^x\sin x\mathrm{d}x,\end{aligned}$$

于是有

$$2\int \mathrm{e}^x\sin x\mathrm{d}x=\mathrm{e}^x\sin x-\mathrm{e}^x\cos x+2C,$$

即

$$\int \mathrm{e}^x\sin x\mathrm{d}x=\frac{1}{2}\mathrm{e}^x(\sin x-\cos x)+C.$$

与例 3.5 类似,我们可以得到

$$\int \mathrm{e}^x\cos x\mathrm{d}x=\frac{1}{2}\mathrm{e}^x(\sin x+\cos x)+C.$$

例 3.6 求$\int \sec^3 x\mathrm{d}x$.

解

$$\begin{aligned}\int \sec^3 x\mathrm{d}x &= \int \sec x\cdot\sec^2 x\mathrm{d}x\\ &= \int \sec x\mathrm{d}(\tan x)\end{aligned}$$

$$= \sec x \tan x - \int \tan x \mathrm{d}(\sec x)$$

$$= \sec x \tan x - \int \sec x \tan^2 x \mathrm{d}x$$

$$= \sec x \tan x - \int \sec x(\sec^2 x - 1)\mathrm{d}x$$

$$= \sec x \tan x - \int \sec^3 x \mathrm{d}x + \int \sec x \mathrm{d}x.$$

于是有

$$2\int \sec^3 x \mathrm{d}x = \sec x \tan x + \int \sec x \mathrm{d}x$$

$$= \sec x \tan x + \ln|\sec x + \tan x| + 2C.$$

即

$$\int \sec^3 x \mathrm{d}x = \frac{1}{2}(\sec x \tan x) + \frac{1}{2}\ln|\sec x + \tan x| + C.$$

这里,$\int \sec x \mathrm{d}x = \ln|\sec x + \tan x| + C$ 用的是本章例 2.14 的结果.

一次或多次地应用分部积分公式,对某些积分来说,是十分有效的.在实际演算过程中,函数 $u(x)$、$v(x)$的选择较为重要,选择适当,计算起来较为简便;选择不当,往往使积分更加难于解决.经过反复练习,不难总结出下面的规律.对积分

$$\int x^n \mathrm{e}^{ax}\mathrm{d}x, \int x^n \sin bx \mathrm{d}x, \int x^n \cos bx \mathrm{d}x$$

均可设 $u(x) = x^n$,其余相应的项为 $\mathrm{d}v(x)$.而对于积分

$\int x^n \ln x \mathrm{d}x$,设 $u(x) = \ln x$, $\mathrm{d}v(x) = x^n \mathrm{d}x = \mathrm{d}\left(\frac{x^{n+1}}{n+1}\right)$;

$\int x^n \arcsin x \mathrm{d}x$,设 $u(x) = \arcsin x$, $\mathrm{d}v(x) = \mathrm{d}\left(\frac{x^{n+1}}{n+1}\right)$;

$\int x^n \arctan x \mathrm{d}x$,设 $u(x) = \arctan x$, $\mathrm{d}v(x) = \mathrm{d}\left(\frac{x^{n+1}}{n+1}\right)$.

在求不定积分时,换元积分法与分部积分法两种基本积分法的交替使用,是会经常遇到的,不要因为用了换元积分法,就忘了分部积分法.这种情况应当引起我们的注意,即在解题的过程中千万不要只拘泥于一种方法.

例 3.7 求 $\int \sqrt{x^2 - a^2}\mathrm{d}x, a > 0$.

解
$$\int \sqrt{x^2 - a^2}\mathrm{d}x \xlongequal{x = a\sec t} \int a\tan t \cdot a\sec t \cdot \tan t \mathrm{d}t$$

$$= a^2 \int \tan^2 t \sec t \mathrm{d}t = a^2 \int \tan t \mathrm{d}(\sec t)$$

$$= a^2(\tan t \sec t - \int \sec^3 t \mathrm{d}t)$$

$$= \frac{a^2}{2}(\tan t \sec t - \ln|\sec t + \tan t|) + C_1$$

$$= \frac{x}{2}\sqrt{x^2-a^2} - \frac{a^2}{2}\ln|x+\sqrt{x^2-a^2}| + C.$$

上面例子中的最后一个等号,由 t 还原为 x 用到了本章 5.2 节中讲过的三角形法.

类似地,有下面的结果:

$$\int \sqrt{x^2+a^2}\,dx = \frac{x}{2}\sqrt{x^2+a^2} + \frac{a^2}{2}\ln(x+\sqrt{x^2+a^2}) + C.$$

习题 5-3

1. 求下列不定积分:

(1) $\int x\sin x\,dx$;　(2) $\int x\ln x\,dx$;

(3) $\int \arctan x\,dx$;　(4) $\int x\arctan x\,dx$;

(5) $\int x\cdot 3^x\,dx$;　(6) $\int x\sec^2 x\,dx$.

2. 求下列不定积分:

(1) $\int x^2\sin x\,dx$;　(2) $\int x^2\cos x\,dx$;

(3) $\int x\sin 2x\,dx$;　(4) $\int x\cos 2x\,dx$;

(5) $\int \frac{x\arcsin x}{\sqrt{1-x^2}}dx$;　(6) $\int \frac{\ln x}{x^2}dx$.

3. 设 $f(x)$ 的一个原函数为 $\frac{\sin x}{x}$,求 $\int xf'(x)\,dx$.

4. 已知 $f'(e^x) = 1 + x$,求 $f(x)$.

5. 已知 $f'(\sin t) = \cos 2t + \tan^2 t$,求 $f(x)(0 < x < 1)$.

5.4 几类函数的积分法

5.4.1 有理函数的积分

1. 有理函数的分解

有理函数是指由两个多项式的商所表示的函数:

$$R(x) = \frac{P(x)}{Q(x)} = \frac{a_0x^m + a_1x^{m-1} + \cdots + a_{m-1}x + a_m}{b_0x^n + b_1x^{n-1} + \cdots + b_{n-1}x + b_n},$$

其中,m、n 为非负整数,a_0、a_1、$\cdots$、a_m 及 b_0、b_1、$\cdots$、b_n 都是常数,并且多项式 $P(x)$ 与 $Q(x)$ 之间没有公因式,假定 $a_0\neq 0, b_0\neq 0$.

当 $m\geqslant n$ 时,称 $R(x)=\frac{P(x)}{Q(x)}$ 为有理假分式;当 $m<n$ 时,称 $R(x)=\frac{P(x)}{Q(x)}$ 为有理

真分式.

由初等代数知道,利用多项式的除法,有理假分式总可以化为一个整式(多项式)与一个真分式之和的形式.例如

$$\frac{x^4+x^3}{x^2-1}=x^2+x+1+\frac{x+1}{x^2-1}.$$

下面就来讨论真分式的分解问题.

通常把形如$\frac{A}{x-a}$、$\frac{A}{(x-a)^n}$、$\frac{Ax+B}{x^2+px+q}$、$\frac{Ax+B}{(x^2+px+q)^n}$的真分式,称为部分分式,其中 A、B、a、p、q 为实常数,$n>1$ 为正整数,且 $p^2-4q<0$.

定理 4.1 若$\frac{P(x)}{(x-a)^kQ(x)}$为有理真分式,且 $k\geqslant 1$,$Q(a)\neq 0$,$P(x)$与 $Q(x)$之间无公因子,则

$$\frac{P(x)}{(x-a)^kQ(x)}=\frac{A_1}{(x-a)^k}+\frac{P_1(x)}{(x-a)^{k-1}Q(x))},\tag{4.1}$$

这里 A_1 为常数,$\frac{P_1(x)}{(x-a)^{k-1}Q(x)}$仍为有理真分式.

***证** 取常数 $A_1=\frac{P(a)}{Q(a)}$,知 $P(a)-A_1Q(a)=0$,即方程

$$P(x)-A_1Q(x)=0$$

有一个根为 a,于是

$$P(x)-A_1Q(x)=(x-a)P_1(x)=0,$$

故

$$\begin{aligned}\frac{P(x)}{(x-a)^kQ(x)}-\frac{A_1}{(x-a)^k}&=\frac{P(x)-A_1Q(x)}{(x-a)^kQ(x)}\\&=\frac{(x-a)P_1(x)}{(x-a)^kQ(x)}=\frac{P_1(x)}{(x-a)^{k-1}Q(x)}.\end{aligned}$$

移项后有

$$\frac{P(x)}{(x-a)^kQ(x)}=\frac{A_1}{(x-a)^k}+\frac{P_1(x)}{(x-a)^{k-1}Q(x)}.$$

证毕.

应当注意,在式(4.1)中,只要 $k-1\neq 0$,定理 4.1 的结果就可以重复应用,直到分母不出现$(x-a)$为止.例如

$$\begin{aligned}\frac{P(x)}{(x-a)^kQ(x)}&=\frac{A_1}{(x-a)^k}+\frac{P_1(x)}{(x-a)^{k-1}Q(x)}\\&=\frac{A_1}{(x-a)^k}+\frac{A_2}{(x-a)^{k-1}}+\frac{P_2(x)}{(x-a)^{k-2}Q(x)}\\&=\cdots\\&=\frac{A_1}{(x-a)^k}+\frac{A_2}{(x-a)^{k-1}}+\cdots+\frac{A_k}{x-a}+\frac{P_k(x)}{Q(x)}.\end{aligned}$$

***定理 4.2** 若有理真分式$\dfrac{P(x)}{(x^2+px+q)^kQ(x)}$中 $k\geqslant 1$,$Q(x)$与 $P(x)$之间无公因子,且$(x-a-bi)(x-a+bi)=x^2+px+q(p^2-4q<0)$,$Q(a\pm bi)\neq 0$,则有分解式

$$\frac{P(x)}{(x^2+px+q)^kQ(x)}=\frac{B_1x+C_1}{(x^2+px+q)^k}+\frac{P_1(x)}{(x^2+px+q)^{k-1}Q(x)},\tag{4.2}$$

这里$\dfrac{P_1(x)}{(x^2+px+q)^{k-1}Q(x)}$仍为有理真分式,$B_1$ 和 C_1 为常数,i 为虚数单位.

定理 4.2 的证明,略去.

只要 $k-1\neq 0$,定理 4.2 的结果就可以重复应用.例如

$$\begin{aligned}&\frac{P(x)}{(x^2+px+q)^kQ(x)}\\&=\frac{B_1x+C_1}{(x^2+px+q)^k}+\frac{P_1(x)}{(x^2+px+q)^{k-1}Q(x)}\\&=\frac{B_1x+C_1}{(x^2+px+q)^k}+\frac{B_2x+C_2}{(x^2+px+q)^{k-1}}+\frac{P_2(x)}{(x^2+px+q)^{k-2}Q(x)}\\&=\cdots\\&=\frac{B_1x+C_1}{(x^2+px+q)^k}+\frac{B_2x+C_2}{(x^2+px+q)^{k-1}}+\cdots+\\&\quad\frac{B_kx+C_k}{(x^2+px+q)}+\frac{P_k(x)}{Q(x)}.\end{aligned}$$

由定理 4.1 与定理 4.2 可知,有理真分式总可以化为下列四种部分分式的代数和:

(1)$\dfrac{A}{x-a}$; (2)$\dfrac{A}{(x-a)^n}(n>1)$;

(3)$\dfrac{Bx+C}{x^2+px+q}$; (4)$\dfrac{Bx+C}{(x^2+px+q)^n}(n>1)$.

其中,在(3)与(4)中,$p^2-4q<0$.

例 4.1 把$\dfrac{x+5}{x^2-2x-3}$分解为部分分式之和.

解 由于 $x^2-2x-3=(x-3)(x+1)$.由定理 4.1 有

$$\frac{x+5}{x^2-2x-3}=\frac{A}{x-3}+\frac{B}{x+1}.$$

可知

$$x+5=A(x+1)+B(x-3)=(A+B)x+(A-3B),$$

即

$$\begin{cases}A+B=1,\\A-3B=5.\end{cases}$$

故

$$A=2,B=-1.$$

于是有

$$\frac{x+5}{x^2-2x-3}=\frac{2}{x-3}-\frac{1}{x+1}.$$

例 4.2 把$\frac{2}{x^3-x}$分解为部分分式之和

解 由于 $x^3-x=x(x-1)(x+1)$.由定理 4.1 有

$$\frac{2}{x^3-x}=\frac{A}{x}+\frac{B}{x+1}+\frac{C}{x-1}.$$

可知

$$\begin{aligned}2&=A(x+1)(x-1)+Bx(x-1)+Cx(x+1)\\&=(A+B+C)x^2+(C-B)x-A.\end{aligned}$$

故

$$A=-2,B=1,C=1.$$

于是有

$$\frac{2}{x^3-x}=-\frac{2}{x}+\frac{1}{x+1}+\frac{1}{x-1}.$$

例 4.3 把$\frac{2x+2}{(x-1)(x^2+1)^2}$分解为部分分式之和.

解 由定理 4.1 与定理 4.2 可知,

$$\frac{2x+2}{(x-1)(x^2+1)^2}=\frac{A}{x-1}+\frac{B_1x+C_1}{x^2+1}+\frac{B_2x+C_2}{(x^2+1)^2}.$$

即

$$\begin{aligned}2x+2=&(A+B_1)x^4+(C_1-B_1)x^3+(2A+B_2+B_1-C_1)x^2+\\&(C_2+C_1-B_2-B_1)x+A-C_2-C_1,\end{aligned}$$

得

$$A=1,B_1=-1,C_1=-1,B_2=-2,C_2=0.$$

于是有

$$\frac{2x+2}{(x-1)(x^2+1)^2}=\frac{1}{x-1}-\frac{x+1}{x^2+1}-\frac{2x}{(x^2+1)^2}.$$

像例 4.1、例 4.2 及例 4.3 那样,确定有理真分式为部分分式之和的办法,叫做待定系数法.类似地,有

$$\frac{2x^4+x^3+4x^2+1}{x^5+2x^3+x}=\frac{1}{x}+\frac{2x+1}{x^2+1}-\frac{1}{(x^2+1)^2}$$

2. 有理函数的积分

既然有理函数的积分可以转化为多项式及有理真分式的积分,而多项式的积分是大家都会求的.因此,有理函数的积分问题主要是讨论有理真分式的积分.

有理真分式可以分解为部分分式之和,最终就把有理真分式的积分,归结为求下面

四种类型的部分分式的积分：

(1) $\int \frac{A}{x-a}\mathrm{d}x$;

(2) $\int \frac{A}{(x-a)^n}\mathrm{d}x, n>1$;

(3) $\int \frac{Bx+C}{x^2+px+q}\mathrm{d}x, p^2-4q<0$;

(4) $\int \frac{Bx+C}{(x^2+px+q)^n}\mathrm{d}x, p^2-4q<0, n>1$.

这四种类型的积分，均可用基本积分法求出.

(1) $\int \frac{A}{x-a}\mathrm{d}x = A\ln|x-a|+C$;

(2)当 $n>1$ 时，

$$\int \frac{A}{(x-a)^n}\mathrm{d}x = A\int \frac{\mathrm{d}(x-a)}{(x-a)^n} = \frac{A}{1-n}(x-a)^{1-n}+C;$$

(3)当 $p^2-4q<0$ 时，

$$\int \frac{Bx+C}{x^2+px+q}\mathrm{d}x = \frac{1}{2}\int \frac{2Bx+Bp+2C-Bp}{x^2+px+q}\mathrm{d}x$$

$$= \frac{B}{2}\int \frac{2x+p}{x^2+px+q}\mathrm{d}x + \frac{2C-Bp}{2}\int \frac{1}{x^2+px+q}\mathrm{d}x$$

$$= \frac{B}{2}\ln(x^2+px+q) + \frac{2C-Bp}{2}\int \frac{1}{\left(x+\frac{p}{2}\right)^2+\left(\frac{\sqrt{4q-p^2}}{2}\right)^2}\mathrm{d}x$$

$$= \frac{B}{2}\ln(x^2+px+q) + \frac{2C-Bp}{\sqrt{4q-p^2}}\arctan\frac{2x+p}{\sqrt{4q-p^2}}+C;$$

(4)当 $p^2-4q<0$，且 $n>1$ 时，

$$\int \frac{Bx+C}{(x^2+px+q)^n}\mathrm{d}x = \frac{1}{2}\int \frac{2Bx+Bp+2C-Bp}{(x^2+px+q)^n}\mathrm{d}x$$

$$= \frac{B}{2}\int \frac{2x+p}{(x^2+px+q)^n}\mathrm{d}x + \frac{2C-Bp}{2}\int \frac{\mathrm{d}x}{(x^2+px+q)^n}$$

$$= \frac{B}{2(1-n)}(x^2+px+q)^{1-n} + \frac{2C-Bp}{2}\int \frac{1}{(u^2+a^2)^n}\mathrm{d}u,$$

这里

$$u = x+\frac{p}{2}, a = \frac{\sqrt{4q-p^2}}{2}.$$

只要求出积分 $\int \frac{1}{(u^2+a^2)^n}\mathrm{d}u$，有理真分式的积分问题就解决了.

若令 $I_n = \int \frac{1}{(u^2+a^2)^n}\mathrm{d}u\,(n>1)$，则有递推公式

$$I_n = \frac{1}{2a^2(n-1)}\left[\frac{u}{(u^2+a^2)^{n-1}}+(2n-3)I_{n-1}\right]. \tag{4.3}$$

下面给出递推公式(4.3)的证明.

$$\begin{aligned}I_n &= \frac{1}{a^2}\int\frac{u^2+a^2-u^2}{(u^2+a^2)^n}\mathrm{d}u\\ &= \frac{1}{a^2}I_{n-1}-\frac{1}{a^2}\int\frac{u^2}{(u^2+a^2)^n}\mathrm{d}u\\ &= \frac{1}{a^2}\left[I_{n-1}-\frac{1}{2(1-n)}\int u\mathrm{d}(u^2+a^2)^{1-n}\right]\\ &= \frac{1}{a^2}\left\{I_{n-1}-\frac{1}{2(1-n)}\left[\frac{u}{(u^2+a^2)^{n-1}}-\int\frac{\mathrm{d}u}{(u^2+a^2)^{n-1}}\right]\right\}\\ &= \frac{1}{a^2}\left\{\left[1+\frac{1}{2(1-n)}\right]I_{n-1}-\frac{u}{2(1-n)(u^2+a^2)^{n-1}}\right\},\end{aligned}$$

于是得递推公式(4.3)

$$I_n=\frac{1}{2a^2(n-1)}\left[\frac{u}{(u^2+a^2)^{n-1}}+(2n-3)I_{n-1}\right].$$

在递推公式(4.3)中,要求 $n>1$.而对 $n=1$,显然有

$$I_1=\int\frac{1}{u^2+a^2}\mathrm{d}u=\frac{1}{a}\arctan\frac{u}{a}+C.$$

当 $n>1$ 时,由递推公式(4.3),有

$$I_2=\frac{1}{2a^2}\left[\frac{u}{u^2+a^2}+I_1\right]=\frac{1}{2a^2}\left[\frac{u}{u^2+a^2}+\frac{1}{a}\arctan\frac{u}{a}\right]+C.$$

$$\begin{aligned}I_3 &= \frac{1}{4a^2}\left[\frac{u}{(u^2+a^2)^2}+3I_2\right]\\ &= \frac{1}{4a^2}\left[\frac{u}{(u^2+a^2)^2}+\frac{3u}{2a^2(u^2+a^2)}+\frac{3}{2a^3}\arctan\frac{u}{a}\right]+C.\end{aligned}$$

……

有了递推公式(4.3),无论 n 为任何自然数,积分 $\int\frac{1}{(u^2+a^2)^n}\mathrm{d}u$ 总可以计算出来.到现在为止,第(4)种情况的积分 $\int\frac{Bx+C}{(x^2+px+q)^n}\mathrm{d}x\,(p^2-4q<0,n>1)$ 已经在有递推公式的条件下解决了,从而有理真分式的积分问题以及有理函数的积分问题也就解决了.

例 4.4 求 $\int\frac{2}{x^3-x}\mathrm{d}x$.

解 由例 4.2 可知

$$\begin{aligned}\int\frac{2}{x^3-x}\mathrm{d}x &= \int\left(-\frac{2}{x}+\frac{1}{x+1}+\frac{1}{x-1}\right)\mathrm{d}x\\ &= \ln(x+1)+\ln(x-1)-2\ln x+C\\ &= \ln(x^2-1)-2\ln x+C.\end{aligned}$$

例 4.5 求 $\int\frac{3x^4+x^3+4x^2+1}{x^5+2x^3+x}\mathrm{d}x$.

解 被积函数为有理真分式,其分解式在例 4.3 讲完之后就已经给出,故

$$\int \frac{3x^4+x^3+4x^2+1}{x^5+2x^3+x}\mathrm{d}x=\int\left[\frac{1}{x}+\frac{2x+1}{x^2+1}-\frac{1}{(x^2+1)^2}\right]\mathrm{d}x$$

$$=\ln|x|+\ln(x^2+1)+\arctan x-\frac{1}{2}\left[\frac{x}{x^2+1}+\arctan x\right]+C$$

$$=\ln|x(x^2+1)|+\frac{1}{2}\arctan x-\frac{x}{2(x^2+1)}+C.$$

以上所讲的只是计算有理函数积分的一般办法,但对于某些特殊类型的有理真分式的积分,则不一定要用这种一般的方法.例如,对积分 $\int\frac{x^2}{x^3-1}\mathrm{d}x$,直接用换元积分法计算就要简捷得多.

$$\int\frac{x^2}{x^3-1}\mathrm{d}x=\frac{1}{3}\int\frac{\mathrm{d}(x^3-1)}{x^3-1}=\frac{1}{3}\ln|x^3-1|+C.$$

5.4.2 三角函数有理式的积分

三角函数有理式是指由三角函数及常数经过有限次的四则运算所构成的函数.由于 $\tan x$、$\cot x$、$\sec x$、$\csc x$ 都可以用 $\sin x$ 和 $\cos x$ 的有理式表示,因此,三角函数有理式都可以化为只含 $\sin x$ 和 $\cos x$ 的有理式.若用记号 $R(\sin x,\cos x)$表示只对 $\sin x$、$\cos x$ 及常数进行四则运算所得的有理式,则下面的式子

$$\frac{1}{2\sin x-\cos x+3},\frac{\tan x+\tan^3 x}{3+\tan^2 x},\frac{1}{5+4\cos 2x}$$

都可以看作是三角函数有理式 $R(\sin x,\cos x)$.

1. $\int R(\sin x,\cos x)\mathrm{d}x$

三角函数有理式的积分 $\int R(\sin x,\cos x)\mathrm{d}x$,总可以用代换 $u=\tan\frac{x}{2}$,化为有理函数的积分.

因为,当 $u=\tan\frac{x}{2}$时,$x=2\arctan u$,$\mathrm{d}x=\frac{2}{1+u^2}\mathrm{d}u$.

所以

$$\sin x=2\sin\frac{x}{2}\cos\frac{x}{2}=\frac{2\tan\frac{x}{2}}{\sec^2\frac{x}{2}}=\frac{2u}{1+u^2},$$

$$\cos x=\cos^2\frac{x}{2}-\sin^2\frac{x}{2}=\frac{1-\tan^2\frac{x}{2}}{\sec^2\frac{x}{2}}=\frac{1-u^2}{1+u^2}.$$

于是

$$\int R(\sin x,\cos x)\mathrm{d}x=\int R\left(\frac{2u}{1+u^2},\frac{1-u^2}{1+u^2}\right)\frac{2}{1+u^2}\mathrm{d}u.$$

上式的右边已经是关于变量 u 的有理函数的积分,从理论上讲,总可以求出积分,最后只需把变量 u 换回 $\tan\frac{x}{2}$,就得到所求的结果.

例 4.6 求 $\int\frac{1}{\sin x(1+\cos x)}\mathrm{d}x$.

解 令 $u=\tan\frac{x}{2}$,则 $\sin x=\frac{2u}{1+u^2}$, $\cos x=\frac{1-u^2}{1+u^2}$, $\mathrm{d}x=\frac{2}{1+u^2}\mathrm{d}u$.于是

$$
\begin{aligned}
\int\frac{1}{\sin x(1+\cos x)}\mathrm{d}x &= \int\frac{1}{\frac{2u}{1+u^2}\left(1+\frac{1-u^2}{1+u^2}\right)}\frac{2}{1+u^2}\mathrm{d}u\\
&=\frac{1}{2}\int\left(u+\frac{1}{u}\right)\mathrm{d}u\\
&=\frac{1}{4}u^2+\frac{1}{2}\ln u+C\\
&=\frac{1}{4}\tan^2\frac{x}{2}+\frac{1}{2}\ln\left|\tan\frac{x}{2}\right|+C.
\end{aligned}
$$

对三角函数有理式的积分,令代换 $u=\tan\frac{x}{2}$,总可以化为有理函数的积分.因此,有人把这种代换称为三角函数有理式积分的"万能代换".对某些三角函数有理式的积分,"万能代换"并不是最简捷的方法.例如,对积分 $\int R(\tan x)\mathrm{d}x$ 就宜于用代换: $u=\tan x$来解.

2. $\int R(\tan x)\mathrm{d}x$

若令代换 $u=\tan x$,则 $x=\arctan u$, $\mathrm{d}x=\frac{1}{1+u^2}\mathrm{d}u$,于是有

$$
\int R(\tan x)\mathrm{d}x=\int R(u)\frac{1}{1+u^2}\mathrm{d}u.
$$

上式右边的积分,被积函数已经是 u 的有理函数了,积分出来之后,把变量 u 换为 $\tan x$,就得到所求的结果.

例 4.7 求 $\int\frac{\tan x+\tan^3 x}{2+\tan^2 x}\mathrm{d}x$.

解 令 $u=\tan x$,则 $x=\arctan u$, $\mathrm{d}x=\frac{1}{1+u^2}\mathrm{d}u$.于是

$$
\begin{aligned}
\int\frac{\tan x+\tan^3 x}{2+\tan^2 x}\mathrm{d}x &= \int\frac{u(1+u^2)}{2+u^2}\frac{1}{1+u^2}\mathrm{d}u\\
&=\int\frac{u}{u^2+2}\mathrm{d}u=\frac{1}{2}\ln(u^2+2)+C\\
&=\frac{1}{2}\ln(\tan^2 x+2)+C.
\end{aligned}
$$

除了 $\int R(\tan x)\mathrm{d}x$ 这种类型的积分之外,当被积函数中仅含 $\sin^2 x$, $\cos^2 x$(或

$\sin 2x,\cos 2x$)的有理式时,代换 $u=\tan x$ 也可以使用,这时

$$R(\sin^2 x,\cos^2 x)=R\left(\frac{u^2}{1+u^2},\frac{1}{1+u^2}\right),$$

$$R(\sin 2x,\cos 2x)=R\left(\frac{2u}{1+u^2},\frac{1-u^2}{1+u^2}\right).$$

例 4.8 求 $\int\frac{1}{5+4\cos 2x}\mathrm{d}x$.

解 令 $u=\tan x$,则 $\cos 2x=\frac{1-u^2}{1+u^2},\mathrm{d}x=\frac{1}{1+u^2}\mathrm{d}u$,于是

$$\begin{aligned}\int\frac{1}{5+4\cos 2x}\mathrm{d}x&=\int\frac{1}{5+4\frac{1-u^2}{1+u^2}}\cdot\frac{\mathrm{d}u}{1+u^2}\\&=\int\frac{1}{u^2+3^2}\mathrm{d}u=\frac{1}{3}\arctan\left(\frac{u}{3}\right)+C\\&=\frac{1}{3}\arctan\left(\frac{1}{3}\tan x\right)+C.\end{aligned}$$

应当指出的是,三角函数有理式的积分除了上面介绍的办法外,有时还可能有更简单的办法.例如

$$\int\frac{\cos x}{1+\sin x}\mathrm{d}x=\int\frac{\mathrm{d}(1+\sin x)}{1+\sin x}=\ln|1+\sin x|+C.$$

*5.4.3 两种无理函数的积分

有些无理函数的积分,经过适当的代换之后,可以化为有理函数的积分.这里,介绍两种无理函数的积分.

1. $\int R\left(x,\sqrt[n]{\frac{ax+b}{cx+h}}\right)\mathrm{d}x$,其中 $n\geqslant 2$ 为自然数,a、b、c、h 为常数,且 $ac\neq 0$

作代换 $t=\sqrt[n]{\frac{ax+b}{cx+h}}$,则 $x=\frac{ht^n-b}{a-ct^n},\mathrm{d}x=\frac{n(ah-bc)t^{n-1}}{(a-ct^n)^2}\mathrm{d}t$.

于是

$$\int R\left(x,\sqrt[n]{\frac{ax+b}{cx+h}}\right)\mathrm{d}x=\int R\left(\frac{ht^n-b}{a-ct^n},t\right)\frac{n(ah-bc)t^{n-1}}{(a-ct^n)^2}\mathrm{d}t.$$

上式右边积分中的被积函数,已是变量 t 的有理函数,积分出来之后,再把变量 t 换回 $\sqrt[n]{\frac{ax+b}{cx+h}}$,就得到所求的结果.

在上面的讨论中,当然包括了 $c=0,h=1$ 的情形,即包括了 $\int R(x,\sqrt[n]{ax+b})\mathrm{d}x$.

例 4.9 求 $\int\frac{1}{x}\sqrt{\frac{x+1}{x}}\mathrm{d}x$.

解 令 $t=\sqrt{\frac{x+1}{x}}$,则 $x=\frac{1}{t^2-1},\mathrm{d}x=-\frac{2t}{(t^2-1)^2}\mathrm{d}t$.于是

$$\int \frac{1}{x}\sqrt{\frac{x+1}{x}}\,\mathrm{d}x = \int (t^2-1)t\left[-\frac{2t}{(t^2-1)^2}\right]\mathrm{d}t$$
$$= -2\int \frac{t^2}{t^2-1}\mathrm{d}t = -2\int\left(1+\frac{1}{t^2-1}\right)\mathrm{d}t$$
$$= -2t - \ln\left|\frac{t-1}{t+1}\right| + C$$
$$= -2\sqrt{\frac{x+1}{x}} - \ln\left|\frac{\sqrt{x+1}-\sqrt{x}}{\sqrt{x+1}+\sqrt{x}}\right| + C.$$

例 4.10 求$\int \frac{x+1}{(3x+1)^{\frac{2}{3}}}\mathrm{d}x$.

解 令 $t=\sqrt[3]{3x+1}$,则 $x=\frac{1}{3}(t^3-1)$,$\mathrm{d}x=t^2\mathrm{d}t$.于是

$$\int \frac{x+1}{(3x+1)^{\frac{2}{3}}}\mathrm{d}x = \int \frac{1}{t^2}\left(\frac{t^3-1}{3}+1\right)t^2\mathrm{d}t$$
$$= \frac{1}{3}\int (t^3+2)\mathrm{d}t = \frac{1}{3}\left(\frac{1}{4}t^4+2t\right)+C$$
$$= \frac{1}{12}(3x+1)^{\frac{4}{3}} + \frac{2}{3}(3x+1)^{\frac{1}{3}} + C.$$

2. $\int R(x,\sqrt{ax^2+bx+c})\mathrm{d}x$

这类积分的计算,通常都是先对根号内的二次三项式进行配方后,通过代换化为三角函数有理式的积分.下面举例说明.

例 4.11 求$\int \frac{x}{\sqrt{12x-4x^2}}\mathrm{d}x$.

解 先对根号内的二次式配方,再令代换有

$$\int \frac{x}{\sqrt{12x-4x^2}}\mathrm{d}x = \int \frac{x}{\sqrt{4\left[\left(\frac{3}{2}\right)^3-\left(x-\frac{3}{2}\right)^2\right]}}\mathrm{d}\left(x-\frac{3}{2}\right)$$

$$\xlongequal{t=x-\frac{3}{2}} \frac{1}{2}\int \frac{t+\frac{3}{2}}{\sqrt{\left(\frac{3}{2}\right)^2-t^2}}\mathrm{d}t$$

$$= \frac{1}{2}\int \frac{t}{\sqrt{\left(\frac{3}{2}\right)^2-t^2}}\mathrm{d}t + \frac{3}{4}\int \frac{1}{\sqrt{\left(\frac{3}{2}\right)^2-t^2}}\mathrm{d}t$$

$$= -\frac{1}{2}\sqrt{\frac{9}{4}-t^2} + \frac{3}{4}\arcsin\frac{t}{\frac{3}{2}} + C$$

$$= -\frac{1}{2}\sqrt{3x-x^2} + \frac{3}{4}\arcsin\frac{2x-3}{3} + C.$$

例 4.12 求$\int \frac{1}{1+\sqrt{x^2+2x+2}}dx$.

解 $$\int \frac{1}{1+\sqrt{x^2+2x+2}}dx = \int \frac{d(x+1)}{1+\sqrt{(x+1)^2+1}}$$

$$\xlongequal{x+1=\tan t} \int \frac{\sec^2 t dt}{1+\sec t} = \int \frac{1}{\cos^2 t+\cos t}dt$$

$$= \int \left(\frac{1}{\cos t} - \frac{1}{1+\cos t}\right)dt$$

$$= \int \sec t dt - \frac{1}{2}\int \sec^2 \frac{t}{2} dt$$

$$= \ln|\sec t + \tan t| - \tan\frac{t}{2} + C$$

$$= \ln|x+1+\sqrt{x^2+2x+2}| - \frac{\sqrt{x^2+2x+2}-1}{x+1} + C.$$

对于某些含有二次根式的不定积分,还可以用“倒数代换”来解.

例 4.13 求$\int \frac{1}{x\sqrt{3x^2-2x-1}}dx, x>1$.

解 令倒数代换:$x=\frac{1}{t}$,则 $dx=-\frac{1}{t^2}dt$,于是

$$\int \frac{1}{x\sqrt{3x^2-2x-1}}dx \xlongequal{x=\frac{1}{t}} \int \frac{1}{\frac{1}{t}\sqrt{\frac{3}{t^2}-\frac{2}{t}-1}}\left(-\frac{1}{t^2}\right)dt$$

$$= -\int \frac{1}{\sqrt{3-2t-t^2}}dt$$

$$= -\int \frac{1}{\sqrt{2^2-(t+1)^2}}d(t+1)$$

$$= \arcsin\frac{t+1}{2} + C$$

$$= \arcsin\frac{x+1}{2x} + C.$$

一般地说,“倒数代换”适用于下面两种类型的积分:

$$\int \frac{1}{x\sqrt{ax^2+bx+c}}dx, \int \frac{1}{x^2\sqrt{ax^2+bx+c}}dx.$$

*5.4.4 关于不定积分的说明

关于不定积分,还有一点需要说明.对初等函数来说,由于它在定义区间内都是连续的,因此,初等函数的原函数一定存在.应当指出的是:有相当多的初等函数的原函数,却不能用初等函数表示.

当初等函数的原函数不是初等函数(或原函数不能用初等函数表示)时,称这类初

等函数 $f(x)$ 的不定积分 $\int f(x)\,\mathrm{d}x$"积不出来".所谓"积不出来"不是说这类初等函数 $f(x)$ 没有原函数,或者原函数不存在,而是说这类初等函数 $f(x)$ 的原函数不是初等函数,这样的例子是很多的,如

$$\int \frac{\sin x}{x}\mathrm{d}x,\int \frac{\cos x}{x}\mathrm{d}x,\int \frac{1}{\ln x}\mathrm{d}x,$$

$$\int \mathrm{e}^{-x^2}\mathrm{d}x,\int \sin x^2\mathrm{d}x,\int \cos x^2\mathrm{d}x,$$

$$\int \frac{1}{\sqrt{1+x^3}}\mathrm{d}x,\int \frac{1}{1-k^2\sin^2 x}\mathrm{d}x\,(0<k<1),\cdots$$

这些积分,看起来很简单,实际上它们都是"积不出来"的.

习题 5-4

1. 计算下列不定积分:

(1) $\int \frac{3x+4}{x^2+6x+5}\mathrm{d}x$;　　(2) $\int \frac{4x-2}{x^3-x^2-2x}\mathrm{d}x$;

(3) $\int \frac{2x+2}{(x-1)(x^2+2)^2}\mathrm{d}x$;　　(4) $\int \frac{1}{(x+1)^2(x^2+1)}\mathrm{d}x$.

2. 求下列不定积分:

(1) $\int \frac{1}{2+\sin x}\mathrm{d}x$;　　(2) $\int \frac{1}{\sin x+\tan x}\mathrm{d}x$;

(3) $\int \frac{1}{1+\sin x+\cos x}\mathrm{d}x$;　　(4) $\int \frac{1+\sin x}{1+\cos x}\mathrm{d}x$;

(5) $\int \frac{1}{1+3\cos^2 x}\mathrm{d}x$;　　(6) $\int \frac{\sin x}{1+\sin x}\mathrm{d}x$.

3. 选取适当的方法,计算下列不定积分:

(1) $\int \frac{x^2}{x^6+1}\mathrm{d}x$;　　(2) $\int \frac{x+1}{x^2+2x+5}\mathrm{d}x$;

(3) $\int \frac{1+\tan x}{\sin 2x}\mathrm{d}x$;　　(4) $\int \frac{1}{x^4+x^2}\mathrm{d}x$;

(5) $\int \frac{\sqrt[3]{x}}{x(\sqrt{x}+\sqrt[3]{x})}\mathrm{d}x$.

4. 求下列不定积分:

(1) $\int \frac{1+\sin x}{1-\sin x}\mathrm{d}x$;　　(2) $\int \frac{1-\cos x}{1+\cos x}\mathrm{d}x$;

(3) $\int \frac{1}{x^4\sqrt{1+x^2}}\mathrm{d}x$;　　(4) $\int \frac{\mathrm{e}^{2x}}{\sqrt[4]{1+\mathrm{e}^x}}\mathrm{d}x$.

复习题 5

1. 填空题

(1) $\int \frac{1}{\sin x^2 \cos^2 x} dx =$ ________.

(2) $\int e^{\sqrt{x}} dx =$ ________.

(3)设 $f'(\ln x) = \frac{1}{x}$,则 $f(x) =$ ________.

(4)设 $\int f(x) dx = 2\sin\frac{x}{2} + C$,则 $\int f'(x) dx =$ ________.

(5) $\int \frac{1}{\sqrt{(1-x^2)^3}} dx =$ ________.

2. 选择题

(1)若 $\frac{f'(x)}{f(x)}$ 是连续的函数,则 $\int \frac{f'(x)}{f(x)} dx =$

(A) $\ln|f(x)| + C$　　(B) $-\frac{1}{f^2(x)} + C$

(C) $\frac{1}{2}\ln|f(x)| + C$　　(D) $f(x) + C$

答(　　).

(2)设 $f(x)$ 的一个原函数是 x^2,则 $\int xf(1-x^2) dx =$

(A) $\frac{1}{2}(1-x^2)^2 + C$　　(B) $-\frac{1}{2}(1-x^2)^2 + C$

(C) $(1-x^2) + C$　　(D) $-2(1-x^2)^2 + C$

答(　　).

(3)已知 $f(x)$ 的一个原函数是 $\frac{\cos x}{x}$,则 $\int f(x)\frac{\cos x}{x} dx =$

(A) $\left(\frac{\cos x}{x}\right)^2 + C$　　(B) $\frac{1}{2}\left(\frac{\cos x}{x}\right)^2 + C$

(C) $\frac{\cos x}{x} + C$　　(D) $-\frac{1}{2}\left(\frac{\cos x}{x}\right)^2 + C$

答(　　).

(4)设 $I_n = \int \cos^n x dx, n \in \mathbf{N}^+$.则有递推公式:

$I_n =$

(A) $\frac{1}{n}\sin x\cos^{n-1} x + \frac{n-1}{n} I_{n-2}$　　(B) $\frac{1}{n}\sin x + \frac{n-1}{n} I_{n-2}$

(C)$\frac{1}{n}\sin x\cos^{n-1}x+\frac{n-1}{n}I_{n-1}$　　(D)$\frac{1}{n}\cos x+\frac{n-1}{n}I_{n-1}$

答(　　).

(5)若$\int f(x)\mathrm{d}x=\frac{\ln x}{x}+C$,则$f(x)=$

(A)$\frac{1}{x^2}$　　(B)$\frac{1+\ln x}{x^2}$

(C)$\frac{1-\ln x}{x^2}$　　(D)$\frac{\ln x-1}{x^2}$

答(　　).

3. 解下列各题:

(1)$\int(2+3)^{1003}\mathrm{d}x$;　　(2)$\int\frac{\sqrt{1-x}}{x}\mathrm{d}x$;

(3)$\int\frac{x}{\sqrt{1-x}}\mathrm{d}x$;　　(4)$\int\frac{\mathrm{e}^x}{\mathrm{e}^x+\mathrm{e}^{-x}}\mathrm{d}x$;

(5)$\int\frac{1}{x^2(1+x)}\mathrm{d}x$;　　(6)$\int x^3\sqrt{1-x^2}\mathrm{d}x$;

(7)$\int\frac{\sin 2x}{1+\cos^4 x}\mathrm{d}x$;　　(8)$\int\frac{\sin^3 x}{\cos^6 x}\mathrm{d}x$.

4. 求下列各题的解:

(1)$\int\frac{2x-3}{x^2+4x+5}\mathrm{d}x$;　　(2)$\int\frac{x\mathrm{e}^x}{(1+x)^2}\mathrm{d}x$;

(3)$\int\frac{x^2}{\sqrt{1+x^2}}\mathrm{d}x$;　　(4)$\int x\sqrt[3]{2+x}\mathrm{d}x$;

(5)$\int\frac{1-\ln x}{(x-\ln x)^2}\mathrm{d}x$;

(6)已知$f(x)$有一阶连续的导数,且$f'(\cos x+2)=\sin^2 x+\tan^2 x$,求$f(x)$.

5. 试解下列各题:

(1)设$f(\sin^2 x)=\frac{x}{\sin x}$,求$\int\frac{\sqrt{x}}{\sqrt{1-x}}f(x)\mathrm{d}x$;

(2)函数$y=f(x)$的导数为二次抛物线,它的开口方向朝向Oy轴的正向,并与Ox轴相交于$x=0$及$x=2$.若$f(x)$的极大值为4,极小值为零,求$f(x)$.

6

定积分

本章学习要点

1. 理解定积分的概念、几何意义及基本性质,会用定积分的几何意义求某些定积分的值.

2. 知道定积分的中值定理,熟悉变上、下限定积分的求导公式,会用牛顿 - 莱布尼茨公式计算简单的定积分.

3. 掌握定积分的基本积分法——换元积分法与分部积分法.

4. 会计算积分区间为无穷的广义积分,可以用定积分求出一些简单的几何量(面积、旋转体的体积、平面曲线的弧长).

5. 理解本章中的基本内容(包括例题),能独立完成本章中的习题.

6.1 定积分的概念

6.1.1 定积分问题的引例

1. 曲边梯形的面积

在平面直角坐标系 xOy 中,通常把由三条直线:$x=a$,$x=b$,$y=0$(即 Ox 轴)及一条曲线 $y=f(x)(a\leqslant x\leqslant b)$所围成的图形称为曲边梯形.把 Ox 轴上的线段 ab 称为曲边梯形的底边,曲线段$\overset{\frown}{AB}$称为曲边梯形的曲边,如图 6-1 所示(在图 6-1 中,$f(x)\geqslant 0$).

现在,我们来求曲边梯形 $AabBA$ 的面积 S.由于曲边梯形 $AabBA$ 的高 $f(x)$在区间$[a,b]$上是连续变化的,对任意的 $x\in[a,b]$时,当 x 变化不大时,$f(x)$的变化也不大.

当用一组垂直于 Ox 轴的直线,把曲边梯形分成若干个窄条的小曲边梯形时,在这些小曲边梯形内,高度的差别不大,可以用某一点处的高度去近似代替小曲边梯形内各点处的高度,从而可以用一个小矩形的面积,近似地代替小曲边梯形的面积.只要曲边梯形分割得足够细,且所有小曲边梯形的底部的宽度越小,这时,小矩形的面积与相应的小曲边梯形的面积就越接近.于是,所有的小矩形面积之和,就越来越逼近原来的曲边梯形的面积.通过求极限,最终得到曲边梯形的面积.现在把方法详述于下.

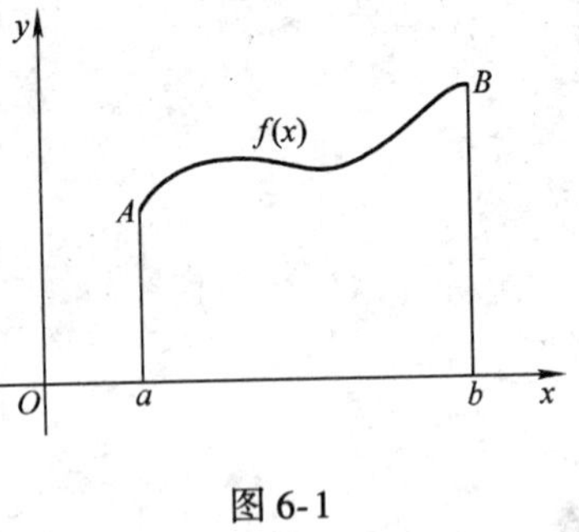

图 6-1

(1)分割:

把区间$[a,b]$任意地分割为 n 个子区间,其分点为

$$a=x_0<x_1<x_2<\cdots<x_{n-1}<x_n=b.$$

每一个子区间$[x_{i-1},x_i]$的长度记为 $\Delta x_i=x_i-x_{i-1}(i=1,2\cdots,n)$.

过各分点,分别作垂直于 Ox 轴的直线,把原来的曲边梯形分成为 n 个小曲边梯形.分别把这些小曲边梯形的面积记为 $\Delta S_i(i=1,2,\cdots,n)$,则

$$\begin{aligned}S&=\Delta S_1+\Delta S_2+\cdots+\Delta S_{n-1}+\Delta S_n\\&=\sum_{i=1}^{n}\Delta S_i.\end{aligned}$$

(2)以常代变:

在每一个小曲边梯形中,用底边长为 Δx_i,底边上任意一点 $\xi_i\in[x_{i-1},x_i]$处的高 $f(\xi_i)$为高的小矩形面积 $f(\xi_i)\Delta x_i$ 近似代替相应的小曲边梯形的面积 ΔS_i(图 6-2),即

$$\Delta S_i\approx f(\xi_i)\Delta x_i\quad(i=1,2,\cdots,n).$$

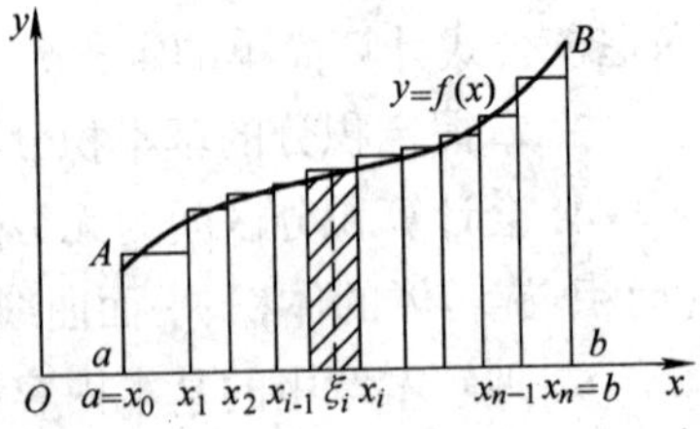

图 6-2

(3)求和:

把 n 个小矩形的面积加起来,就得到所求的曲边梯形的面积 S 的近似值

$$\begin{aligned}S&\approx f(\xi_1)\Delta x_1+f(\xi_2)\Delta x_2+\cdots+f(\xi_n)\Delta x_n\\&=\sum_{i=1}^{n}f(\xi_i)\Delta x_i.\end{aligned}$$

(4)求极限:

一般地说,无论 n 多么大,各子区间的宽度 Δx_i 多么小,和式 $\sum\limits_{i=1}^{n}f(\xi_i)\Delta x_i$ 仍然不等于曲边梯形的面积S,它只是 n 个小矩形组成的台阶形的面积.

显然,把区间$[a,b]$分得越细,每个小区间的长度越小,台阶形面积 $\sum\limits_{i=1}^{n}f(\xi_i)\Delta x_i$

就越接近于曲边梯形的面积.

为了求出 S 的精确值,令 $\max\limits_{1\leqslant i\leqslant n}\Delta x_i=\lambda$,如果无论对区间$[a,b]$采取何种分法,也不论点 $\xi_i\in[x_{i-1},x_i]$如何取法,只要分割无限地变细,当 $\lambda\to0$ 时,和式 $\sum\limits_{i=1}^{n}f(\xi_i)\Delta x_i$ 存在唯一的极限,则这个极限值就是曲边梯形的面积 S,即

$$S=\lim_{\lambda\to0}\sum_{i=1}^{n}f(\xi_i)\Delta x_i.$$

2. 变速直线运动的路程 s

设物体做直线运动,速度为 $v=v(t)$.求从时刻 $t=a$ 到 $t=b$ 时,物体所走过的路程 s.

如果速度 v 不变,物体做匀速直线运动,路程 s 等于速度乘以所用的时间

$$s=v(b-a).$$

现在考虑物体做变速直线运动,其速度 v 随时间 t 而改变,即 $v=v(t)(a\leqslant t\leqslant b)$ 是 t 的连续函数,要求物体在时间段$[a,b]$上所走过的路程 s.解决这个问题的办法,与上面求曲边梯形面积的方法相似.

(1)分割:

把区间$[a,b]$任意地分割为 n 个子区间,其分点为

$$a=t_0<t_1<t_2<\cdots<t_{n-1}<t_n=b.$$

每一个子区间$[t_{i-1},t_i]$的长度记为 $\Delta t_i=t_i-t_{i-1}(i=1,2,\cdots,n)$.

物体在$[a,b]$上所走过的路程 s,等于它在各子区间$[t_{i-1},t_i]$上所走过的路程 Δs_i 之和,即

$$s=\sum_{i=1}^{n}\Delta s_i.$$

(2)以常代变:

在一小段的时间间隔$[t_{i-1},t_i]$上,以任意的一点 $\xi_i\in[t_{i-1},t_i]$处的速度 $v(\xi_i)$近似地代替这一小段时间上各点处的速度,得到物体在$[t_{i-1},t_i]$上路程 Δs_i 的近似值

$$\Delta s_i\approx v(\xi_i)\Delta t_i\quad(i=1,2,\cdots,n).$$

(3)求和:

把上面的 n 个 $\Delta s_i(i=1,2,\cdots,n)$的近似值加起来,就得到路程 s 的近似值

$$\begin{aligned}s&\approx v(\xi_1)\Delta t_1+v(\xi_2)\Delta t_2+\cdots+v(\xi_{n-1})\Delta t_{n-1}+v(\xi_n)\Delta t_n\\&=\sum_{i=1}^{n}v(\xi_i)\Delta t_i.\end{aligned}$$

(4)求极限:

很明显,分割越细,误差就越小.把区间$[a,b]$无限地细分下去,如果无论对$[a,b]$采取何种分法,也不论 ξ_i 在$[t_{i-1},t_i]$上如何取法,记 $\max\limits_{1\leqslant i\leqslant n}\Delta t_i=\lambda$,当 $\lambda\to0$ 时,和式

$\sum_{i=1}^{n} v(\xi_i)\Delta t_i$ 存在唯一的极限,则这个极限值就是时间段$[a,b]$上路程 s 的精确值,即

$$s=\lim_{\lambda\to 0}\sum_{i=1}^{n} v(\xi_i)\Delta t_i .$$

6.1.2 定积分的定义

前面讨论的两个实例,一个是属于几何学,另一个是属于物理学.尽管它们各自的具体内容不同,解决问题的方法却相同.反映到数学上都是利用和式极限.求一个整体量类似这样的实例还不少,撇开它们的具体意义,抽象出其数学结构,就得到了定积分的定义.

定义 1.1 设函数 $f(x)$在区间$[a,b]$上有定义,任取分点

$$a=x_0<x_1<x_2<\cdots<x_{i-1}<x_i<\cdots<x_{n-1}<x_n=b$$

把区间$[a,b]$分为 n 个子区间$[x_{i-1},x_i]$ $(i=1,2,\cdots,n)$,记 $\Delta x_i=x_i-x_{i-1}$.在每一个子区间$[x_{i-1},x_i]$上任取一点 ξ_i,作乘积 $f(\xi_i)\Delta x_i$ 及和式

$$\sum_{i=1}^{n} f(\xi_i)\Delta x_i .$$

记 $\lambda=\max\limits_{1\leqslant i\leqslant n}\Delta x_i$,如果无论对区间$[a,b]$采取何种分法,也不论 ξ_i 在$[x_{i-1},x_i]$中如何取法,只要 $\lambda\to 0$ 时,和式 $\sum_{i=1}^{n} f(\xi_i)\Delta x_i$ 总有唯一确定的极限值

$$I=\lim_{\lambda\to 0}\sum_{i=1}^{n} f(\xi_i)\Delta x_i ,$$

则称 I 为函数$f(x)$在区间$[a,b]$上的定积分,记为

$$I=\lim_{\lambda\to 0}\sum_{i=1}^{n} f(\xi_i)\Delta x_i=\int_a^b f(x)\mathrm{d}x ,$$

其中,$f(x)$称为被积函数,$f(x)\mathrm{d}x$ 称为被积式,x 称为积分变量,a 称为积分下限,b 称为积分上限,$[a,b]$称为积分区间.

定积分 $\int_a^b f(x)\mathrm{d}x$ 表示了和式 $\sum_{i=1}^{n} f(\xi_i)\Delta x_i$ 当$\lambda\to 0$ 时的极限.由定义 1.1 可知,它是一个确定的数值.这个数值与被积函数 $f(x)$及积分区间$[a,b]$有关.如果既不改变被积函数 f,又不改变积分区间$[a,b]$,只把积分变量 x 改为 t 或者 u,这时和式极限的值 I 也不会改变,即

$$\int_a^b f(x)\mathrm{d}x=\int_a^b f(t)\mathrm{d}t=\int_a^b f(u)\mathrm{d}u .$$

这就是定积分与积分变量的选取无关的性质(当然,定积分的值与被积函数和积分区间有关).

如果定积分 $\int_a^b f(x)\mathrm{d}x$ 存在,则称函数 $f(x)$在$[a,b]$上可积.由定积分的定义可知:一个在$[a,b]$上可积的函数 $f(x)$,必定是$[a,b]$上的有界函数,即函数有界是函数可积

的必要条件.

至于函数 $f(x)$在$[a,b]$上满足什么条件时一定可积,我们不做进一步的讨论,只给出下面的存在定理.

定理 1.1 (定积分的存在定理)若 $f(x)\in C[a,b]$,则定积分 $\int_a^b f(x)\mathrm{d}x$ 存在.

定理 1.1 告诉我们闭区间$[a,b]$上的连续函数 $f(x)$是$[a,b]$上的可积函数.

根据定义 1.1,显然有

$$\int_a^b 0\mathrm{d}x = 0;\quad \int_a^b 1\mathrm{d}x = b - a.$$

在前面 6.1.1 中的两个引例,曲边梯形的面积用定积分则表示为 $S=\int_a^b f(x)\mathrm{d}x$,变速直线运动的路程则表示为 $s=\int_a^b v(t)\mathrm{d}t$.

6.1.3 定积分的几何意义

定积分的几何意义,可以用曲边梯形的面积来说明.

当 $f(x)\geqslant 0$ 时,定积分 $\int_a^b f(x)\mathrm{d}x$ 的值,在几何上代表了由曲线 $y=f(x)$,直线 $x=a$,$x=b$ 与 Ox 轴所围成的曲边梯形 $ACDBA$ 的面积 S,见图 6-3,即

$$\int_a^b f(x)\mathrm{d}x = S.$$

当 $f(x)\leqslant 0$ 时,由曲线 $y=f(x)$,直线 $x=a$,$x=b$ 与 Ox 轴所围成的曲边梯形 $ACDBA$ 位于 Ox 轴的下方(见图 6-4).此时定积分 $\int_a^b f(x)\mathrm{d}x$ 是个负数,其绝对值等于图 6-4 中曲边梯形的面积,即

$$\int_a^b f(x)\mathrm{d}x = -S.$$

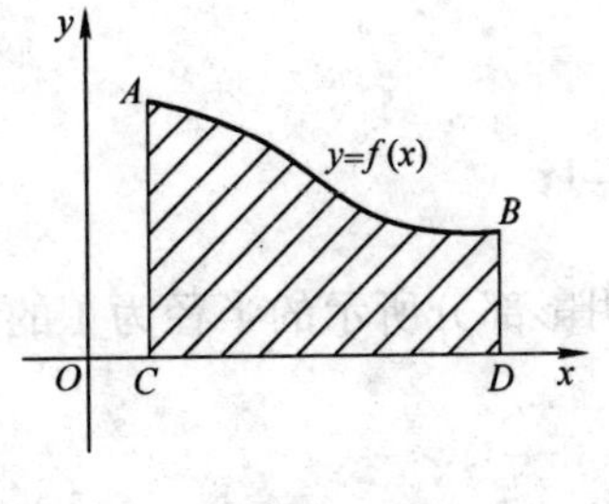

图 6-3

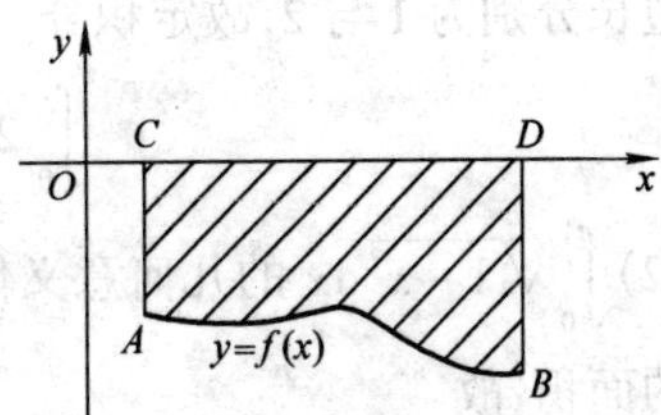

图 6-4

当 $f(x)$在区间$[a,b]$上有时为正,有时为负时,则曲线 $y=f(x)$有时在 Ox 轴上方,有时在 Ox 轴下方,这时定积分 $\int_a^b f(x)\mathrm{d}x$ 在几何上表示介于 Ox 轴、曲线 $y=f(x)$及直线 $x=a$,$x=b$ 之间的位于 Ox 轴上方的各部分面积之和减去位于 Ox 轴下方的各部

分面积之和,例如在图 6-5 中,就有

$$\int_a^b f(x)\mathrm{d}x=(S_1+S_3+S_5)-(S_2+S_4).$$

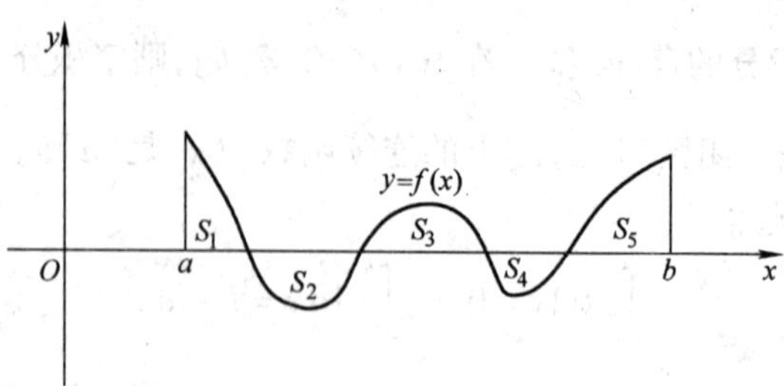

图 6-5

例 1.1　由定积分的几何意义,确定下列定积分的值.

(1) $\int_0^1 2x\mathrm{d}x$;　　(2) $\int_0^1 \sqrt{1-x^2}\mathrm{d}x$.

解　由图 6-6 和图 6-7 可知:

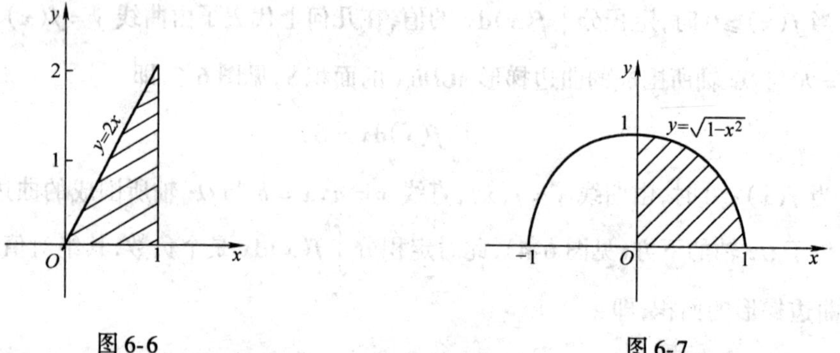

图 6-6　　　　图 6-7

(1) $\int_0^1 2x\mathrm{d}x$ 的几何意义代表了图 6-6 中阴影部分所示的直角三角形的面积,两条直角边长分别为 1 与 2,故定积分

$$\int_0^1 2x\mathrm{d}x=\frac{1}{2}\times 1\times 2=1;$$

(2) $\int_0^1 \sqrt{1-x^2}\mathrm{d}x$ 的几何意义代表了图 6-7 中阴影部分所示的半径为 1 的四分之一圆的面积,故

$$\int_0^1 \sqrt{1-x^2}\mathrm{d}x=\frac{1}{4}\times\pi\times 1^2=\frac{\pi}{4}.$$

习题　6-1

1. 利用定积分的几何意义计算下列定积分的值:

(1) $\int_{-\pi}^{\pi}\sin x\mathrm{d}x$；　　(2) $\int_a^b x\mathrm{d}x\quad(0<a<b)$；

(3) $\int_0^a\sqrt{a^2-x^2}\mathrm{d}x\quad(a>0)$.

2. 将下面二图中的面积 S 分别用定积分表示.

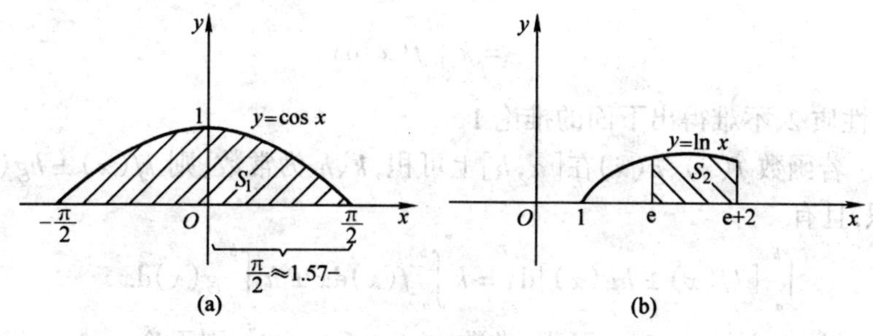

题2图

6.2　定积分的性质

为了计算方便，由定积分的定义，我们可以得到下面的结果：

$$\text{当 } a\neq b \text{ 时，}\int_a^b f(x)\mathrm{d}x=-\int_b^a f(x)\mathrm{d}x;$$

$$\text{当 } a=b \text{ 时，}\int_a^a f(x)\mathrm{d}x=0.$$

6.2.1　定积分的性质

性质1　若函数 $f(x)$、$g(x)$ 在区间 $[a,b]$ 上可积，则函数 $f(x)\pm g(x)$ 在 $[a,b]$ 上也可积，且有

$$\int_a^b[f(x)\pm g(x)]\mathrm{d}x=\int_a^b f(x)\mathrm{d}x\pm\int_a^b g(x)\mathrm{d}x.$$

证　由定积分的定义有

$$\begin{aligned}\int_a^b[f(x)\pm g(x)]\mathrm{d}x&=\lim_{\lambda\to0}\sum_{i=1}^n[f(\xi_i)\pm g(\xi_i)]\Delta x_i\\&=\lim_{\lambda\to0}\sum_{i=1}^n[f(\xi_i)\Delta x_i\pm g(\xi_i)\Delta x_i]\\&=\lim_{\lambda\to0}\sum_{i=1}^n f(\xi_i)\Delta x_i\pm\lim_{\lambda\to0}\sum_{i=1}^n g(\xi_i)\Delta x_i\\&=\int_a^b f(x)\mathrm{d}x\pm\int_a^b g(x)\mathrm{d}x.\end{aligned}$$

证毕.

性质2　若函数 $f(x)$ 在 $[a,b]$ 上可积，k 为常数，则函数 $kf(x)$ 在 $[a,b]$ 上也可积，且有

$$\int_a^b kf(x)\mathrm{d}x=k\int_a^b f(x)\mathrm{d}x.$$

证 由定积分的定义,有

$$\begin{aligned}\int_a^b kf(x)\mathrm{d}x &= \lim_{\lambda\to 0}\sum_{i=1}^{n} kf(\xi_i)\Delta x_i \\ &= k\lim_{\lambda\to 0}\sum_{i=1}^{n} f(\xi_i)\Delta x_i \\ &= k\int_a^b f(x)\mathrm{d}x.\end{aligned}$$

证毕.

由性质 1 与性质 2,不难得出下面的推论 1.

推论 1 若函数 $f(x)$、$g(x)$在$[a,b]$上可积,k、h 为常数,则 $kf(x)\pm hg(x)$在$[a,b]$上也可积,且有

$$\int_a^b [kf(x)\pm hg(x)]\mathrm{d}x = k\int_a^b f(x)\mathrm{d}x \pm h\int_a^b g(x)\mathrm{d}x.$$

性质 3 设 $f(x)$在$[\alpha,\beta]$上可积,常数 a、b、$c\in[\alpha,\beta]$,则无论 a、b、c 相对位置如何,均有

$$\int_a^b f(x)\mathrm{d}x = \int_a^c f(x)\mathrm{d}x + \int_c^b f(x)\mathrm{d}x.$$

证 我们仅证 $a<c<b$ 的情形.这时,点 c 把$[a,b]$分成了$[a,c]$与$[c,b]$两个区间.由于 $f(x)$在$[\alpha,\beta]$可积,故在$[a,b]$上也可积.把 c 取为一个分点,若用记号 $\sum\limits_{[a,b]}$,$\sum\limits_{[a,c]}{}'$,$\sum\limits_{[c,b]}{}''$ 分别表示在相应的区间上分割求和,有

$$\sum_{[a,b]} f(\xi_i)\Delta x_i = \sum_{[a,c]}{}' f(\xi_i)\Delta x_i + \sum_{[c,b]}{}'' f(\xi_i)\Delta x_i.$$

令 $\lambda=\max\{\Delta x_i\}\to 0$,取极限有

$$\int_a^b f(x)\mathrm{d}x = \int_a^c f(x)\mathrm{d}x + \int_c^b f(x)\mathrm{d}x.$$

对于 a、b、c 的其他位置情况,请读者自证.

性质 4 若函数 $f(x)$和 $g(x)$在$[a,b]$($b>a$)上可积,且有 $f(x)\leqslant g(x)$,则

$$\int_a^b f(x)\mathrm{d}x \leqslant \int_a^b g(x)\mathrm{d}x.$$

证 对于区间$[a,b]$的任意分割,由于 $f(x)\leqslant g(x)$,有 $f(\xi_i)\leqslant g(\xi_i)$ $(i=1,2,\cdots,n)$.

即

$$\sum_{i=1}^{n} f(\xi_i)\Delta x_i \leqslant \sum_{i=1}^{n} g(\xi_i)\Delta x_i.$$

令 $\lambda=\max\{\Delta x_i\}\to 0$,取极限得

$$\int_a^b f(x)\mathrm{d}x \leqslant \int_a^b g(x)\mathrm{d}x \quad (a<b).$$

在性质 4 中,若 $a>b$ 时,不等号要反向.

推论 2 若 $f(x)\geqslant 0$ 是$[a,b]$上的可积函数,则

当 $a<b$ 时，$\int_a^b f(x)\mathrm{d}x \geqslant 0$；当 $a<b$ 时，$\int_a^b f(x)\mathrm{d}x \leqslant 0$.

推论 3 若 $f(x)\leqslant 0$ 是$[a,b]$上的可积函数，则

当 $a<b$ 时，$\int_a^b f(x)\mathrm{d}x \leqslant 0$；当 $a>b$ 时，$\int_a^b f(x)\mathrm{d}x \geqslant 0$.

性质 5 若 $f(x)$在$[a,b](a<b)$上可积，可知$|f(x)|$在$[a,b]$上也可积，并且有

$$\left|\int_a^b f(x)\mathrm{d}x\right| \leqslant \int_a^b |f(x)|\mathrm{d}x.$$

证 由绝对值的性质知

$$-|f(x)| \leqslant f(x) \leqslant |f(x)| \quad (a\leqslant x\leqslant b).$$

由性质 4，有

$$-\int_a^b |f(x)|\mathrm{d}x \leqslant \int_a^b f(x)\mathrm{d}x \leqslant \int_a^b |f(x)|\mathrm{d}x,$$

即

$$\left|\int_a^b f(x)\mathrm{d}x\right| \leqslant \int_a^b |f(x)|\mathrm{d}x \quad (a<b).$$

性质 6 （定积分的估值定理）设可积函数 $f(x)$在$[a,b](a<b)$上的最大值为 M，最小值为 m，则

$$m(b-a) \leqslant \int_a^b f(x)\mathrm{d}x \leqslant M(b-a).$$

证 因为 $m\leqslant f(x)\leqslant M, x\in[a,b]$，所以

$$\int_a^b m\mathrm{d}x \leqslant \int_a^b f(x)\mathrm{d}x \leqslant \int_a^b M\mathrm{d}x,$$

$$m\int_a^b \mathrm{d}x \leqslant \int_a^b f(x)\mathrm{d}x \leqslant M\int_a^b \mathrm{d}x,$$

故有

$$m(b-a) \leqslant \int_a^b f(x)\mathrm{d}x \leqslant M(b-a).$$

性质 7 改变可积函数在有限个点处的函数值，不影响定积分的值（证明从略）.

6.2.2 定积分的中值定理

定理 2.1 若 $f(x)\in C[a,b]$，则至少存在一点 $\xi\in[a,b]$，使下面的等式成立：

$$\int_a^b f(x)\mathrm{d}x = f(\xi)(b-a), \xi\in[a,b].$$

证 因为$f(x)\in C[a,b]$，所以$f(x)$在闭区间$[a,b]$上有最大值 M 与最小值m，由性质 6 知

$$m(b-a) \leqslant \int_a^b f(x)\mathrm{d}x \leqslant M(b-a),$$

从而有

$$m \leqslant \frac{1}{b-a}\int_a^b f(x)\mathrm{d}x \leqslant M,$$

即$\frac{1}{b-a}\int_a^b f(x)\mathrm{d}x$是介于函数$f(x)$的最大值与最小值之间的值,由连续函数的介值定理可知,至少存在一点$\xi(a\leqslant\xi\leqslant b)$使得

$$f(\xi)=\frac{1}{b-a}\int_a^b f(x)\mathrm{d}x,$$

即

$$\int_a^b f(x)\mathrm{d}x=f(\xi)(b-a),a\leqslant\xi\leqslant b,$$

证毕.

定积分中值定理有如下的几何解释:在区间$[a,b]$上至少存在一点ξ,使得以区间$[a,b]$为底,$f(x)$为曲边的曲边梯形的面积等于同一底边而高为$f(\xi)$的一个矩形的面积(图 6-8).

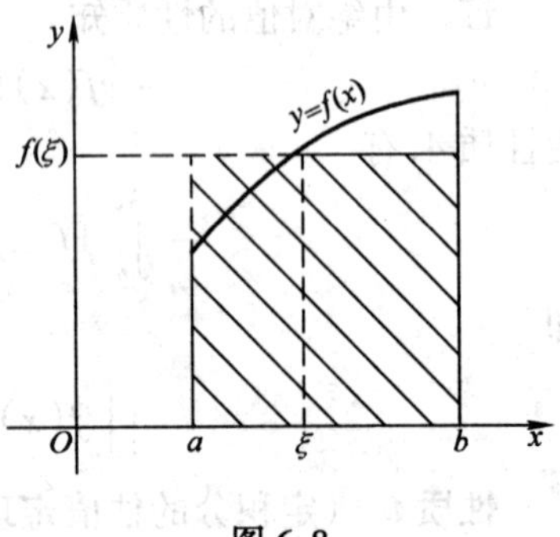

图 6-8

应当说明的是,在积分中值定理中,给出的点ξ是在闭区间$[a,b]$上取得的.更进一步的讨论可以断定:点ξ的值可以在开区间(a,b)内取得.也就是说,积分中值定理可以叙述为:

若$f(x)\in C[a,b]$,则至少存在一点$\xi\in(a,b)$,使下面的等式成立:

$$\int_a^b f(x)\mathrm{d}x=f(\xi)(b-a),\xi\in(a,b).$$

证明从略(对这个结论有兴趣的读者可参考祝肇栋教授等编写的《高等数学》上册,天津大学出版社,1987 年 10 月第 1 版).

习题 6-2

1. 不计算定积分的值,比较下列各对定积分的大小.

(1)$\int_0^1 x^2\mathrm{d}x$与$\int_0^1 x^3\mathrm{d}x$; (2)$\int_1^2 x^2\mathrm{d}x$与$\int_1^2 x^3\mathrm{d}x$;

(3)$\int_1^2 \ln x\mathrm{d}x$与$\int_1^2 \ln^2 x\mathrm{d}x$; (4)$\int_3^4 \ln x\mathrm{d}x$与$\int_3^4 \ln^2 x\mathrm{d}x$;

(5)$\int_0^{-2} \mathrm{e}^x\mathrm{d}x$与$\int_0^{-2} x\mathrm{d}x$.

2. 利用估值定理估计下列定积分的值:

(1)$I=\int_{\frac{1}{\sqrt{3}}}^{\sqrt{3}} x\arctan x\mathrm{d}x$; (2)$I=\int_0^{2\pi}\frac{\mathrm{d}x}{10+3\cos x}$.

3. 利用定积分的中值定理证明下列不等式:

(1)$\frac{\pi}{2}\leqslant\int_0^{\frac{\pi}{2}}\frac{1}{\sqrt{1-\frac{1}{2}\sin^2 x}}\mathrm{d}x\leqslant\frac{\sqrt{2}}{2}\pi$;

(2)$0\leqslant\int_0^1\frac{x^9}{\sqrt{1+x}}\mathrm{d}x\leqslant\frac{1}{\sqrt{2}}$.

6.3 牛顿－莱布尼茨(Newton-Leibniz)公式

定积分是一种和式的极限,表面上看它与不定积分是完全不同的两个概念.本节介绍的牛顿－莱布尼茨公式,把定积分与原函数联系起来,揭示了定积分与不定积分之间的密切内在联系,从而使定积分的计算问题得到解决.

6.3.1 变上限的定积分

若 $f(x)\in C[a,b]$,则定积分 $\int_a^b f(x)\mathrm{d}x$ 是一个固定的值.如果让积分上限在 $[a,b]$ 上变动,即任取 $x\in[a,b]$ 为积分上限,于是 $\int_a^x f(x)\mathrm{d}x$ 就形成了变上限的定积分.根据定积分与积分变量的选取无关的性质,为了避免混淆,把积分变量 x 改为 t,则有

$$\int_a^x f(x)\mathrm{d}x=\int_a^x f(t)\mathrm{d}t,x\in[a,b].$$

显然,当积分上限 x 在 $[a,b]$ 上变动时,对每一个 x, $\int_a^x f(t)\mathrm{d}t$ 就有一个对应的数值.因此变上限的定积分 $\int_a^x f(t)\mathrm{d}t$ 是积分上限 x 的函数,我们记为 $\Phi(x)$,则有

$$\Phi(x)=\int_a^x f(t)\mathrm{d}t,x\in[a,b].$$

定理 3.1 设 $f(x)\in C[a,b]$ 则

$$\Phi(x)=\int_a^x f(t)\mathrm{d}t,x\in[a,b]$$

对上限 x 的导数存在,且有

$$\Phi'(x)=\frac{\mathrm{d}}{\mathrm{d}x}\left(\int_a^x f(t)\mathrm{d}t\right)=f(x),x\in[a,b].$$

证 当 x 有增量 $\Delta x(x+\Delta x\in[a,b])$,函数 $\Phi(x)$ 在 $x+\Delta x$ 处的值

$$\Phi(x+\Delta x)=\int_a^{x+\Delta x}f(t)\mathrm{d}t,$$

则函数 $\Phi(x)$ 的增量 $\Delta\Phi$ 可表示为(见图 6-9)

$$\begin{aligned}\Delta\Phi&=\Phi(x+\Delta x)-\Phi(x)=\int_a^{x+\Delta x}f(t)\mathrm{d}t-\int_a^x f(t)\mathrm{d}t\\&=\int_a^x f(t)\mathrm{d}t+\int_x^{x+\Delta x}f(t)\mathrm{d}t-\int_a^x f(t)\mathrm{d}t\\&=\int_x^{x+\Delta x}f(t)\mathrm{d}t\\&=f(\xi)\Delta x\quad(\xi\text{ 介于 }x\text{ 与 }x+\Delta x\text{ 之间}),\end{aligned}$$

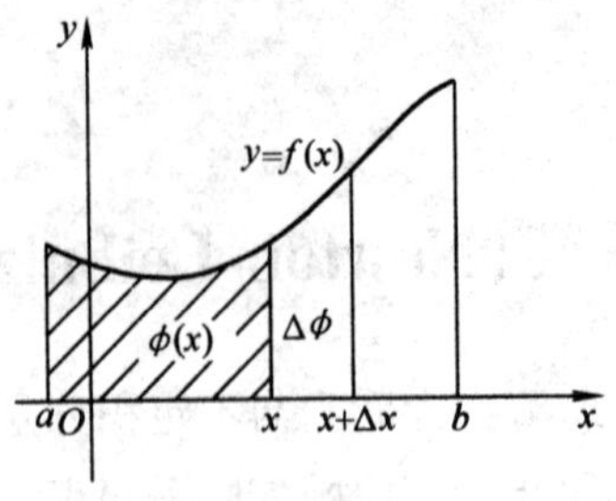

图 6-9

故

$$\frac{\Delta \Phi}{\Delta x}=f(\xi).$$

取极限(当 $\Delta x \to 0$ 时,$\xi \to x$)

$$\lim_{\Delta x \to 0} \frac{\Delta \Phi}{\Delta x}=\lim_{\Delta x \to 0} f(\xi)=f(x),$$

即

$$\Phi'(x)=\frac{\mathrm{d}}{\mathrm{d}x}\left(\int_a^x f(t)\mathrm{d}t\right)=f(x), x\in[a,b].$$

证毕.

定理 3.1 表明,如果 $f(x)\in C[a,b]$则

$$\Phi(x)=\int_a^x f(t)\mathrm{d}t$$

就是 $f(x)$的一个原函数.

在 5.1 节中,曾经给出了原函数的存在定理,当时并未给出证明.定理 3.1 实际上是给出了原函数存在性的证明,并且指出连续函数 $f(x)$存在一个原函数 $\int_a^x f(t)\mathrm{d}t$.因此又有

$$\int f(x)\mathrm{d}x=\int_a^x f(t)\mathrm{d}t+C.$$

这个等式表明,$f(x)$的不定积分,或者一个原函数都可以用变上限的定积分来表示.并且

$$\mathrm{d}\Phi(x)=\mathrm{d}\left(\int_a^x f(t)\mathrm{d}t\right)=f(x)\mathrm{d}x.$$

6.3.2 牛顿 – 莱布尼茨(Newton-Leibniz)公式

定理 3.2 设 $F(x)$满足 $F'(x)=f(x)\in C[a,b]$,则

$$\int_a^b f(x)\mathrm{d}x=F(b)-F(a).$$

证 由定理 3.1 知 $\Phi(x)=\int_a^x f(t)\mathrm{d}t, x\in[a,b]$是 $f(x)$的一个原函数,必有

$$F(x)-\Phi(x)=C,$$

即

$$F(x)=\Phi(x)+C.$$

于是

$$\begin{aligned}F(b)-F(a)&=\Phi(b)-\Phi(a)\\&=\int_a^b f(t)\mathrm{d}t-\int_a^a f(t)\mathrm{d}t\\&=\int_a^b f(t)\mathrm{d}t=\int_a^b f(x)\mathrm{d}x,\end{aligned}$$

故有

$$\int_a^b f(x)\mathrm{d}x=F(b)-F(a).$$ 证毕.

定理3.2给出的公式：$\int_a^b f(x)\mathrm{d}x=F(b)-F(a)$,称为牛顿－莱布尼茨公式.它是积分学中的基本公式.利用它将计算连续函数的定积分的计算,转化为求某一个原函数的增量.

牛顿－莱布尼茨公式,又简称为牛－莱公式.原函数 $F(x)$在$[a,b]$上的增量$F(b)-F(a)$,通常可以记为$F(x)|_a^b$.这样,牛－莱公式又可以写成：

$$\int_a^b f(x)\mathrm{d}x=F(x)\Big|_a^b.$$

例3.1 计算$\int_0^1 x^2\mathrm{d}x$.

解 $\int_0^1 x^2\mathrm{d}x=\frac{1}{3}x^3\Big|_0^1=\frac{1}{3}$.

例3.2 计算$\int_{-1}^{\sqrt{3}}\frac{1}{1+x^2}\mathrm{d}x$.

解 $\int_{-1}^{\sqrt{3}}\frac{1}{1+x^2}\mathrm{d}x=\arctan x\Big|_{-1}^{\sqrt{3}}=\frac{\pi}{3}-\left(-\frac{\pi}{4}\right)=\frac{7}{12}\pi$.

例3.3 计算$\int_0^{\pi}\sqrt{1+\cos 2x}\mathrm{d}x$.

解

$$\begin{aligned}\int_0^{\pi}\sqrt{1+\cos 2x}\mathrm{d}x&=\int_0^{\pi}\sqrt{2}|\cos x|\mathrm{d}x\\&=\sqrt{2}\left[\int_0^{\frac{\pi}{2}}\cos x\mathrm{d}x+\int_{\frac{\pi}{2}}^{\pi}(-\cos x)\mathrm{d}x\right]\\&=\sqrt{2}\left[\sin x\Big|_0^{\frac{\pi}{2}}-\sin x\Big|_{\frac{\pi}{2}}^{\pi}\right]=2\sqrt{2}.\end{aligned}$$

例3.4 设$f(x)=\begin{cases}2x+1, & x\leqslant 1,\\ x^2, & x>1.\end{cases}$求$\int_0^2 f(x)\mathrm{d}x$.

解

$$\begin{aligned}\int_0^2 f(x)\mathrm{d}x&=\int_0^1(2x+1)\mathrm{d}x+\int_1^2 x^2\mathrm{d}x\\&=(x^2+x)\Big|_0^1+\frac{1}{3}x^3\Big|_1^2=2+\frac{7}{3}=\frac{13}{3}.\end{aligned}$$

例 3.5 求$\frac{\mathrm{d}}{\mathrm{d}x}\left(\int_x^1 \frac{t}{1+\cos t}\mathrm{d}t\right)$.

解 $\frac{\mathrm{d}}{\mathrm{d}x}\left(\int_x^1 \frac{t}{1+\cos t}\mathrm{d}t\right)=\frac{\mathrm{d}}{\mathrm{d}x}\left(-\int_1^x \frac{t}{1+\cos t}\mathrm{d}t\right)$

$$=-\frac{x}{1+\cos x}.$$

例 3.6 设$f(x)\in C(I)$,且 $u(x)$、$u(x)$皆可微分,证明

$$\frac{\mathrm{d}}{\mathrm{d}x}\left(\int_{u(x)}^{v(x)} f(t)\mathrm{d}t\right)=v'(x)f[v(x)]-u'(x)f[u(x)].$$

证 因为

$$\int_{u(x)}^{v(x)} f(t)\mathrm{d}t=\int_{u(x)}^{a} f(t)\mathrm{d}t+\int_{a}^{v(x)} f(t)\mathrm{d}t$$
$$=\int_{a}^{v(x)} f(t)\mathrm{d}t-\int_{a}^{u(x)} f(t)\mathrm{d}t,$$

所以

$$\frac{\mathrm{d}}{\mathrm{d}x}\left(\int_{u(x)}^{v(x)} f(t)\mathrm{d}t\right)=\frac{\mathrm{d}}{\mathrm{d}x}\left[\int_{a}^{v(x)} f(t)\mathrm{d}t-\int_{a}^{u(x)} f(t)\mathrm{d}t\right]$$
$$=\left(\frac{\mathrm{d}}{\mathrm{d}v}\int_a^v f(t)\mathrm{d}t\right)\frac{\mathrm{d}v(x)}{\mathrm{d}x}-\left(\frac{\mathrm{d}}{\mathrm{d}u}\int_a^u f(t)\mathrm{d}t\right)\frac{\mathrm{d}u(x)}{\mathrm{d}x}$$
$$=v'(x)f[v(x)]-u'(x)f[u(x)].$$

例 3.6 给出的结果,实际上包含了下面 5 个变上、下限定积分的求导公式:

(1)$\frac{\mathrm{d}}{\mathrm{d}x}\left(\int_a^x f(t)\mathrm{d}t\right)=f(x)$;

(2)$\frac{\mathrm{d}}{\mathrm{d}x}\left(\int_a^{v(x)} f(t)\mathrm{d}t\right)=v'(x)f[v(x)]$;

(3)$\frac{\mathrm{d}}{\mathrm{d}x}\left(\int_x^b f(t)\mathrm{d}t\right)=-f(x)$;

(4)$\frac{\mathrm{d}}{\mathrm{d}x}\left(\int_{u(x)}^b f(t)\mathrm{d}t\right)=-u'(x)f[u(x)]$;

(5)$\frac{\mathrm{d}}{\mathrm{d}x}\left(\int_{u(x)}^{v(x)} f(t)\mathrm{d}t\right)]=v'(x)f[v(x)]-u'(x)f[u(x)]$.

习题 6-3

1. 计算下列定积分:

(1) $\int_0^{\frac{\pi}{2}} \sin x\mathrm{d}x$;　　(2) $\int_1^4 \sqrt{x}\mathrm{d}x$;

(3) $\int_{-\frac{1}{2}}^{\frac{1}{2}} \frac{\mathrm{d}x}{\sqrt{1-x^2}}$;　　(4) $\int_4^9 \sqrt{x}(1+\sqrt{x})\mathrm{d}x$;

(5) $\int_1^e \frac{1+\sqrt{x}}{x}dx$;　　(6) $\int_0^{\frac{\pi}{4}} \frac{1+\sin^2 x}{\cos^2 x}dx$.

2. 计算下列定积分：

(1) $\int_1^2 (3x-1)dx$;　　(2) $\int_0^4 (2-\sqrt{x})^2 dx$;

(3) $\int_{\frac{\pi}{4}}^{\frac{5\pi}{6}} \csc^2 x dx$;　　(4) $\int_{\frac{\pi}{4}}^{\frac{\pi}{2}} \cot^2 x dx$;

(5) $\int_{-\frac{\pi}{2}}^{\frac{\pi}{2}} \sqrt{1-\cos 2x}dx$;　　(6) $\int_0^2 |1-x|dx$.

3. 求下列函数的导数 $f'(x)$：

(1) $f(x)=\int_0^{2x} \cos t dt$;　　(2) $f(x)=\int_1^{2^{2x}} \frac{\sin t}{t}dt$;

(3) $f(x)=x^2\int_0^{2x} \cos t^2 dt$;　　(4) $f(x)=\int_{x^2}^{\sin x} e^{2t}dt$.

4. 求下列极限：

(1) $\lim\limits_{x\to 0}\frac{\int_0^x \sin t^2 dt}{x^3}$;　　(2) $\lim\limits_{x\to 0}\frac{\int_0^{x^2}\sqrt{1+t^2}dt}{x^2}$;

(3) $\lim\limits_{x\to 0}\frac{\int_{\cos^2 x}^1 \sqrt{1+t^2}dt}{x^2}$;　　(4) $\lim\limits_{x\to 0}\frac{\int_{\sin x}^{x^2} e^{-t^2}dt}{x}$.

6.4 定积分的计算

牛顿－莱布尼茨公式给出了计算连续函数定积分的方法.在这一节中,我们将介绍换元积分法和分部积分法这两种基本的积分法,以扩大计算定积分的范围.

6.4.1 定积分的换元公式

定理 4.1 设 $f(x)\in C[a,b]$, $x=\varphi(t)\in C^1[\alpha,\beta]$,当 $t\in[\alpha,\beta]$时, $x\in[a,b]$,且 $\varphi(\alpha)=a$, $\varphi(\beta)=b$,则有

$$\int_a^b f(x)dx=\int_\alpha^\beta f[\varphi(t)]\varphi'(t)dt. \tag{4.1}$$

证 设 $F(x)$是 $f(x)$的原函数,知 $F[\varphi(t)]$是 $f[\varphi(t)]\varphi'(t)$的原函数.由牛－莱公式,有

$$\int_a^b f(x)dx=F(x)\Big|_a^b=F(b)-F(a),$$

及

$$\int_\alpha^\beta f[\varphi(t)]\varphi'(t)dt=F[\varphi(t)]\Big|_\alpha^\beta$$

$$= F[\varphi(\beta)] - F[\varphi(\alpha)] = F(b) - F(a).$$

故

$$\int_a^b f(x)\mathrm{d}x = \int_\alpha^\beta f[\varphi(t)]\varphi'(t)\mathrm{d}t.$$ 证毕.

定理 4.1 中的式(4.1),就是定积分的换元公式.在应用它计算定积分时,令代换 $x = \varphi(t)$,把原来的定积分 $\int_a^b f(x)\mathrm{d}x$ 换成了关于新变量 t 的定积分 $\int_\alpha^\beta f[\varphi(t)]\varphi'(t)\mathrm{d}t$ 的原函数 $F[\varphi(t)]$之后,直接代入新变量 t 的上、下限相减就行了,而不必像不定积分那样,再把变量 t 还原为变量 x.

不仅如此,在定积分中,我们也不再区分第一类换元积分和第二类换元积分,只要换元代换是单值代换即可.

例 4.1 计算 $\int_0^{\frac{\pi}{2}} \cos^5 x\sin x\mathrm{d}x$.

解 令 $u = \cos x$,则 $\mathrm{d}u = -\sin x\mathrm{d}x$.当 $x = 0$ 时,$u = 1$;当 $x = \frac{\pi}{2}$时,$u = 0$.于是

$$\int_0^{\frac{\pi}{2}} \cos^5 x\sin x\mathrm{d}x \xlongequal{u = \cos x} \int_1^0 u^5(-1)\mathrm{d}u = \int_0^1 u^5\mathrm{d}u = \frac{1}{6}.$$

应当指出的是,在例 4.1 中,如果不明显地标明变量 u,定积分的上、下限可以不改变,这样例 4.1 就可以用下面的方法来解:

$$\int_0^{\frac{\pi}{2}} \cos^5 x\sin x\mathrm{d}x = -\int_0^{\frac{\pi}{2}} \cos^5 x\mathrm{d}(\cos x) = -\frac{1}{6}\cos^6 x\Big|_0^{\frac{\pi}{2}} = \frac{1}{6}.$$

例 4.2 计算 $\int_1^9 \frac{\mathrm{d}x}{1+\sqrt{x}}$.

解 令 $u = \sqrt{x}$,则 $x = u^2$,$\mathrm{d}x = 2u\mathrm{d}u$.当 $x = 1$ 时,$u = 1$;当 $x = 9$ 时,$u = 3$.于是

$$\int_1^9 \frac{\mathrm{d}x}{1+\sqrt{x}} \xlongequal{u = \sqrt{x}} \int_1^3 \frac{2u\mathrm{d}u}{1+u} = 2\int_1^3 \left(1 - \frac{1}{u+1}\right)\mathrm{d}u$$

$$= 2\left[u\Big|_1^3 - \ln(u+1)\Big|_1^3\right]$$

$$= 4 - 2\ln 2.$$

一旦熟悉了定积分的换元公式之后,积分区间由$[a,b]$换为$[\alpha,\beta]$的过程就可以省略.

例 4.3 计算 $\int_0^{\frac{\pi}{4}} \sec^2 x\cdot\tan x\mathrm{d}x$

解
$$\int_0^{\frac{\pi}{4}} \sec^2 x \cdot \tan x\mathrm{d}x = \int_0^{\frac{\pi}{4}} \sec x\mathrm{d}\sec x$$
$$\xlongequal{u = \sec x} \int_1^{\sqrt{2}} u\mathrm{d}u = \frac{1}{2}u^2\Big|_1^{\sqrt{2}} = \frac{1}{2}.$$

例 4.4 计算$\int_0^1 \frac{x}{\sqrt{1-x^2}}\mathrm{d}x$.

解 原式$\xlongequal{x=\sin t}\int_0^{\frac{\pi}{2}} \frac{\sin t}{\cos t}\cos t\mathrm{d}t = \int_0^{\frac{\pi}{2}} \sin t\mathrm{d}t = 1.$

例 4.5 设$f(x) \in C[-a,a]$,$a>0$.证明:

(1)若$f(x)$为奇函数,则$\int_{-a}^{a} f(x)\mathrm{d}x = 0$;

(2)若$f(x)$为偶函数,则$\int_{-a}^{a} f(x)\mathrm{d}x = 2\int_0^a f(x)\mathrm{d}x$.

证 (1)若$f(x)$为奇函数,则有$f(-x)+f(x)=0$.于是
$$\int_{-a}^{a} f(x)\mathrm{d}x = \int_{-a}^{0} f(x)\mathrm{d}x + \int_0^a f(x)\mathrm{d}x.$$

而
$$\int_{-a}^{0} f(x)\mathrm{d}x \xlongequal{x=-t} -\int_a^0 f(-t)\mathrm{d}t = \int_0^a f(-t)\mathrm{d}t$$
$$= \int_0^a f(-x)\mathrm{d}x,$$

故有
$$\int_{-a}^{a} f(x)\mathrm{d}x = \int_0^a f(-x)\mathrm{d}x + \int_0^a f(x)\mathrm{d}x$$
$$= \int_0^a [f(-x)+f(x)]\mathrm{d}x$$
$$= 0.$$

(2)若$f(x)$为偶函数,则$f(-x)+f(x)=2f(x)$,于是
$$\int_{-a}^{a} f(x)\mathrm{d}t = \int_{-a}^{0} f(x)\mathrm{d}x + \int_0^a f(x)\mathrm{d}x,$$

而
$$\int_{-a}^{0} f(x)\mathrm{d}x \xlongequal{x=-t} -\int_a^0 f(-t)\mathrm{d}t = \int_0^a f(-t)\mathrm{d}t$$
$$= \int_0^a f(-x)\mathrm{d}x.$$

故有
$$\int_{-a}^{a} f(x)\mathrm{d}x = \int_{-a}^{0} f(x)\mathrm{d}x + \int_0^a f(x)\mathrm{d}x$$
$$= \int_0^a f(-x)\mathrm{d}x + \int_0^a f(x)\mathrm{d}x$$

$$= \int_0^a [f(-x) + f(x)]\mathrm{d}x$$

$$= 2\int_0^a f(x)\mathrm{d}x.$$

例 4.5 表明,在计算对称区间上的奇、偶函数的定积分时,有的可以立刻得到结果,有的可以简化计算.

例 4.6 计算 $\int_{-1}^1 \frac{2+\sin x}{1+x^2}\mathrm{d}x$.

解 因为 $\frac{2}{1+x^2}$ 为偶函数,$\frac{\sin x}{1+x^2}$ 为奇函数,所以

$$\int_{-1}^1 \frac{2+\sin x}{1+x^2}\mathrm{d}x = \int_{-1}^1 \frac{2}{1+x^2}\mathrm{d}x + \int_{-1}^1 \frac{\sin x}{1+x^2}\mathrm{d}x$$

$$= 2\int_0^1 \frac{2}{1+x^2}\mathrm{d}x = 4\arctan x\Big|_0^1$$

$$= \pi.$$

例 4.7 设 $f(x)\in C[0,1]$,证明:

$$\int_0^\pi xf(\sin x)\mathrm{d}x = \frac{\pi}{2}\int_0^\pi f(\sin x)\mathrm{d}x,$$

并利用此结果计算 $\int_0^\pi \frac{x\sin x}{1+\cos^2 x}\mathrm{d}x$.

证 令代换 $x=\pi-t$,则有

$$\int_0^\pi xf(\sin x)\mathrm{d}x \xlongequal{x=\pi-t} \int_\pi^0 (\pi-t)f[\sin(\pi-t)]\mathrm{d}(\pi-t)$$

$$= -\int_\pi^0 (\pi-t)f(\sin t)\mathrm{d}t = \int_0^\pi (\pi-t)f(\sin t)\mathrm{d}t$$

$$= \int_0^\pi \pi f(\sin t)\mathrm{d}t - \int_0^\pi tf(\sin t)\mathrm{d}t$$

$$= \pi\int_0^\pi f(\sin x)\mathrm{d}t - \int_0^\pi xf(\sin x)\mathrm{d}x,$$

故

$$2\int_0^\pi xf(\sin x)\mathrm{d}x = \pi\int_0^\pi f(\sin x)\mathrm{d}x,$$

即

$$\int_0^\pi xf(\sin x)\mathrm{d}x = \frac{\pi}{2}\int_0^\pi f(\sin x)\mathrm{d}x.$$

对定积分 $\int_0^\pi \frac{x\sin x}{1+\cos^2 x}\mathrm{d}x$,应用上面的公式,这里 $f(\sin x) = \frac{\sin x}{1+\cos^2 x} = \frac{\sin x}{2-\sin^2 x}$,故有

$$\int_0^\pi \frac{x\sin x}{1+\cos^2 x}\mathrm{d}x = \frac{\pi}{2}\int_0^\pi \frac{\sin x}{1+\cos^2 x}\mathrm{d}x = -\frac{\pi}{2}\int_0^\pi \frac{\mathrm{d}(\cos x)}{1+\cos^2 x}$$

$$= -\frac{\pi}{2}[\arctan(\cos x)]\Big|_0^{\pi}$$

$$= -\frac{\pi}{2}\left[-\frac{\pi}{4}-\left(\frac{\pi}{4}\right)\right] = \frac{\pi^2}{4}.$$

例 4.8 证明：

(1) $\int_0^{\frac{\pi}{2}}\sin^n x\mathrm{d}x = \int_0^{\frac{\pi}{2}}\cos^n x\mathrm{d}x \quad (n \in \mathbf{N})$；

(2) $\int_0^{\pi}\sin^n x\mathrm{d}x = 2\int_0^{\frac{\pi}{2}}\sin^n x\mathrm{d}x \quad (n \in \mathbf{N})$.

证明 (1) 令代换 $x = \frac{\pi}{2} - t$，则有

$$\int_0^{\frac{\pi}{2}}\cos^n x\mathrm{d}x \xlongequal{x=\frac{\pi}{2}-t} -\int_{\frac{\pi}{2}}^0\cos^n\left(\frac{\pi}{2}-t\right)\mathrm{d}t$$

$$= \int_0^{\frac{\pi}{2}}\cos^n\left(\frac{\pi}{2}-t\right)\mathrm{d}t$$

$$= \int_0^{\frac{\pi}{2}}\sin^n t\mathrm{d}t = \int_0^{\frac{\pi}{2}}\sin^n x\mathrm{d}x.$$

(2) $\int_0^{\pi}\sin^n x\mathrm{d}x = \int_0^{\frac{\pi}{2}}\sin^n x\mathrm{d}x + \int_{\frac{\pi}{2}}^{\pi}\sin^n x\mathrm{d}x$，

而

$$\int_{\frac{\pi}{2}}^{\pi}\sin^n x\mathrm{d}x \xlongequal{x=\pi-t} -\int_{\frac{\pi}{2}}^0\sin^n(\pi-t)\mathrm{d}t$$

$$= \int_0^{\frac{\pi}{2}}\sin^n(\pi-t)\mathrm{d}t$$

$$= \int_0^{\frac{\pi}{2}}\sin^n t\mathrm{d}t = \int_0^{\frac{\pi}{2}}\sin^n x\mathrm{d}x,$$

故

$$\int_0^{\pi}\sin^n x\mathrm{d}x = \int_0^{\frac{\pi}{2}}\sin^n x\mathrm{d}x + \int_{\frac{\pi}{2}}^{\pi}\sin^n x\mathrm{d}x$$

$$= \int_0^{\frac{\pi}{2}}\sin^n x\mathrm{d}x + \int_0^{\frac{\pi}{2}}\sin^n x\mathrm{d}x$$

$$= 2\int_0^{\frac{\pi}{2}}\sin^n x\mathrm{d}x.$$

6.4.2 定积分的分部积分公式

定理 4.2 设 $u(x)$、$v(x) \in C^1[a,b]$，则有

$$\int_a^b u(x)\mathrm{d}v(x) = [u(x)v(x)]\Big|_a^b - \int_a^b v(x)\mathrm{d}u(x). \tag{4.2}$$

证 因为

$$d[u(x)v(x)] = v(x)du(x) + u(x)dv(x),$$

所以,

$$u(x)dv(x) = d[u(x)v(x)] - v(x)du(x).$$

对上式两边在$[a,b]$上积分,有

$$\int_a^b u(x)dv(x) = \int_a^b d[u(x)v(x)] - \int_a^b v(x)du(x)$$

$$= [u(x)v(x)]\Big|_a^b - \int_a^b v(x)du(x).$$ 证毕.

公式(4.2)称为定积分的分部积分公式.

例 4.9 计算$\int_0^{\frac{\pi}{2}} x\cos x dx$.

解 $\int_0^{\frac{\pi}{2}} x\cos x dx = \int_0^{\frac{\pi}{2}} x d\sin x = x\sin x\Big|_0^{\frac{\pi}{2}} - \int_0^{\frac{\pi}{2}} \sin x dx$

$$= \frac{\pi}{2} + \cos x\Big|_0^{\frac{\pi}{2}} = \frac{\pi}{2} - 1.$$

例 4.10 计算$\int_0^1 xe^x dx$.

解

$$\int_0^1 xe^x dx = \int_0^1 x de^x = (xe^x)\Big|_0^1 - \int_0^1 e^x dx$$

$$= (e - 0) - e^x\Big|_0^1 = e - (e - 1) = 1.$$

例 4.11 计算$\int_0^{\frac{\pi}{2}} e^x\cos x dx$.

解

$$\int_0^{\frac{\pi}{2}} e^x\cos x dx = \int_0^{\frac{\pi}{2}} e^x d\sin x = e^x\sin x\Big|_0^{\frac{\pi}{2}} - \int_0^{\frac{\pi}{2}} e^x\sin x dx$$

$$= e^{\frac{\pi}{2}} + \int_0^{\frac{\pi}{2}} e^x d\cos x = e^{\frac{\pi}{2}} + (e^x\cos x)\Big|_0^{\frac{\pi}{2}} - \int_0^{\frac{\pi}{2}} - e^x\cos x dx$$

$$= e^{\frac{\pi}{2}} + 1 - \int_0^{\frac{\pi}{2}} e^x\cos x dx.$$

故有

$$\int_0^{\frac{\pi}{2}} e^x\cos x dx = \frac{1}{2}(e^{\frac{\pi}{2}} + 1).$$

例 4.12 计算$\int_0^{\frac{\pi}{2}} \sin^n x dx (x \in \mathbf{N}^+)$.

解 当$n = 1$时,有

$$\int_0^{\frac{\pi}{2}} \sin x dx = (-\cos x)\Big|_0^{\frac{\pi}{2}} = -(0 - 1) = 1.$$

当 $n>1$ 时,令 $I_n=\int_0^{\frac{\pi}{2}}\sin^n x\mathrm{d}x$,则

$$\begin{aligned}I_n&=\int_0^{\frac{\pi}{2}}\sin^{n-1}x\cdot\sin x\mathrm{d}x=\int_0^{\frac{\pi}{2}}\sin^{n-1}x\mathrm{d}(-\cos x)\\&=(-\cos x\sin^{n-1}x)\Big|_0^{\frac{\pi}{2}}+\int_0^{\frac{\pi}{2}}\cos x\mathrm{d}(\sin^{n-1}x)\\&=(n-1)\int_0^{\frac{\pi}{2}}\sin^{n-2}x\cos^2x\mathrm{d}x\\&=(n-1)\int_0^{\frac{\pi}{2}}\sin^{n-2}x(1-\sin^2x)\mathrm{d}x\\&=(n-1)I_{n-2}-(n-1)I_n\end{aligned}$$

即

$$I_n=\frac{n-1}{n}I_{n-2}.$$

这就是 I_n 的递推公式.

当 n 为奇数时,

$$\begin{aligned}\int_0^{\frac{\pi}{2}}\sin^n x\mathrm{d}x&=\frac{n-1}{n}\int_0^{\frac{\pi}{2}}\sin^{n-2}x\mathrm{d}x=\frac{n-1}{n}I_{n-2}\\&=\frac{n-1}{n}\cdot\frac{n-3}{n-2}\cdot I_{n-4}=\cdots\\&=\frac{n-1}{n}\cdot\frac{n-3}{n-2}\cdots\frac{2}{3}\cdot I_1\\&=\frac{(n-1)(n-3)(n-5)\cdots2}{n(n-2)(n-4)\cdots3\cdot1}\\&=\frac{(n-1)!!}{n!!};\end{aligned}$$

当 n 为偶数时,

$$\begin{aligned}\int_0^{\frac{\pi}{2}}\sin^n x\mathrm{d}x&=\frac{n-1}{n}I_{n-2}=\frac{n-1}{n}\frac{n-3}{n-2}\cdot I_{n-4}=\cdots\\&=\frac{n-1}{n}\frac{n-3}{n-2}\cdots\frac{3}{4}\frac{1}{2}\int_0^{\frac{\pi}{2}}\mathrm{d}x\\&=\frac{(n-1)(n-3)\cdots3\cdot1}{n(n-2)\cdots4\cdot2}\cdot\frac{\pi}{2}\\&=\frac{(n-1)!!}{n!!}\cdot\frac{\pi}{2}.\end{aligned}$$

综上所述,有如下的结果:

$$\int_0^{\frac{\pi}{2}}\sin^n x\mathrm{d}x=\begin{cases}\dfrac{(n-1)!!}{n!!} & (n\in\mathbf{N}^+,\text{为奇数}),\\\dfrac{(n-1)!!}{n!!}\dfrac{\pi}{2} & (n\in\mathbf{N}^+,\text{为偶数}).\end{cases}$$

I_n 的几个常用的结果为：

$$I_0 = \int_0^{\frac{\pi}{2}} \mathrm{d}x = \frac{\pi}{2};$$

$$I_1 = \int_0^{\frac{\pi}{2}} \sin x \mathrm{d}x = 1;$$

$$I_2 = \int_0^{\frac{\pi}{2}} \sin^2 x \mathrm{d}x = \frac{1}{2} \cdot \frac{\pi}{2} = \frac{\pi}{4};$$

$$I_3 = \int_0^{\frac{\pi}{2}} \sin^3 x \mathrm{d}x = \frac{2}{3};$$

$$I_4 = \int_0^{\frac{\pi}{2}} \sin^4 x \mathrm{d}x = \frac{3}{4} \cdot \frac{1}{2} \cdot \frac{\pi}{2} = \frac{3}{16}\pi.$$

……

*6.4.3 定积分的近似计算

无论定积分$\int_a^b f(x)\mathrm{d}x$ 在实际问题中的意义如何，当 $f(x) \geqslant 0$ 时，在数值上它都等于曲线 $y = f(x)$、直线 $x = a$、$x = b$ 与 Ox 轴所围成的曲边梯形的面积.因此，定积分的近似计算，实际上是曲边梯形面积的近似计算法，为此，在对区间$[a,b]$进行分割的时候，采用等分的方法.具体如下.

用 $n+1$ 个分点，把$[a,b]$分为 n 个长度相同的小区间，其分点为

$$a = x_0 < x_1 < x_2 < \cdots < x_{n-1} < x_n = b.$$

每一个小区间的长度为

$$x_i - x_{i-1} = \Delta x = \frac{b-a}{n} \ (i = 1,2,\cdots,n).$$

过各分点 x_i，作垂直于 Ox 轴的直线，把曲边梯形分成了 n 个小曲边梯形.

1. 矩形法

如果以小区间的左端点的函数值 $y_{i-1} = f(x_{i-1})(i = 1,2,\cdots,n)$ 为高，以 $\Delta x = \dfrac{b-a}{n}$ 为底的小矩形的面积，去代替相应的小曲边梯形的面积，就得到矩形法的左端点公式：

$$\begin{aligned}\int_a^b f(x)\mathrm{d}x &\approx y_0\Delta x + y_1\Delta x + \cdots + y_{n-1}\Delta x \\ &= \Delta x(y_0 + y_1 + \cdots + y_{n-1}) \\ &= \frac{b-a}{n}\sum_{i=0}^{n-1} y_i. \qquad (4.3)\end{aligned}$$

把左端点的函数值 $y_{i-1} = f(x_{i-1})$，改为右端点的函数值 $y_i = f(x_i)(i = 1,2,\cdots,n)$，就得到矩形法的右端点公式：

$$\begin{aligned}\int_a^b f(x)\mathrm{d}x &\approx y_1\Delta x + y_2\Delta x + \cdots + y_{n-1}\Delta x + y_n\Delta x \\ &= \Delta x(y_1 + y_2 + \cdots + y_{n-1} + y_n)\end{aligned}$$

$$= \frac{b-a}{n}\sum_{i=1}^{n} y_i. \tag{4.4}$$

2. 梯形法

对矩形法略加改进,就得到了梯形法,即把每一个小曲边梯形的面积,用高为$\Delta x = \frac{b-a}{n}$,上、下底分别为$f(x_{i-1})$和$f(x_i)$的梯形的面积去代替,就得到了梯形法的公式:

$$\begin{aligned}\int_a^b f(x)\mathrm{d}x &\approx \frac{1}{2}(y_0+y_1)\Delta x + \frac{1}{2}(y_1+y_2)\Delta x + \cdots \\ &\quad + \frac{1}{2}(y_{n-1}+y_n)\Delta x \\ &= \Delta x\left[\frac{y_0+y_n}{2} + (y_1+y_2+\cdots+y_{n-1})\right] \\ &= \Delta x\left(\frac{y_0+y_n}{2} + \sum_{i=1}^{n-1} y_i\right) \\ &= \frac{b-a}{2n}\left[(y_0+y_n) + 2\sum_{i=1}^{n-1} y_i\right].\end{aligned} \tag{4.5}$$

3. 抛物线法

抛物线法也叫辛普生(Simpson)法.它要求把区间$[a,b]$分为偶数等份,并且有公式

$$\begin{aligned}\int_a^b f(x)\mathrm{d}x \approx \frac{b-a}{3n}[&(y_0+y_n) + 4(y_1+y_3+\cdots+y_{n-1}) + \\ &2(y_2+y_4+\cdots+y_{n-2})].\end{aligned} \tag{4.6}$$

例 4.13 试用矩形法、梯形法及抛物线法,取$n=4$,计算$\int_0^1 \frac{1}{1+x^2}\mathrm{d}x$的近似值.

解 把区间$[0,1]$等分为4等份,并列出表格

x_i	0	0.25	0.5	0.75	1
y_i	1	0.941 2	0.8	0.64	0.5

(1) 矩形法:

左端点公式为

$$\begin{aligned}\int_0^1 \frac{\mathrm{d}x}{1+x^2} &\approx \frac{1}{4}(y_0+y_1+y_2+y_3) \\ &= \frac{1}{4}(1+0.941\,2+0.8+0.64) \\ &= \frac{1}{4}\times 3.381\,2 \\ &= 0.845\,3.\end{aligned}$$

而右端点公式为

$$\int_0^1 \frac{\mathrm{d}x}{1+x^2} \approx \frac{1}{4}(y_1+y_2+y_3+y_4)$$

$$= \frac{1}{4}(0.941\,2 + 0.8 + 0.64 + 0.5)$$

$$= \frac{1}{4} \times 2.881\,2$$

$$= 0.720\,3.$$

在这里,我们看到了矩形法左、右端点的公式差别不小.

(2) 梯形法:

$$\int_0^1 \frac{dx}{1+x^2} \approx \frac{1}{8}[(y_0 + y_4) + 2(y_1 + y_2 + y_3)]$$

$$= \frac{1}{8}[1.5 + 2(2.381\,2)]$$

$$= \frac{1}{8} \times 6.262\,4$$

$$= 0.782\,8.$$

(3) 抛物线法:

$$\int_0^1 \frac{dx}{1+x^2} \approx \frac{1}{12}[(y_0 + y_4) + 4(y_1 + y_3) + 2y_2]$$

$$= \frac{1}{12}[1.5 + 4(1.581\,2) + 1.6]$$

$$= \frac{1}{12} \times 9.424\,8$$

$$= 0.785\,4.$$

我们再来看一下所求定积分的精确值:

$$\int_0^1 \frac{dx}{1+x^2} = \arctan x\Big|_0^1 = \frac{\pi}{4}$$

$$= 0.785\,398\cdots.$$

由此可以看出,梯形法比矩形法的精确度要高,而抛物线法则更胜过梯形法一筹.在例 4.3 中,抛物线法的结果小数点后面的四位数字几乎都正确.

习题 6-4

1. 计算下列定积分:

(1) $\int_{-1}^{1} x^3 e^{-x^2} dx$;　　(2) $\int_{-\frac{\pi}{2}}^{\frac{\pi}{2}} \sin^{2k-1} x dx, k \in \mathbf{N}^+$;

(3) $\int_{-\frac{\pi}{2}}^{\frac{\pi}{2}} (\cos x - \sin^4 x)\sin x dx$;　　(4) $\int_{-1}^{1} \frac{3+\sin x}{\sqrt{4-x^2}} dx$.

2. 计算下列定积分:

(1) $\int_0^{\frac{\pi}{2}} \cos^5 x \sin 2x dx$;　　(2) $\int_1^{e} \frac{1+\ln x}{x} dx$;

(3) $\int_0^{\frac{\pi}{2}} \frac{\sin x}{3+\sin^2 x}dx$；

(4) $\int_{-2}^{1} \frac{dx}{(11+5x)^2}$；

(5) $\int_{-2}^{0} \frac{dx}{x^2+2x+2}$；

(6) $\int_{\frac{1}{\pi}}^{\frac{2}{\pi}} \frac{\sin\frac{1}{x}}{x^2}dx$；

(7) $\int_{-1}^{0} \frac{x}{\sqrt{1+x}}dx$；

(8) $\int_0^{\frac{\pi}{4}} \frac{\cos x dx}{1+\sin^2 x}$.

3. 计算下列定积分：

(1) $\int_0^4 \frac{\sqrt{x}dx}{1+x\sqrt{x}}$；

(2) $\int_1^{16} \frac{dx}{\sqrt{x}+\sqrt[4]{x}}$；

(3) $\int_0^{\ln 2} \sqrt{e^x-1}dx$；

(4) $\int_0^1 \sqrt{(1-x^2)^3}dx$；

(5) $\int_0^2 x^4\sqrt{4-x^2}dx$；

(6) $\int_0^{\pi} \sin^7 x dx$；

(7) $\int_0^{\pi} \sqrt{\sin x-\sin^3 x}dx$.

4. 计算下列定积分：

(1) $\int_{\frac{\pi}{4}}^{\frac{\pi}{2}} \frac{x}{\sin^2 x}dx$；

(2) $\int_0^1 \arctan x dx$；

(3) $\int_0^1 \ln(1+x^2)dx$；

(4) $\int_1^4 e^{\sqrt{x}}dx$；

(5) $\int_0^1 x^2e^{2x}dx$；

(6) $\int_0^{\frac{\pi}{2}} x\sin^2\frac{x}{2}dx$；

(7) $\int_0^{\frac{\pi}{2}} x(1-\sin x)dx$；

(8) $\int_{\frac{1}{e}}^{e} |\ln x|dx$.

6.5 广义积分初步与 Γ 函数

前面在讨论定积分的概念时，总是假定积分区间是有限的，而被积函数必须是连续的或有界的（但间断点的个数是有限的）. 在实际问题中，会遇到积分区间是无穷区间及被积函数为无界函数的积分. 这就需要对定积分的概念加以推广. 这种推广后的积分称为广义积分，而前面讲过的定积分则称为常义积分.

6.5.1 积分区间为无穷的广义积分

定义 5.1 设 $f(x)\in C[a,+\infty)$，对任意的 $b>a$，若极限

$$\lim_{b\to+\infty}\int_a^b f(x)dx \tag{5.1}$$

存在，则称此极限为函数 $f(x)$ 在无穷区间 $[a,+\infty)$ 上的广义积分，记为 $\int_a^{+\infty}f(x)dx$，即

$$\int_a^{+\infty} f(x)\mathrm{d}x = \lim_{b\to+\infty}\int_a^b f(x)\mathrm{d}x.$$

当定义 5.1 中式(5.1)的极限存在时,则称广义积分$\int_a^{+\infty} f(x)\mathrm{d}x$ 存在或收敛,若式(5.1) 的极限不存在,则称广义积分$\int_a^{+\infty} f(x)\mathrm{d}x$ 不存在或发散.

类似地,还可以定义广义积分$\int_{-\infty}^b f(x)\mathrm{d}x$ 为

$$\int_{-\infty}^b f(x)\mathrm{d}x = \lim_{a\to-\infty}\int_a^b f(x)\mathrm{d}x\ (b > a). \tag{5.2}$$

广义积分$\int_{-\infty}^{+\infty} f(x)\mathrm{d}x$ 的含义是:对任意的常数 c,若$\int_{-\infty}^c f(x)\mathrm{d}x$ 与$\int_c^{+\infty} f(x)\mathrm{d}x$ 都存在时,则定义

$$\begin{aligned}\int_{-\infty}^{+\infty} f(x)\mathrm{d}x &= \int_{-\infty}^c f(x)\mathrm{d}x + \int_c^{+\infty} f(x)\mathrm{d}x\\ &= \lim_{a\to-\infty}\int_a^c f(x)\mathrm{d}x + \lim_{b\to+\infty}\int_c^b f(x)\mathrm{d}x.\end{aligned} \tag{5.3}$$

不难证明,这样定义的广义积分$\int_{-\infty}^{+\infty} f(x)\mathrm{d}x$ 的值是不依赖于点 c 的选取的.应当指出,广义积分$\int_{-\infty}^{+\infty} f(x)\mathrm{d}x$ 存在或收敛,是要求两个广义积分$\int_{-\infty}^c f(x)\mathrm{d}x$、$\int_c^{+\infty} f(x)\mathrm{d}x$ 同时收敛.如果这两个广义积分发散,或者其中有一个广义积分发散,则$\int_{-\infty}^{+\infty} f(x)\mathrm{d}x$ 必定发散.

为了方便计算,常选取点 c 为零,即

$$\int_{-\infty}^{+\infty} f(x)\mathrm{d}x = \int_{-\infty}^0 f(x)\mathrm{d}x + \int_0^{+\infty} f(x)\mathrm{d}x.$$

例 5.1 求$\int_0^{+\infty} \frac{1}{1+x^2}\mathrm{d}x$.

解
$$\begin{aligned}\int_0^{+\infty}\frac{1}{1+x^2}\mathrm{d}x &= \lim_{b\to+\infty}\int_0^b \frac{1}{1+x^2}\mathrm{d}x\\ &= \lim_{b\to+\infty}(\arctan x)\Big|_0^b = \frac{\pi}{2}.\end{aligned}$$

广义积分$\int_0^{+\infty} \frac{1}{1+x^2}\mathrm{d}x$ 的几何意义是:位于曲线 $y = \frac{1}{1+x^2}$的下方,Ox 轴之上,Oy 轴的右方,并向右延伸至无穷远处的平面图形的面积,如图 6-10 所示.

设 $F(x)$是连续函数 $f(x)$的一个原函数,按照牛顿 - 莱布尼茨公式,有

$$\int_a^b f(x)\mathrm{d}x = F(b) - F(a).$$

若$\lim\limits_{b\to+\infty} F(b)$ 存在,并记此极限为 $F(+\infty)$,则有

$$\int_a^{+\infty} f(x)\mathrm{d}x = F(+\infty) - F(a).$$

同理,若 $\lim\limits_{a\to-\infty} F(a)$ 存在,并记此极限为 $F(-\infty)$,则有

$$\int_{-\infty}^{b} f(x)\mathrm{d}x = F(b) - F(-\infty).$$

如果 $F(+\infty)$、$F(-\infty)$ 均存在,则

$$\int_{-\infty}^{+\infty} f(x)\mathrm{d}x = F(+\infty) - F(-\infty).$$

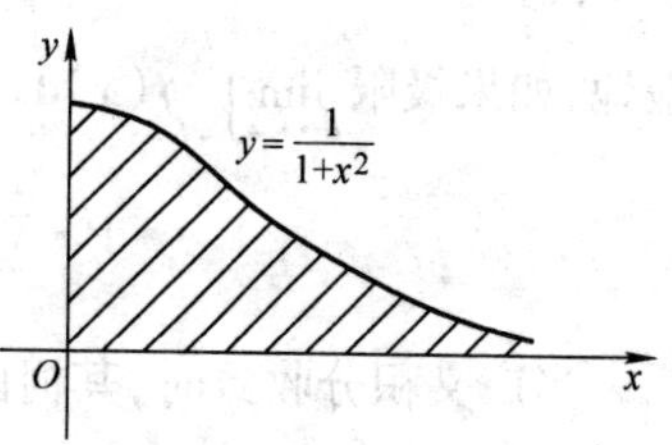

图 6-10

例 5.2 设 $a > 0$,证明广义积分 $\int_a^{+\infty} \frac{1}{x^p}\mathrm{d}x$,当 $p > 1$ 时收敛;当 $p \leqslant 1$ 时发散.

证明 当 $p = 1$ 时,

$$\int_a^{+\infty} \frac{1}{x^p}\mathrm{d}x = \int_a^{+\infty} \frac{1}{x}\mathrm{d}x = \ln x \Big|_a^{+\infty} = +\infty.$$

当 $p \neq 1$ 时,

$$\int_a^{+\infty} \frac{1}{x^p}\mathrm{d}x = \left[\frac{x^{1-p}}{1-p}\right]_a^{+\infty} = \begin{cases} +\infty, & p < 1, \\ \frac{1}{p-1}\left(\frac{1}{a^{p-1}}\right), & p > 1. \end{cases}$$

因此,当 $p > 1$ 时,广义积分 $\int_a^{+\infty} \frac{1}{x^p}\mathrm{d}x$ 收敛,其值为 $\frac{1}{p-1}\left(\frac{1}{a^{p-1}}\right)$;当 $p \leqslant 1$ 时,广义积分 $\int_a^{+\infty} \frac{1}{x^p}\mathrm{d}x$ 发散.

例 5.3 计算 $\int_{-\infty}^{+\infty} \frac{1}{1+x^2}\mathrm{d}x$.

解
$$\begin{aligned}\int_{-\infty}^{+\infty} \frac{1}{1+x^2}\mathrm{d}x &= \int_{-\infty}^{0} \frac{1}{1+x^2}\mathrm{d}x + \int_0^{+\infty} \frac{1}{1+x^2}\mathrm{d}x \\ &= \arctan x \Big|_{-\infty}^{0} + \arctan x \Big|_0^{+\infty} \\ &= \pi.\end{aligned}$$

例 5.4 判定广义积分 $\int_{-\infty}^{+\infty} \frac{x}{1+x^2}\mathrm{d}x$ 的敛散性.

解 $\int_{-\infty}^{+\infty} \frac{x}{1+x^2}\mathrm{d}x = \int_{-\infty}^{0} \frac{x}{1+x^2}\mathrm{d}x + \int_0^{+\infty} \frac{x}{1+x^2}\mathrm{d}x$,

而

$$\begin{aligned}\int_0^{+\infty} \frac{x}{1+x^2}\mathrm{d}x &= \lim_{b\to+\infty} \int_0^{b} \frac{x}{1+x^2}\mathrm{d}x \\ &= \lim_{b\to+\infty} \frac{1}{2}\ln(1+x^2)\Big|_0^{b} = +\infty,\end{aligned}$$

即 $\int_0^{+\infty} \frac{x}{1+x^2}\mathrm{d}x$ 发散,故 $\int_{-\infty}^{+\infty} \frac{x}{1+x^2}\mathrm{d}x$ 发散.

注意 $\int_{-\infty}^{+\infty} \frac{x}{1+x^2}\mathrm{d}x \neq \lim\limits_{b\to+\infty} \int_{-b}^{b} \frac{x}{1+x^2}\mathrm{d}x$,因为后者的极限是存在的(其值为零).一

般地,如果极限 $\lim\limits_{b\to+\infty}\int_{-b}^{b}f(x)\mathrm{d}x$ 存在,便称为广义积分$\int_{-\infty}^{+\infty}f(x)\mathrm{d}x$ 的柯西主值,并记为

$$\mathrm{P}\cdot\mathrm{V}\int_{-m}^{+m}f(x)\mathrm{d}x=\lim_{b\to+\infty}\int_{-b}^{b}f(x)\mathrm{d}x.$$

当广义积分收敛时,其柯西主值当然存在,且与$\int_{-\infty}^{+\infty}f(x)\mathrm{d}x$ 的值相等,但广义积分的柯西主值存在时,原来的广义积分却未必收敛,例 5.4 就属于这种情况.

6.5.2 无界函数的广义积分

定义 5.2 设函数 $f(x)\in C[a,b]$,而在点 a 的右邻域内无界,则对任意的 $\varepsilon>0$, $f(x)$ 在$[a+\varepsilon,b]$ 上可积,若极限

$$\lim_{\varepsilon\to0^+}\int_{a+\varepsilon}^{b}f(x)\mathrm{d}x \tag{5.4}$$

存在,则称此极限为函数 $f(x)$ 在$(a,b]$ 上的广义积分,记为$\int_{a}^{b}f(x)\mathrm{d}x$,即

$$\int_{a}^{b}f(x)\mathrm{d}x=\lim_{\varepsilon\to0^+}\int_{a+\varepsilon}^{b}f(x)\mathrm{d}x.$$

这时,称广义积分$\int_{a}^{b}f(x)\mathrm{d}x$ 存在或收敛.若式(5.4) 中的极限不存在,则称广义积分$\int_{a}^{b}f(x)\mathrm{d}x$ 发散.

同样地,如果 $f(x)\in C[a,b]$,且在点 b 的左邻域内无界,则对任意的 $\eta>0$,$f(x)$ 在区间$[a,b-\eta]$ 上可积,若极限

$$\lim_{\eta\to0^+}\int_{a}^{b-\eta}f(x)\mathrm{d}x \tag{5.5}$$

存在,则称广义积分$\int_{a}^{b}f(x)\mathrm{d}x$ 收敛,且有

$$\int_{a}^{b}f(x)\mathrm{d}x=\lim_{\eta\to0^+}\int_{a}^{b-\eta}f(x)\mathrm{d}x.$$

若式(5.5) 的极限不存在,则称广义积分$\int_{a}^{b}f(x)\mathrm{d}x$ 发散.

设 $f(x)$ 在$[a,b]$ 上除点 $c(a<c<b)$ 外连续,在点 c 的邻域内无界(允许 $f(x)$ 在点 c 处无定义).如果广义积分

$$\int_{a}^{c}f(x)\mathrm{d}x、\int_{c}^{b}f(x)\mathrm{d}x$$

都收敛,则称广义积分$\int_{a}^{b}f(x)\mathrm{d}x$ 收敛,且有

$$\begin{aligned}\int_{a}^{b}f(x)\mathrm{d}x&=\int_{a}^{c}f(x)\mathrm{d}x+\int_{c}^{b}f(x)\mathrm{d}x\\&=\lim_{\eta\to0^+}\int_{a}^{c-\eta}f(x)\mathrm{d}x+\lim_{\varepsilon\to0^+}\int_{c+\varepsilon}^{b}f(x)\mathrm{d}x.\end{aligned} \tag{5.6}$$

例 5.6 求$\int_0^a \frac{1}{\sqrt{a^2-x^2}}\mathrm{d}x \quad (a>0)$.

解 $$\int_0^a \frac{1}{\sqrt{a^2-x^2}}\mathrm{d}x = \lim_{\eta\to 0^+}\int_0^{a-\eta}\frac{1}{\sqrt{a^2-x^2}}\mathrm{d}x = \lim_{\eta\to 0^+}\left(\arcsin\frac{x}{a}\right)\Big|_0^{a-\eta} = \frac{\pi}{2}.$$

广义积分$\int_0^a \frac{1}{\sqrt{a^2-x^2}}\mathrm{d}x$的几何意义是十分明显的,它表示在曲线$y=\frac{1}{\sqrt{a^2-x^2}}$的下方,$Ox$轴之上,在直线$x=0$与$x=a$之间的平面图形的面积,如图 6-11 所示.

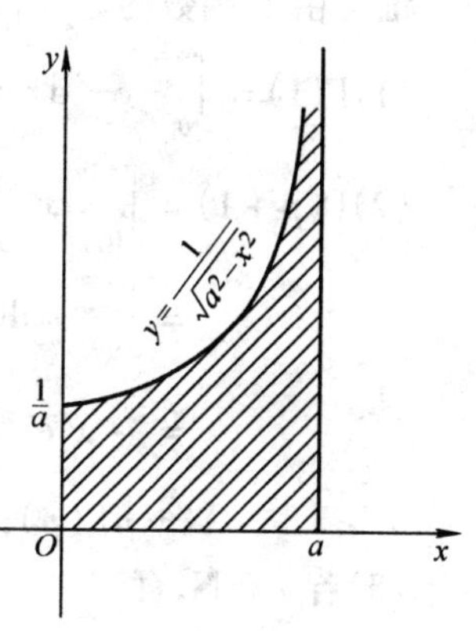

图 6-11

无界函数的广义积分,又称为瑕积分,瑕积分与常义积分不同.在计算定积分的时候,应当先审查一下被积函数$f(x)$在积分区间$[a,b]$上是否有无穷型间断点,以免出现错误.

例如$\int_{-1}^1 \frac{1}{x^2}\mathrm{d}x$是一个广义积分(瑕积分).它在$x=0$处有一个无穷型间断点,而$\int_{-1}^0 \frac{1}{x^2}\mathrm{d}x$及$\int_0^1 \frac{\mathrm{d}x}{x^2}$都发散,故知$\int_{-1}^1 \frac{1}{x^2}\mathrm{d}x$也发散,如果不审查被积函数,误把被积函数$f(x)=\frac{1}{x^2}$当作$[-1,1]$上的连续函数,忽略$x=0$是被积函数的无穷间断点,直接用牛顿–莱布尼茨公式,就会得到下面的错误结果:

$$\int_{-1}^1 \frac{1}{x^2}\mathrm{d}x = \left(-\frac{1}{x}\right)\Big|_{-1}^1 = -2.$$

当广义积分的积分区间为无穷,同时被积函数又无界时,可以把它拆成几个积分,使每一个积分只是单纯的区间无穷或单纯的被积函数无界的广义积分,然后再分别计算这些积分.

*6.5.3 Γ函数

广义积分

$$\int_0^{+\infty} x^{p-1}\mathrm{e}^{-x}\mathrm{d}x \tag{5.7}$$

是一个常见的积分,当$p>0$时,此积分收敛(证略).

对$p>0$的不同的p值,积分$\int_0^{+\infty} x^{p-1}\mathrm{e}^{-x}\mathrm{d}x$有不同的数值,于是有下面的定义.

定义 5.3 当$p>0$时,广义积分$\int_0^{+\infty} x^{p-1}\mathrm{e}^{-x}\mathrm{d}x$是$p$的函数,记为$\Gamma(p)$,即

$$\Gamma(p) = \int_0^{+\infty} x^{p-1}\mathrm{e}^{-x}\mathrm{d}x\,(p>0).$$

称为 Γ 函数.

这里仅介绍 Γ 函数的一些基本性质:

(1)$\Gamma(1)=1$;

(2)$\Gamma(p+1)=p\Gamma(p),p>0$;

(3)$\Gamma(n+1)=n!$ (n 为自然数).

证 由 Γ 函数的定义,有

(1)$\Gamma(1)=\int_0^{+\infty}\mathrm{e}^{-x}\mathrm{d}x=-\mathrm{e}^{-x}\Big|_0^{+\infty}=1$;

(2)$$\begin{aligned}\Gamma(p+1)&=\int_0^{+\infty}x^{p+1-1}\mathrm{e}^{-x}\mathrm{d}x\\&=\int_0^{+\infty}x^p\mathrm{d}(-\mathrm{e}^{-x})\\&=-x^p\mathrm{e}^{-x}\Big|_0^{+\infty}+p\int_0^{+\infty}x^{p-1}\mathrm{e}^{-x}\mathrm{d}x\\&=p\Gamma(p);\end{aligned}$$

(3)若 $n\in\mathbf{N}$,有

$$\begin{aligned}\Gamma(n+1)&=n\Gamma(n)=n(n-1)\Gamma(n-1)\\&=n(n-1)(n-2)\cdots2\cdot1\Gamma(1)\\&=n!.\end{aligned}$$

证毕.

另外,在 $\Gamma(p)=\int_0^{+\infty}x^{p-1}\mathrm{e}^{-x}\mathrm{d}x$ 中,令 $x=t^2(t>0)$,则有

$$\begin{aligned}\Gamma(p)&=\int_0^{+\infty}x^{p-1}\mathrm{e}^{-x}\mathrm{d}x\xlongequal{x=t^2}\int_0^{+\infty}2t^{2p-2}\mathrm{e}^{-t^2}\cdot t\mathrm{d}t\\&=2\int_0^{+\infty}t^{2p-1}\mathrm{e}^{-t^2}\mathrm{d}t=2\int_0^{+\infty}x^{2p-1}\mathrm{e}^{-x^2}\mathrm{d}x.\end{aligned}$$

这就是 Γ 函数的另一种表示形式.

例 5.7 已知 $\int_0^{+\infty}\mathrm{e}^{-x^2}\mathrm{d}x=\frac{\sqrt{\pi}}{2}$,求 $\Gamma\left(\frac{1}{2}\right),\Gamma\left(\frac{7}{2}\right)$.

解 $\Gamma\left(\frac{1}{2}\right)=2\int_0^{+\infty}\mathrm{e}^{-x^2}\mathrm{d}x=2\cdot\frac{\sqrt{\pi}}{2}=\sqrt{\pi}$,

$$\begin{aligned}\Gamma\left(\frac{7}{2}\right)&=\Gamma\left(\frac{5}{2}+1\right)=\frac{5}{2}\Gamma\left(\frac{5}{2}\right)=\frac{5}{2}\Gamma\left(\frac{3}{2}+1\right)\\&=\frac{5}{2}\times\frac{3}{2}\Gamma\left(\frac{3}{2}\right)=\frac{5}{2}\times\frac{3}{2}\times\frac{1}{2}\Gamma\left(\frac{1}{2}\right)=\frac{15}{8}\sqrt{\pi}.\end{aligned}$$

习题 6-5

1. 计算下列广义积分:

(1)$\int_0^{+\infty}\frac{1}{x^2+4}\mathrm{d}x$;　　(2)$\int_0^{+\infty}\frac{1}{\sqrt{x}(x+1)}\mathrm{d}x$;

(3) $\int_{1}^{+\infty} \frac{1}{x(x+1)}\mathrm{d}x$；　　(4) $\int_{0}^{+\infty} \frac{\arctan x}{1+x^2}\mathrm{d}x$；

(5) $\int_{0}^{+\infty} x\mathrm{e}^{-2x}\mathrm{d}x$；　　(6) $\int_{-\infty}^{-1} \frac{1}{x^2+4x+5}\mathrm{d}x$.

2. 计算下列广义积分：

(1) $\int_{0}^{1} \frac{1}{\sqrt[3]{x^2}}\mathrm{d}x$；　　(2) $\int_{0}^{1} \frac{x}{\sqrt{1-x^2}}\mathrm{d}x$；

(3) $\int_{0}^{1} \ln x\mathrm{d}x$.

3. 判定下列广义积分的敛散性：

(1) $\int_{0}^{2} \frac{1}{(1-x)^2}\mathrm{d}x$；　　(2) $\int_{1}^{+\infty} \frac{\ln\sqrt{x}}{x}\mathrm{d}x$.

6.6 定积分在几何上的应用

定积分的应用很广泛，本节仅介绍定积分在几何上的应用：求平面图形的面积、旋转体的体积和平面曲线的弧长.

一个能用定积分表示的量 I，它应当具备什么样的性质呢？首先 I 应当是一个与变量 x 的变化区间 $[a,b]$ 相联系的一个整体量.其次当区间 $[a,b]$ 分割成若干个子区间之后，量 I 相应地分成了若干个部分量 ΔI 之和，即量 I 对于区间 $[a,b]$ 具有可加性.

下面，我们来讨论如何用定积分来表示所求的量 I.

若 $I=\int_a^b f(x)\mathrm{d}x$，可知 $I(x)=\int_a^x f(t)\mathrm{d}t$ 就是 $f(x)$ 的一个原函数.从而有 $\mathrm{d}I(x)=f(x)\mathrm{d}x$.即 $f(x)\mathrm{d}x$ 是增量 ΔI 的线性主部，而 ΔI 就是所求量 I 的部分量.

因此，用定积分表示所求量 I 的常用方法如下：

(1) 在 $[a,b]$ 上任取子区间 $[x,x+\mathrm{d}x]$，子区间上对应的 I 的部分量为 ΔI，求出 ΔI 的线性主部 $\mathrm{d}I=f(x)\mathrm{d}x$；

(2) 以 $f(x)\mathrm{d}x$ 为被积式，在 $[a,b]$ 上定积分，则有

$$I=\int_a^b f(x)\mathrm{d}x.$$

这种方法通常称为“元素法”或“微元法”.

6.6.1 平面图形的面积

根据定积分的几何意义可知由连续曲线 $y=f(x)(f(x)\geqslant 0)$，直线 $x=a,x=b(a<x<b)$ 及 Ox 轴围成的曲边梯形的面积（见图 6-12）为

$$S=\int_a^b f(x)\mathrm{d}x.$$

如果曲线 $y=f(x)$ 位于曲线 $y=g(x)$ 上方，则由 $y=f(x)$，$y=g(x)$ 及 $x=a$，$x=b$ 所围的平面图形的面积（见图 6-13）为

$$S=\int_a^b[f(x)-g(x)]\mathrm{d}x.$$

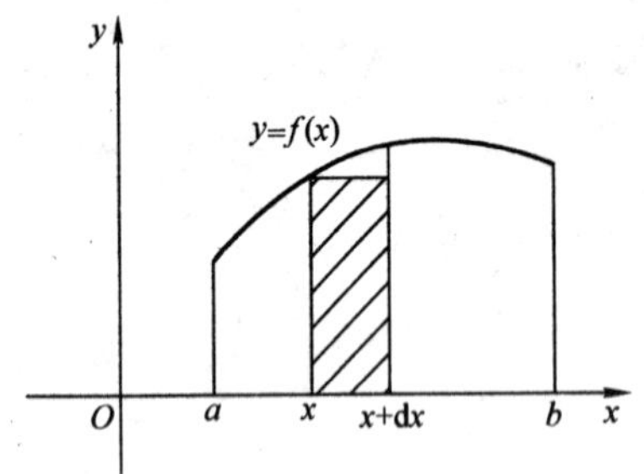

图 6-12

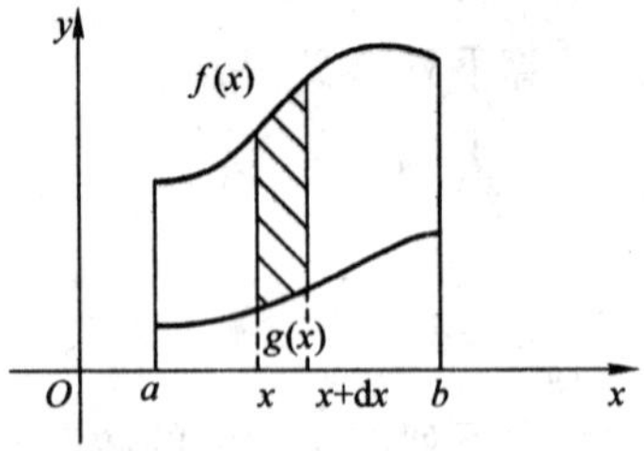

图 6-13

类似地,由连续曲线 $x=\varphi(y)(\varphi(y)>0)$, $x=0$, $y=c$ 及 $y=d(c<d)$所围的曲边梯形的面积(图 6-14)为

$$S=\int_c^d\varphi(y)\mathrm{d}y.$$

而由曲线 $x=\varphi(y)$, $x=\psi(y)(\varphi(y)\geqslant\psi(y))$及直线 $y=c$, $y=d$ 所围成的平面图形的面积(图 6-15)为

$$S=\int_c^d[\varphi(y)-\psi(y)]\mathrm{d}y.$$

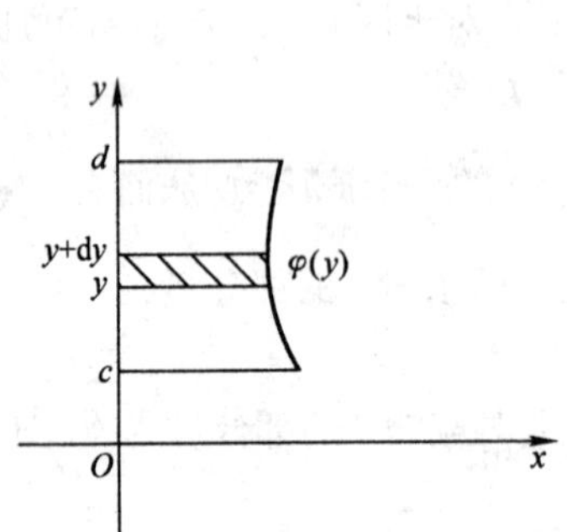

图 6-14

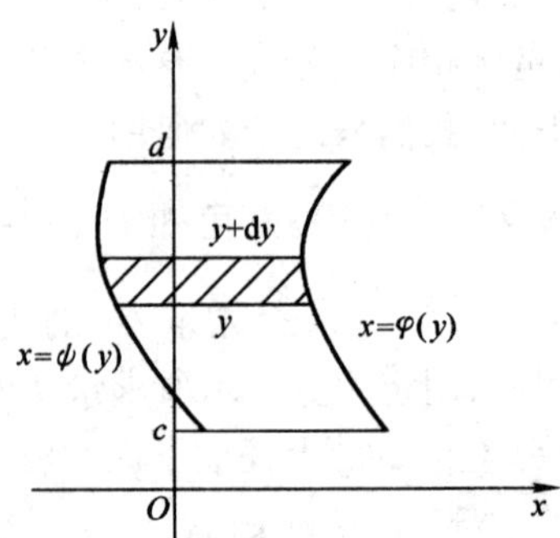

图 6-15

例 6.1 计算由曲线 $y=x^2$ 及 $y^2=x$ 所围的平面图形的面积.

解 求出 $y=x^2$ 与 $y^2=x$ 的交点坐标:$O(0,0)$,$A(1,1)$(见图 6-16),于是有

$$\begin{aligned}S&=\int_0^1(\sqrt{x}-x^2)\mathrm{d}x=\left(\frac{2}{3}x^{\frac{3}{2}}-\frac{1}{3}x^3\right)\Big|_0^1\\&=\frac{1}{3}.\end{aligned}$$

例 6.2 计算由曲线 $y=4-x^2$ 及 $y=3x$ 所围图形的面积 S.

解 先画出曲线 $y=4-x^2$ 及 $y=3x$ 的图形,解出这两条曲线的交点坐标 $A(-4,-12)$、$B(1,3)$(图 6-17).以 x 为积分变量,有

$$
\begin{aligned}
S &= \int_{-4}^{1} [(4-x^2)-3x]\mathrm{d}x \\
&= \left(4x-\frac{1}{3}x^3-\frac{3}{2}x^2\right)\Bigg|_{-4}^{1} \\
&= \frac{125}{6}.
\end{aligned}
$$

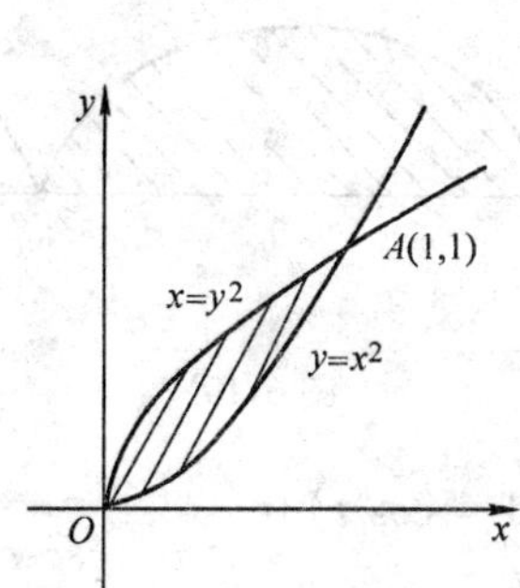

图 6-16

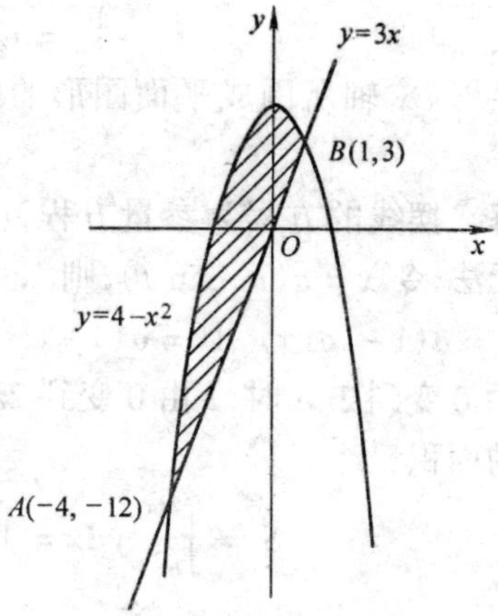

图 6-17

例 6.3 计算由曲线 $y^2=2x$ 及 $x-y=4$ 所围图形的面积 S.

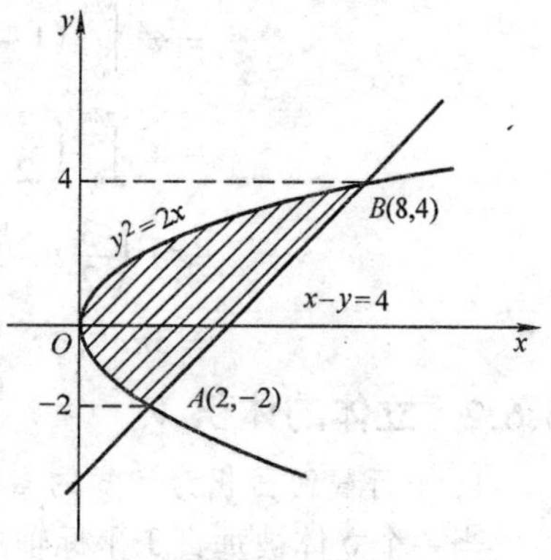

图 6-18

解 抛物线 $y^2=2x$ 与直线 $y=x-4$ 围成的图形如图 6-18 所示,解方程组 $\begin{cases} y^2=2x, \\ y=x-4, \end{cases}$ 求出交点 $A(2,-2)$,$B(8,4)$.本题若以 x 为积分变量,计算比较麻烦,需将图形分成两部分,故选 y 作积分变量.积分区间为 $[-2,4]$,右曲线方程为 $x=y+4$,左曲线方程为 $x=\frac{1}{2}y^2$,则有

$$
S=\int_{-2}^{4}\left[(y+4)-\frac{1}{2}y^2\right]\mathrm{d}y=\left(\frac{1}{2}y^2+4y-\frac{y^3}{6}\right)\Bigg|_{-2}^{4} =18.
$$

用定积分解实际问题时,对同一个问题有时可以选取不同的积分变量,积分变量选取的不同,积分计算的难易也不同.应当注意,选取的积分变量要使所求的积分较容易计算.

若曲边梯形的曲边由参量方程

$$
\begin{cases} x=\varphi(t), \\ y=\psi(t) \end{cases} \quad (\alpha \leqslant t \leqslant \beta)
$$

给出,据定积分的换元积分公式,作变换 $x=\varphi(t)$ 并假定当 t 从 α 到 β 变化时,x 相应

地从 a 变到 b,则曲边梯形的面积 S 为

$$S=\int_a^b y\mathrm{d}x=\int_\alpha^\beta \psi(t)\varphi'(t)\mathrm{d}t.$$

当然这里假定 $y\geqslant 0$.

例 6.4 计算摆线

$$\begin{cases}x=a(t-\sin t),\\ y=a(1-\cos t),\end{cases}0\leqslant t\leqslant 2\pi$$

的一拱与 Ox 轴所围成平面图形的面积(图 6-19).

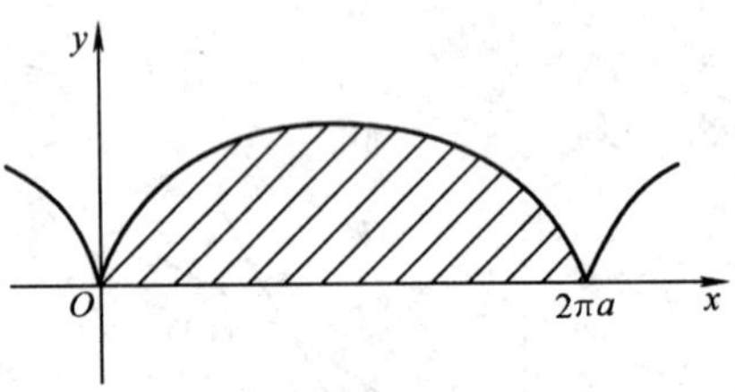

图 6-19

解 摆线的方程为参量方程,应用定积分的换元法,令 $x=a(t-\sin t)$,则

$$y=a(1-\cos t),\mathrm{d}x=a(1-\cos t)\mathrm{d}t.$$

当 x 由 0 变到 $2\pi a$ 时,t 由 0 变到 2π,所以平面图形的面积

$$\begin{aligned}S&=\int_0^{2\pi a}y\mathrm{d}x=\int_0^{2\pi}a(1-\cos t)\cdot a(1-\cos t)\mathrm{d}t\\&=a^2\int_0^{2\pi}(1-\cos t)^2\mathrm{d}t\\&=a^2\int_0^{2\pi}(1-2\cos t+\cos^2 t)\mathrm{d}t\\&=a^2\int_0^{2\pi}\left(\frac{3}{2}-2\cos t+\frac{1}{2}\cos 2t\right)\mathrm{d}t\\&=a^2\left(\frac{3}{2}t-2\sin t+\frac{1}{4}\sin 2t\right)\Big|_0^{2\pi}\\&=3\pi a^2.\end{aligned}$$

6.6.2 立体的体积 V

1. 平行截面面积为已知的立体体积

当一个立体被垂直于坐标轴的平面所截,其截面的面积可以用已知的连续函数来表示时,此立体的体积 V 可以用定积分来计算.

设有一个由曲面和垂直于 Ox 轴的两个平面 $x=a$、$x=b(a<b)$ 围成的立体(图 6-20),若已知过点 x 且垂直于 Ox 轴的平面截立体所得的截面面积为 $A(x)(a\leqslant x\leqslant b)$,用"微元法",取 x 为积分变量,在立体中的一个微小的区间 $[x,x+\mathrm{d}x]$ 上,立体的体积 $\Delta V\approx \mathrm{d}V=A(x)\mathrm{d}x$,在 $[a,b]$ 上积分,就得到立体的体积公式:

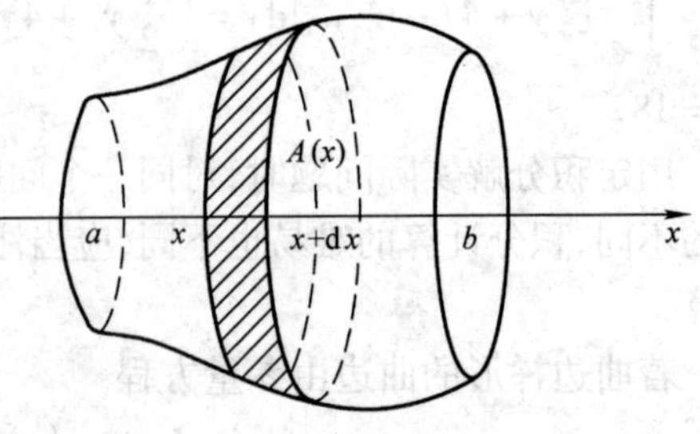

图 6-20

$$V=\int_a^b A(x)\mathrm{d}x. \tag{6.1}$$

类似地,由曲面和垂直于 Oy 轴的两个平面 $y=c, y=d(c<d)$围成的立体,若用过点 y 且垂直于 Oy 轴的平面去截立体,所得的截面面积为已知的连续函数 $B(y), c\leqslant y\leqslant d$,则此立体的体积

$$V=\int_c^d B(y)\mathrm{d}y. \tag{6.2}$$

例 6.5 一平面经过半径为 R 的圆柱体的底圆中心,并与底面构成的二面角为 α,计算这个平面截圆柱体所得立体的体积.

解 取这平面与圆柱体的底面的交线为 Oy 轴,底面上过圆心且垂直于 Oy 轴的直线为 Ox 轴(图 6-21).底圆的方程为

$$x^2+y^2=R^2,$$

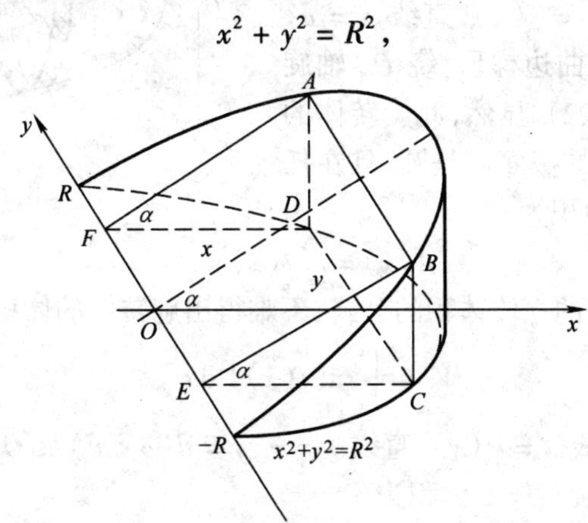

图 6-21

立体上过点 x 且垂直于 Ox 轴的截面是一个矩形,矩形的底

$$DC=2\sqrt{R^2-x^2},$$

矩形的高

$$AD=x\tan\alpha,$$

因此,垂直于 Ox 轴的截面面积为已知的连续函数

$$A(x)=2x\cdot\sqrt{R^2-x^2}\tan\alpha, 0\leqslant x\leqslant R,$$

从而所求立体的体积

$$\begin{aligned}V&=\int_0^R A(x)\mathrm{d}x=\int_0^R 2x\sqrt{R^2-x^2}\tan\alpha\mathrm{d}x\\&=-\tan\alpha\int_0^R\sqrt{R^2-x^2}\mathrm{d}(R^2-x^2)=\frac{2}{3}\tan\alpha\cdot R^3.\end{aligned}$$

立体过点 y 且垂直于 Oy 轴的截面是一个直角三角形,它的两条直角边

$$EC=\sqrt{R^2-y^2}, BC=\sqrt{R^2-y^2}\cdot\tan\alpha,$$

因此,垂直于 Oy 轴的截面面积为已知的连续函数

$$B(y)=\frac{1}{2}(R^2-y^2)\cdot\tan\alpha,\ -R\leqslant y\leqslant R,$$

从而,所求立体的体积

$$V=\int_{-R}^{R}B(y)\mathrm{d}y=\frac{1}{2}\tan\alpha\int_{-R}^{R}(R^2-y^2)\mathrm{d}y$$
$$=\frac{2}{3}R^3\cdot\tan\alpha.$$

2. 旋转体的体积

一个平面图形绕着此平面上的一条直线旋转而成的立体,叫做旋转体,这一条直线称为旋转轴.

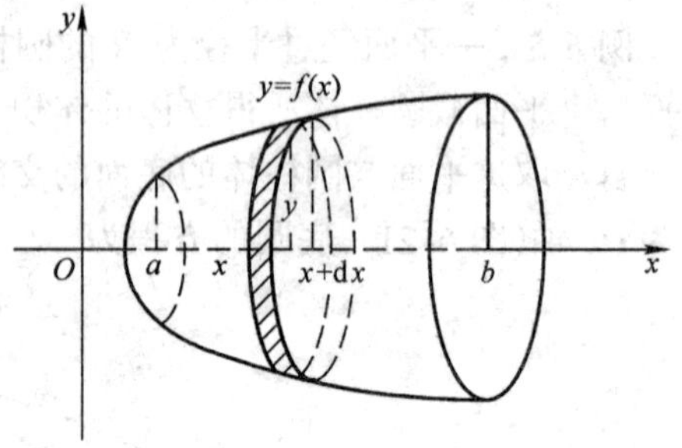

图 6-22

考虑由连续曲线 $y=f(x)$,直线 $x=a$, $x=b$及 Ox 轴所围成的曲边梯形,绕 Ox 轴旋转而成的旋转体(图 6-22).显然,此旋转体的任何一个垂直于 Ox 轴的截面都是圆,且在任意一点 x 处的截面的面积为

$$A(x)=\pi[f(x)]^2.$$

由平行截面面积为已知的立体体积的公式,不难得出旋转体的体积公式:

$$V_x=\int_a^b\pi[f(x)]^2\mathrm{d}x.\tag{6.3}$$

类似地,由连续曲线 $x=\varphi(y)$、直线 $y=c$、$y=d(c<d)$及 Oy 轴所围成的曲边梯形绕 Oy 轴旋转而成的旋转体的体积为

$$V=\int_c^d\pi[\varphi(y)]^2\mathrm{d}y.\tag{6.4}$$

例 6.6 求半径为 R 的球的体积 V.

解 如图 6-23 所示,球体可以看作上半圆周与 Ox 轴围成的平面图形绕 Ox 轴旋转而成,因为上半圆周的方程为 $y=\sqrt{R^2-x^2}\,(-R\leqslant x\leqslant R)$,所以球体的体积为

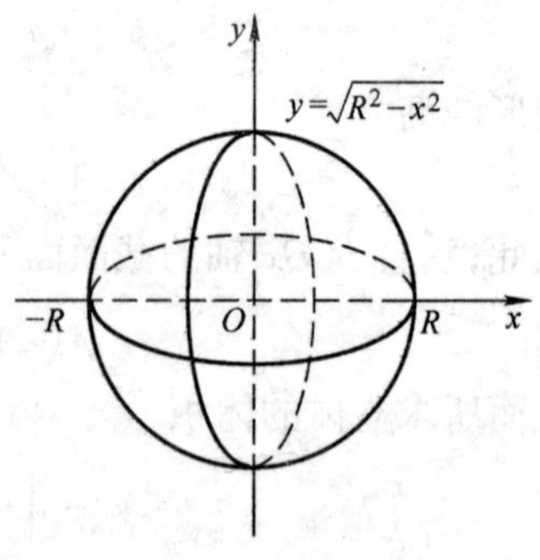

图 6-23

$$V=\int_{-R}^{R}\pi(\sqrt{R^2-x^2})^2\mathrm{d}x$$
$$=2\int_0^R\pi(R^2-x^2)\mathrm{d}x$$
$$=2\pi\left(R^2x-\frac{1}{3}x^3\right)\Big|_0^R$$
$$=\frac{4}{3}\pi R^3.$$

例 6.7 求椭圆$\frac{x^2}{a^2}+\frac{y^2}{b^2}=1$分别绕 Ox 轴及 Oy 轴旋转所成的旋转体的体积 V_x、V_y.

解 上半个椭圆与 Ox 轴所围成的平面图形绕 Ox 轴旋转所成的旋转体的体积即

是 V_x，由于上半椭圆弧的方程是：$y=\dfrac{b}{a}\sqrt{a^2-x^2}$（如图6-24(*a*)），故有

$$
\begin{aligned}
V_x &= \int_{-a}^{a}\pi\left(\frac{b}{a}\sqrt{a^2-x^2}\right)^2\mathrm{d}x\\
&=\pi\frac{b^2}{a^2}\left(a^2x-\frac{1}{3}x^3\right)\Big|_{-a}^{a}\\
&=\frac{4}{3}\pi ab^2.
\end{aligned}
$$

(a)

同理（如图6-24(*b*)），有

$$
\begin{aligned}
V_y &= \int_{-b}^{b}\pi\left(\frac{a}{b}\sqrt{b^2-y^2}\right)^2\mathrm{d}y\\
&=\pi\frac{a^2}{b^2}\int_{-b}^{b}(b^2-y^2)\mathrm{d}y\\
&=\frac{4}{3}\pi a^2b.
\end{aligned}
$$

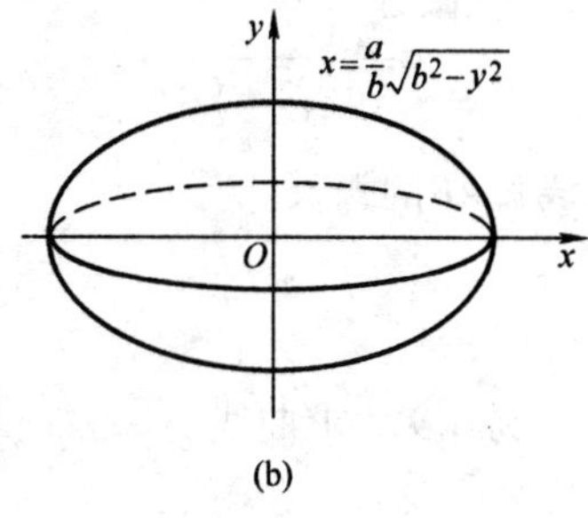

(b)

图6-24

当 $a=b$ 时，就得到了半径为 a 的球的体积

$$V_{球}=\frac{4}{3}\pi a^3.$$

例6.8 求圆 $x^2+(y-b)^2=R^2 \quad (b>R>0)$，绕 Ox 轴旋转所成的环体的体积 V（图6-25）.

解 环体的体积是由曲边梯形 *EACBFE* 绕 Ox 轴旋转所成的立体，与由曲边梯形 *EADBFE* 绕 Ox 轴旋转所成的立体的体积之差. 因为曲线 $\overset{\frown}{ACB}$ 的方程为 $y=b+\sqrt{R^2-x^2}$，曲线 $\overset{\frown}{ADB}$ 的方程为 $y=b-\sqrt{R^2-x^2}$. 故所求的环体的体积为

$$
\begin{aligned}
V &= \int_{-R}^{R}\pi(b+\sqrt{R^2-x^2})^2\mathrm{d}x\\
&\quad-\int_{-R}^{R}\pi(b-\sqrt{R^2-x^2})^2\mathrm{d}x\\
&=4\pi b\int_{-R}^{R}\sqrt{R^2-x^2}\,\mathrm{d}x\\
&=4\pi b\cdot\frac{1}{2}\pi R^2=2\pi^2bR^2.
\end{aligned}
$$

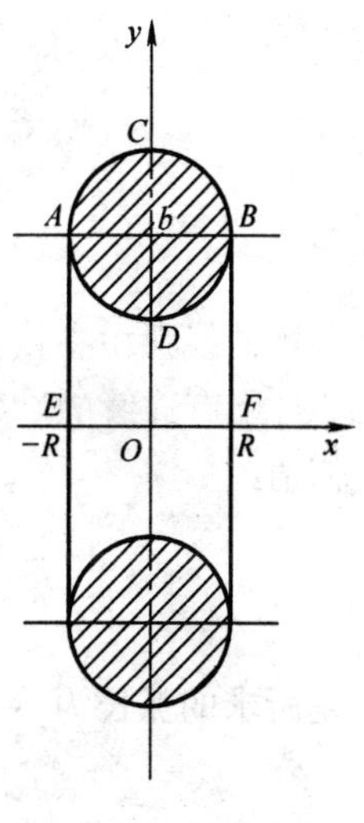

图6-25

6.6.3 平面曲线的弧长

设连续曲线 $\overset{\frown}{AB}$ 的方程为 $y=f(x)\,(a\leqslant x\leqslant b)$，其中 $f(x)$ 在 $[a,b]$ 上具有一阶连续的导数. 求曲线 $\overset{\frown}{AB}$ 的弧长 s（图6-26）.

在直角坐标系下，对于曲线：$y=f(x)\,(a\leqslant x\leqslant b)$，在 $[a,b]$ 的任意一个子区间 $[x,x+\mathrm{d}x]$ 上，曲线弧 $\overset{\frown}{AB}$ 的小弧段的弧长 Δs 的近似值 $\mathrm{d}s$ 为

$$ds=\sqrt{(dx)^2+(dy)^2}=\sqrt{1+y'^2}\,dx,$$

由此得曲线$\overset{\frown}{AB}$的弧长 s 为

$$s=\int_a^b\sqrt{1+y'^2}\,dx.$$

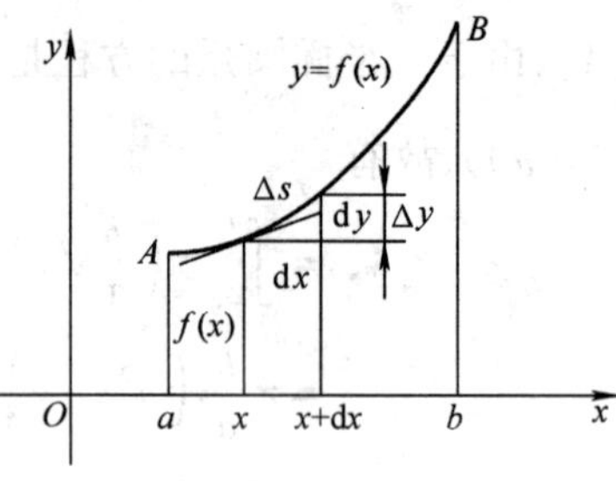

图 6-26

类似地,如果连续曲线$\overset{\frown}{AB}$的方程为 $x=\varphi(y)$, $c\leqslant y\leqslant d$,其中 $\varphi(y)$在区间$[c,d]$上具有一阶连续导数,则弧微分

$$ds=\sqrt{(dx)^2+(dy)^2}=\sqrt{1+[\varphi'(y)]^2}\,dy.$$

曲线弧$\overset{\frown}{AB}$的弧长

$$s=\int_c^d\sqrt{1+[\varphi'(y)]^2}\,dy.$$

例 6.9 求曲线 $y=\dfrac{2}{3}x^{\frac{3}{2}}$ 上,在 $1\leqslant x\leqslant 3$ 范围内的一段弧的长度.

解 $y'=\dfrac{2}{3}\cdot\dfrac{3}{2}x^{\frac{1}{2}}=x^{\frac{1}{2}}$.

代入求弧长公式,得

$$\begin{aligned}s&=\int_1^3\sqrt{1+(x^{\frac{1}{2}})^2}\,dx=\int_1^3\sqrt{1+x}\,dx\\&=\frac{2}{3}(1+x)^{\frac{3}{2}}\Big|_1^3=\frac{2}{3}(4^{\frac{3}{2}}-2^{\frac{3}{2}})\\&=\frac{4}{3}(4-\sqrt{2}).\end{aligned}$$

当曲线弧由参量方程 $x=\varphi(t)$, $y=\psi(t)(\alpha\leqslant t\leqslant\beta)$ 给出时,其中 $\varphi(t)$、$\psi(t)$ 在$[\alpha,\beta]$上有连续的导数.由于在$[\alpha,\beta]$上的任意一个子区间$[t,t+dt]$上,小弧段 Δs 的近似值

$$\begin{aligned}ds&=\sqrt{(dx)^2+(dy)^2}=\sqrt{\varphi'^2(t)(dt)^2+\psi'^2(t)(dt)^2}\\&=\sqrt{\varphi'^2(t)+\psi'^2(t)}\,dt.\end{aligned}$$

于是所求的弧长为

$$s=\int_\alpha^\beta\sqrt{\varphi'^2(t)+\psi'^2(t)}\,dt.$$

例 6.10 求摆线 $x=a(t-\sin t)$, $y=a(1-\cos t)(0\leqslant t\leqslant 2\pi)$的一拱的弧长 s.

解 $x'(t)=a(1-\cos t)$, $y'(t)=a\sin t$,代入求弧长公式

$$ds=\sqrt{[x'(t)]^2+[y'(t)]^2}\,dt$$

得

$$\begin{aligned}s&=\int_0^{2\pi}\sqrt{[a(1-\cos t)]^2+(a\sin t)^2}\,dt\\&=2a\int_0^{2\pi}\sqrt{\frac{1-\cos t}{2}}\,dt=2a\int_0^{2\pi}\sqrt{\sin^2\frac{t}{2}}\,dt\end{aligned}$$

$$= 2a\int_0^{2\pi}\left|\sin\frac{t}{2}\right|dt = 2a\int_0^{2\pi}\sin\frac{t}{2}\cdot 2d\frac{t}{2} = 2a\left(-2\cos\frac{t}{2}\right)\Big|_0^{2\pi}$$

$$= 8a.$$

习题 6-6

1. 求下列平面图形的面积：

(1)由曲线 $y=\sin x$ 在 $x\in[0,2\pi]$ 的一段与 Ox 轴所围成的平面图形；

(2)由曲线 $y=\ln x$ 和直线 $y=\ln a, y=\ln b, x=0(b<a<0)$ 所围成的平面图形；

(3)由曲线 $y=e^x, y=1-x, x=1$ 围成的平面图形；

(4)由曲线 $y=x-8, 2x+y+8=0$ 及 $y=-4$ 围成的平面图形；

(5)由曲线 $y^2=x+4$ 与 $x+2y-4=0$ 围的图形；

(6)由曲线 $y^2=3x$ 与 $y^2=4-x$ 所围成的图形.

2. 求下列旋转体的体积：

(1)由 $y=\cos x(0\leqslant x\leqslant\frac{\pi}{2}), y=0, x=0$ 围成的图形绕 Ox 轴旋转一周的旋转体；

(2)由曲线 $y=\sqrt{x}, x=2$ 及 Ox 轴所围成的图形分别绕 Ox 轴、、Oy 轴旋转一周所得旋转体；

(3)由曲线 $y=x^2$ 与 $x=y^2$ 围成的图形分别绕 Ox 轴与 Oy 轴旋转一周所得旋转体；

(4)曲线 $x^2+(y-5)^2=16$ 绕 Ox 轴旋转一周所得旋转体.

3. 求下列曲线的弧长：

(1)悬链线 $y=\frac{1}{2}(e^x+e^{-x})$ 在 $x=-1$ 到 $x=1$ 之间的一段弧；

(2)曲线 $y=x^{\frac{3}{2}}$ 在 $x=1$ 到 $x=2$ 之间的弧；

(3)曲线 $x=\arctan t, y=\frac{1}{2}\ln(1+t^2)(0\leqslant t\leqslant 1)$ 一段弧；

(4)星形线 $x=a\cos^3 t, y=a\sin^3 t(a>0)$ 的全长.

6.7 定积分在物理上的应用

定积分在物理上有十分广泛的应用，本节仅介绍应用定积分解决变力做功、质量等方面的问题.

6.7.1 变力做功

设有力 $y=F(x)$，其方向与 Ox 轴平行.一物体在此力作用下沿着 Ox 轴由点 $x=a$ 移动到点 $x=b(a<b)$，求变力 $F(x)$ 所做的功 W(图 6-27).

我们知道，当力 F 是常力时，力 F 所做的功等于 F 乘以物体移动的路程，即

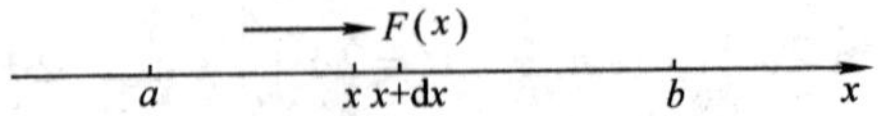

图 6-27

$$W=F(b-a).$$

如果 F 为变力,则 $F=F(x)$是一个随 x 的变化而变化的函数,我们可以利用定积分的方法计算变力 $F(x)$所做的功.

选取 x 为积分变量,积分区间为$[a,b]$,在区间$[a,b]$上任取小区间$[x,x+\mathrm{d}x]$,在小区间$[x,x+\mathrm{d}x]$上 $F(x)$变化不大,可以近似看成不变,用点 x 处的力 $F(x)$近似代替小区间$[x,x+\mathrm{d}x]$上任一点处所受的力,从而小区间$[x,x+\mathrm{d}x]$上变力 $F(x)$做的功 ΔW 近似等于

$$\mathrm{d}W=F(x)\mathrm{d}x.$$

以 $F(x)\mathrm{d}x$ 为被积式,在区间$[a,b]$上作定积分,便可得到物体在变力 $F(x)$作用下沿 Ox 轴由点 $x=a$ 移动到 $x=b$ 变力所做的功

$$W=\int_a^b F(x)\mathrm{d}x.$$

例 7.1　一个弹簧原长为 0.1 m,有一个力 $P(x)$把它由原长拉长了 0.06 m(图 6-28),求变力 $P(x)$所做的功.

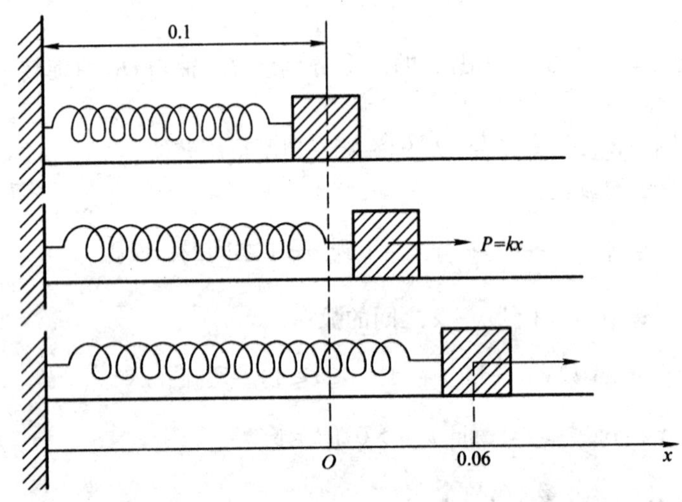

图 6-28

解　由物理学知道,拉力 $P(x)$与弹簧的伸长量 x(m)成正比,即 $P=kx$(k 为比例常数).按图 6-28 选取坐标系,以 m 为单位,积分区间是[0,0.06],于是力 P 所做的功 W 为

$$W=\int_0^{0.06} P\mathrm{d}x=\int_0^{0.06} kx\mathrm{d}x=k\cdot\frac{x^2}{2}\Big|_0^{0.06}=0.001\,8k(\mathrm{J}).$$

另外,本例若把坐标原点选在弹簧的固定端,则伸长量为$(x-0.1)$,拉力为 $P=k(x-0.1)$,而积分区间为[0.1,0.16](长度以 m 为单位)有

$$W=\int_{0.1}^{0.16}k(x-0.1)\mathrm{d}x=\frac{k}{2}(x-0.1)^2\Big|_{0.1}^{0.16}=0.001\ 8k\ (\mathrm{J}).$$

由以上结果知,计算中选取坐标系时,以便于计算为准.

例 7.2 一个半球形的储水罐,直径为 6 m,水面距池口 1 m,问将水池中的水抽尽要做多少功?

解 如图 6-29 建立坐标系,则半球截面的边界曲线的方程为

$$y=\pm\sqrt{9-x^2},$$

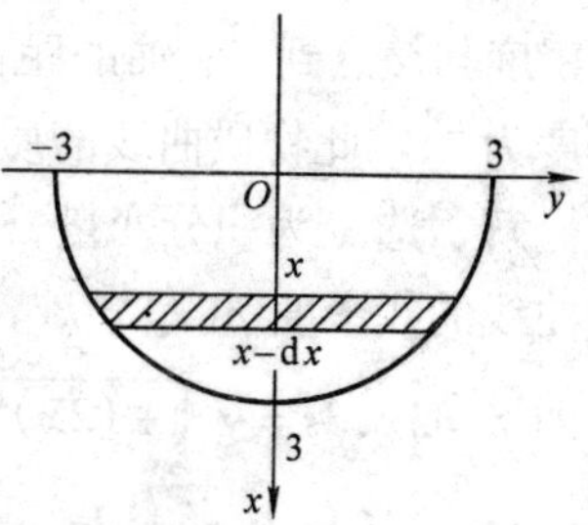

图 6-29

抽水做功与所抽液体的重量 p 及所抽液体上升的高度 h 有关,即

$$W=p\cdot h$$

选取 x 为积分变量,积分区间为[1,3],在区间[1,3]上任取小区间$[x,x+\mathrm{d}x]$,则小区间$[x,x+\mathrm{d}x]$上对应的一薄层水的高度为 $\mathrm{d}x$.水的密度为 1 000 kg/m^3,因此,如果 x 的单位是 m,这薄层水的重量的近似值为

$$1\ 000g\pi y^2\mathrm{d}x=9\ 800\pi(9-x^2)\mathrm{d}x.$$

把这一薄层水抽到池外所做功的近似值为

$$\mathrm{d}W=9\ 800\pi x(9-x^2)\mathrm{d}x.$$

将水池内的水抽尽所做的功为

$$W=\int_1^3 9\ 800\pi x(9-x^2)\mathrm{d}x$$

$$=9\ 800\pi\left(\frac{9}{2}x^2-\frac{1}{4}x^4\right)\Big|_1^3=156\ 800\ (\mathrm{J}).$$

6.7.2 质量

设有一连续变化的物质曲线

$$y=f(x),a\leqslant x\leqslant b,$$

它的线密度为 $\rho=\rho(x)$,求此物质曲线的质量 M(图 6-30).

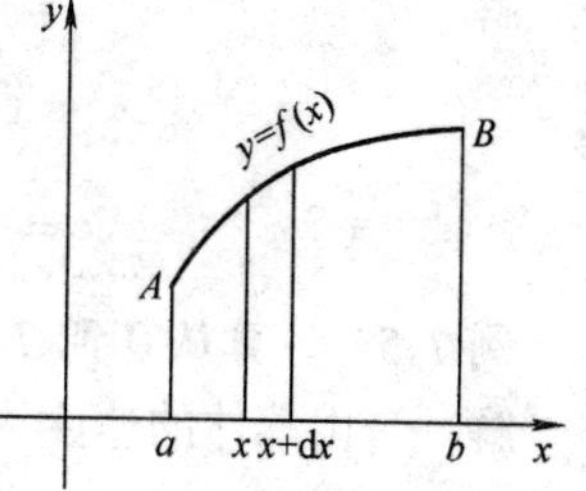

图 6-30

我们知道,当线密度 ρ 为常数时,物质曲线的质量 M 等于线密度ρ乘以物质曲线的长度 s.现在,线密度是 x 的函数,可采用定积分的方法计算物质曲线的质量.

选取 x 为积分变量,积分区间为$[a,b]$,在区间$[a,b]$上任取小区间$[x,x+\mathrm{d}x]$,小区间$[x,x+\mathrm{d}x]$上对应的小曲线段的弧长 Δs 可以用弧微分 $\mathrm{d}s$ 近似代替,于是小区间$[x,x+\mathrm{d}x]$上对应的物质曲线的质量近似等于

$$\mathrm{d}M=\rho(x)\mathrm{d}s=\rho(x)\sqrt{1+[f'(x)]^2}\mathrm{d}x,$$

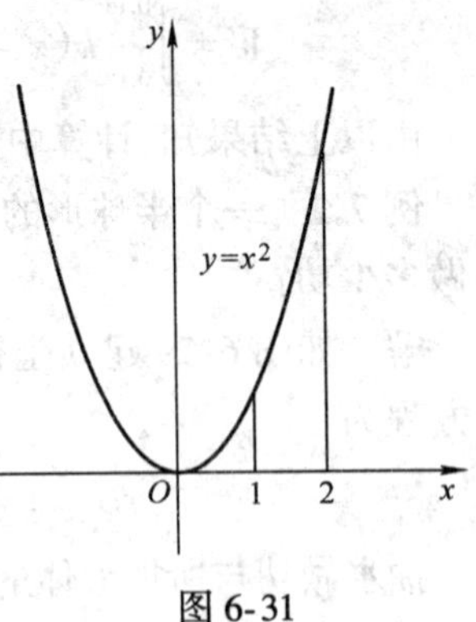

图 6-31

以 $\rho(x)\sqrt{1+[f'(x)]^2}\,dx$ 为被积式在区间$[a,b]$上作定积分,便可得到所求物质曲线弧的质量

$$M=\int_a^b \rho(x)\sqrt{1+[f'(x)]^2}\,dx.$$

例 7.3 设物质曲线 $y=x^2$,$1\leqslant x\leqslant 2$,上任一点处的线密度与该点到 Oy 轴的距离成正比,且当 $x=1$ 时的线密度为 3,求此物质曲线的质量(图 6-31).

解 选 x 为积分变量,积分区间为$[1,2]$,由题设知物质曲线的线密度 $\rho(x)=kx$,且当 $x=1$ 时 $\rho=3$,所以 $k=3$,即 $\rho=3x$. $ds=\sqrt{1+(2x)^2}\,dx=\sqrt{1+4x^2}\,dx$.

$$M=\int_1^2\rho(x)ds=\int_1^2 3x\sqrt{1+4x^2}\,dx=3\int_1^2\frac{1}{8}\sqrt{1+4x^2}\,d(1+4x^2)$$
$$=\frac{1}{4}\sqrt{(1+4x^2)^3}\Big|_1^2=\frac{1}{4}(17\sqrt{17}-5\sqrt{5}).$$

6.7.3 连续函数的平均值

平均值问题是实际问题中常见的问题. n 个离散量 $y_i(i=1,2,\cdots,n)$的算术平均值 $\overline{y}=\frac{1}{n}\sum\limits_{i=1}^{n}y_i$,是大家所熟知的.

若 $f(x)$ 是$[a,b]$上的连续函数,由定积分的中值定理可知,$f(x)$ 在$[a,b]$上的平均值为

$$\overline{y}=f(\xi)=\frac{1}{b-a}\int_a^b f(x)\,dx.$$

例 7.4 设纯电阻电路中的正弦交流电的电流 $i=I_m\sin\omega t$,其中常数 I_m 为电流最大值,ω 为角频率.求电流 i 在半周期区间$\left[0,\frac{\pi}{\omega}\right]$上的平均值 $\overline{i}$.

解
$$\overline{i}=\frac{1}{\frac{\pi}{\omega}}\int_0^{\frac{\pi}{\omega}}I_m\sin\omega t\,dt=\frac{\omega}{\pi}\int_0^{\frac{\pi}{\omega}}I_m\sin\omega t\cdot\frac{1}{\omega}d(\omega t)$$
$$=\frac{1}{\pi}I_m(-\cos\omega t)\Big|_0^{\frac{\pi}{\omega}}=\frac{2}{\pi}I_m.$$

例 7.5 计算从 0 到 T(s)这段时间内自由落体的平均速度.

解 自由落体的速度为 $v=gt$,从 0 到 T 时间内平均速度为

$$\overline{v}=\frac{1}{T}\int_0^T gt\,dt=\frac{1}{T}\frac{1}{2}gt^2\Big|_0^T=\frac{1}{2}gT.$$

习题 6-7

1. 质点 a 在力 $F=2x+x^2$ 作用下沿直线从 $x=1$ 移到 $x=2$,求力 F 所做的功.

2. 一个圆柱形的储水罐，高 5 m，底圆半径 3 m，罐内盛满了水，求把罐内的水全部抽出所做的功.

3. 设有盛满水的正圆锥形水池，深 15 m，圆锥口直径为 20 m，问将水池中水全部抽出需要做多少功?

4. 设物质曲线 $y = \ln x$ 上每点处的线密度等于该点横坐标的平方，求物质曲线在 $x = a$ 到 $x = b$ 之间一段的质量 $(1 < a < b)$.

5. 求函数 $y = x\cos x, x \in [0,2\pi]$ 上的平均值.

6. 在等温过程中，求理想气体的容积由 v_0 膨胀到 v_1 时，压强 p 的平均值.

复习题 6

1. 填空题

(1)若 $\int_0^x f(t)\mathrm{d}t = x\sin x$，则 $f(x) =$ ________.

(2) $\int_{-\frac{1}{2}}^{\frac{1}{2}} (\sin^5 x + x^2)\mathrm{d}x =$ ________.

(3) 已知 $\int_1^a \frac{\ln t}{t}\mathrm{d}t = 1$，则 $a =$ ________.

(4) $\lim\limits_{x\to 0} \frac{\int_0^x \arctan t\mathrm{d}t}{x^2} =$ ________.

(5) 若 $F(x) = \int_1^{x^2} \sqrt[3]{1 + t^2}\mathrm{d}t$，则 $F'(x) =$ ________.

2. 选择题

(1) 设 $\int_0^1 \mathrm{e}^x \mathrm{d}x = M, \int_0^1 \mathrm{e}^{x^2} \mathrm{d}x = N$，则下列关系式中正确的为

(A) $M < N$　　(B) $M > N$　　(C) $M = N$　　(D) $M^2 = N$

答(　　).

(2) 设 $F(x) = \frac{x^2}{x - a}\int_a^x f(t)\mathrm{d}t$，其中 $f(x)$ 为连续函数，则 $\lim\limits_{x\to a} F(x)$ 等于

(A) a　　(B) 0　　(C) $a^2 f(a)$　　(D) $f(a)$

答(　　).

(3) 定积分 $\int_1^{\mathrm{e}} \frac{\ln x}{\sqrt{x}}\mathrm{d}x$ 的值为

(A) $2\sqrt{\mathrm{e}} - 4$　　(B) $2\sqrt{\mathrm{e}} + 4$　　(C) $2(2 + \sqrt{\mathrm{e}})$　　(D) $2(2 - \sqrt{e})$

答(　　).

(4) 下列广义积分中收敛的是

(A)$\int_{1}^{+\infty}\frac{1}{\sqrt[3]{x}}dx$ (B)$\int_{1}^{+\infty}\frac{1}{x^{3}}dx$

(C)$\int_{1}^{+\infty}\frac{1}{x}dx$ (D)$\int_{1}^{+\infty}\frac{1}{x^{-1}}dx$

答( ).

(5) 由曲线 $y=\ln x$ 与 $y=e+1-x$ 及 $y=0$ 所围的平面图形的面积 S 为

(A)$e+1$; (B) $\frac{3}{2}$ (C)1 (D) $\frac{5}{2}$

答( ).

3. 解下列各题:

(1)$\int_{1}^{e}\frac{1}{x^{2}(1+x^{2})}dx$; (2)$\int_{0}^{\frac{\pi}{2}}|\sin x-\cos x|dx$;

(3)$\int_{-1}^{1}\frac{x}{\sqrt{5-4x}}dx$; (4)$\int_{0}^{\frac{\pi}{2}}\frac{\cos x}{2+\sin x}dx$;

(5)$\int_{0}^{1}\frac{1}{x+\sqrt{1-x^{2}}}dx$; (6)$\int_{0}^{2}\sqrt{x^{3}-2x^{2}+x}\,dx$;

(7)$\int_{0}^{e-1}x\ln(x+1)dx$; (8)$\int_{2}^{+\infty}\frac{1}{x\ln^{3}x}dx$.

4. 求下列各题的解:

(1)求由曲线 $y=x^{2}-2$ 与 $y=-x$ 围成的平面图形的面积;

(2)求由曲线 $y=e^{x}, y=e^{-x}, y=e$ 围成的平面图形的面积;

(3)求圆 $x^{2}+y^{2}=2$ 被直线 $x=1$ 分成两部分,其中较小的部分分别绕 Ox 轴与 Oy 轴旋转一周所得立体的体积;

(4)求质点 M 在力 $F=2x+4x^{3}$ 作用下沿直线从 $x=1$ 移到 $x=2$,力 F 所做的功.

5. 求函数 $F(x)=\int_{0}^{x}\frac{3t+1}{t^{2}-t+1}dt$ 在区间[0,1]上的最大值及最小值.

附录

初等数学常用公式、曲线汇编

一、代数常用公式

(1)因式分解公式

$(a\pm b)^2=a^2\pm 2ab+b^2$.

$a^2-b^2=(a+b)(a-b)$.

$(a\pm b)^3=a^3\pm 3a^2b+3ab^2\pm b^3$.

$a^3\pm b^3=(a\pm b)(a^2\mp ab+b^2)$.

$(a+b+c)^2=a^2+b^2+c^2+2ab+2bc+2ac$.

(2)某些级数的部分和

$1+2+3+\cdots+n=\frac{1}{2}n(n+1)$.

$1^2+2^2+3^2+\cdots+n^2=\frac{1}{6}n(n+1)(2n+1)$.

$1^3+2^3+3^3+\cdots+n^3=\frac{1}{4}n^2(n+1)^2$.

$1^4+2^4+3^4+\cdots+n^4=\frac{1}{30}n(n+1)(2n+1)(3n^2+3n-1)$.

$1-2+3-\cdots+(-1)^{n-1}n=\frac{1}{2}(n+1)$ (n 为奇数).

$1-2+3-\cdots+(-1)^{n-1}n=-\frac{1}{2}n$ (n 为偶数).

$1^2-2^2+3^2+\cdots+(-1)^{n-1}n^2=(-1)^{n-1}\frac{1}{2}n(n+1)$.

$1^3-2^3+3^3-\cdots+(-1)^{n-1}n^3=\frac{1}{4}(2n-1)(n+1)^3$ (n 为奇数).

$1^3-2^3+3^3-\cdots+(-1)^{n-1}n^3=-\frac{1}{4}n^2(2n+3)$ (n 为偶数).

$2+4+\cdots+2n=n(n+1)$.

$1+3+\cdots+(2n-1)=n^2$.

$1^2+3^2+\cdots+(2n-1)^2=\frac{1}{3}n(4n^2-1)$.

$1^3+3^3+\cdots+(2n-1)^3=n^2(2n^2-1)$.

$1\cdot 2+2\cdot 3+\cdots+n(n+1)=\frac{1}{3}n(n+1)(n+2)$.

$a+(a+d)+\cdots+[a+(n-1)d]=\frac{a+[a+(n-1)d]}{2}\cdot n$ (等差级数).

$a+aq+\cdots+aq^{n-1}=a\cdot\frac{1-q^n}{1-q}$ ($q\neq 1$) (等比级数).

(3)代数方程的根

$Ax=B$ $(A\neq 0)$. $x=\frac{B}{A}$.

$ax^2+bx+c=0, x_1, x_2=\frac{-b\pm\sqrt{b^2-4ac}}{2a}$.

且 $x_1+x_2=-\frac{b}{a}, x_1\cdot x_2=\frac{c}{a}$.

$\Delta=b^2-4ac$ 称为一元二次方程的判别式,

若 $\Delta>0$,二次方程有两个不相等的实数根;

若 $\Delta=0$,二次方程有两个相等的实数根;

若 $\Delta<0$,二次方程有一对共轭的复数根.

$x^3+px+q=0$,

$$x_1=\sqrt[3]{-\frac{q}{2}+\sqrt{(\frac{q}{2})^2+(\frac{p}{3})^3}}+\sqrt[3]{-\frac{q}{2}-\sqrt{(\frac{q}{2})^2+(\frac{p}{3})^3}};$$

$$x_2=\omega\sqrt[3]{-\frac{q}{2}+\sqrt{(\frac{q}{2})^2+(\frac{p}{3})^3}}+\omega^2\sqrt[3]{-\frac{q}{2}-\sqrt{(\frac{q}{2})^2+(\frac{p}{3})^3}};$$

$$x_3=\omega^2\sqrt[3]{-\frac{q}{2}+\sqrt{(\frac{q}{2})^2+(\frac{p}{3})^3}}+\omega\sqrt[3]{-\frac{q}{2}-\sqrt{(\frac{q}{2})^2+(\frac{p}{3})^3}}.$$

其中 $\omega=\frac{-1+\sqrt{3}\mathrm{i}}{2}, \omega^2=\frac{-1-\sqrt{3}\mathrm{i}}{2}$(卡丹公式)

且有 $x_1+x_2+x_3=0, \frac{1}{x_1}+\frac{1}{x_2}+\frac{1}{x_3}=-\frac{p}{q}, x_1x_2x_3=-q$.

$\Delta=(\frac{q}{2})^2+(\frac{p}{3})^3$ 称为一元三次方程 $x^3+px+q=0$ 的判别式.

若 $\Delta>0$,方程有一个实数根和两个复数根;

若 $\Delta=0$,方程有三个实数根(当 $p=q=0$ 时,方程有三重零根;

当$(\frac{q}{2})^2=-(\frac{p}{3})^3\neq 0$时，三个实根中有两个相等）；

若$\Delta<0$，方程有三个不相等的实数根.

*对一般的三次方程：$az^3+bz^2+cz+d=0\quad(a\neq 0)$，可化为$z^3+\frac{b}{a}z^2+\frac{c}{a}z+\frac{d}{c}=0$.令$z=x-\frac{b}{3a}$，方程变为$x^3+px+q=0$.解出此方程后，可得：$z_1=x_1-\frac{b}{3a}$，$z_2=x_2-\frac{b}{3a}$，$z_3=x_3-\frac{b}{3a}$.

(4)复数的运算

$z=a+bi(i=\sqrt{-1},i^2=-1,i^3=-i,i^4=1)$.

$a=\mathrm{Re}\ z, b=\mathrm{Im}\ z, |z|=\sqrt{a^2+b^2}=r$;

$z=|z|(\cos\theta+i\sin\theta)=|z|e^{i\theta}$　（θ为幅角）；

$(a+bi)\pm(c+di)=(a\pm c)+(b\pm d)i$;

$(a+bi)\times(c+di)=(ac-bd)+(bc+ad)i$;

$(a+bi)\div(c+di)=\frac{ac+bd}{c^2+d^2}+\frac{bc-ad}{c^2+d^2}i$.

设$z_1=r_1(\cos\theta_1+i\sin\theta_1)$，$z_2=r_2(\cos\theta_2+i\sin\theta_2)$；

则　$z_1\cdot z_2=r_1\cdot r_2[\cos(\theta_1+\theta_2)+i\sin(\theta_1+\theta_2)]$;

$\frac{z_1}{z_2}=\frac{r_1}{r_2}[\cos(\theta_1-\theta_2)+i\sin(\theta_1-\theta_2)]$;

$z_1^n=r_1^n(\cos n\theta_1+i\sin n\theta_1)$;

$z_1^{\frac{1}{n}}=r_1^{\frac{1}{n}}(\cos\frac{\theta_1+2k\pi}{n}+i\sin\frac{\theta_1+2k\pi}{n})\quad(k=0,1,\cdots,n-1)$.

(5)阶乘、排列与组合

n的阶乘：　$n!=1\cdot 2\cdot 3\cdots n$　（并规定$0!=1$）.

跳乘：$(2n+1)!!=1\cdot 3\cdot 5\cdots(2n+1)=\frac{(2n+1)!}{2^n\cdot n!}$,

$(2n)!!=2\cdot 4\cdot 6\cdots 2n=2^n\cdot n!$　（并规定$0!!=1$）.

选排列：从n个不同的元素中，每次取出k个$(k\leqslant n)$不同的元素排成一列，其排列种数为

$$A_n^k=n(n-1)(n-2)\cdots(n-k+1)=\frac{n!}{(n-k)!}.$$

全排列：

$$P_n^n=A_n^n=n!.$$

组合：从n个不同的元素中，每次取出k个$(k\leqslant n)$不同的元素合并成一组，其组合种数为

$$C_n^k=\frac{A_n^k}{k!}=\frac{n!}{(n-k)!\ k!};$$

$$C_n^k = C_n^{n-k} = \frac{n}{k}C_{n-1}^{k-1} = \frac{n}{n-k}C_{n-1}^{k}.$$

二项式定理：$(a+b)^n = C_n^0 a^n + C_n^1 a^{n-1} b + C_n^2 a^{n-2} b^2 + \cdots + C_n^n b^n$

$$= \sum_{k=0}^{n} C_n^k a^{n-k} b^k \text{(并规定 } C_n^0 = 1\text{)}.$$

(6)指数与对数运算法则及公式($a>0, a\neq 1$).

$a^m \cdot a^n = a^{m+n}$;　　$\frac{a^m}{a^n} = a^{m-n}$;

$(a^m)^n = a^{mn}$;　　$(ab)^m = a^m \cdot b^m$;

$(\frac{a}{b})^m = \frac{a^m}{b^m}$;　　$a^{\frac{m}{n}} = \sqrt[n]{a^m} = (\sqrt[n]{a})^m$;

$a^{-m} = \frac{1}{a^m}$;　　$a^0 = 1$.

$\log_a a = 1$;　　$\log_a 1 = 0$;

$\log_a (xy) = \log_a x + \log_a y$;　　$\log_a \frac{x}{y} = \log_a x - \log_a y$;

$\log_a x^a = a\log_a x$;　　$a^{\log_a x} = x$;

$\log_a x = \frac{\log_b x}{\log_b a}$;　　$\log_a b \cdot \log_b a = 1$.

二、几何常用公式

(1)三角形

在 ΔABC 中，a,b,c 分别为$\angle A$、$\angle B$、$\angle C$ 的对边

$$\angle A + \angle B + \angle C = 180° = \pi\text{(弧度)}$$

$$S_{\Delta ABC} = \frac{1}{2}ab\sin C = \sqrt{p(p-a)(p-b)(p-c)}$$

$$= 2R^2 \sin A \sin B \sin C = \frac{abc}{4R} = rp.$$

(这里 $p = \frac{1}{2}(a+b+c)$，R 为外接圆半径，r 为内切圆半径.)

a 边上的高线　$h_a = b\sin c = \sqrt{b^2 - \left(\frac{a^2+b^2-c^2}{2a}\right)^2}$;

a 边上的中线　$m_a = \frac{1}{2}\sqrt{2(b^2+c^2)-a^2} = \frac{1}{2}\sqrt{b^2+c^2+2bc\cos A}$;

$\angle A$ 的平分线　$t_a = \frac{1}{b+c}\sqrt{bc[(b+c)^2-a^2]} = \frac{2bc}{b+c}\cos\frac{A}{2}$;

外接圆半径　$R = \frac{a}{2\sin A} = \frac{b}{2\sin B} = \frac{c}{2\sin C} = \frac{abc}{4S_{\Delta ABC}}$;

内切圆半径　$r = \frac{S_{\Delta ABC}}{p} = \sqrt{\frac{(p-a)(p-b)(p-c)}{p}}$

$$= p\tan\frac{A}{2}\tan\frac{B}{2}\tan\frac{C}{2} = 4R\sin\frac{A}{2}\sin\frac{B}{2}\sin\frac{C}{2};$$

(2)圆(设圆的半径为 r)

圆周长 $C = 2\pi r$;

圆面积 $S = \pi r^2$;

圆扇形面积 $S = \frac{1}{2}rs = \frac{1}{2}ar^2 = \frac{\pi\theta r^2}{360}$ (其中 s 为弧长,α 为圆心角的弧度数,θ 为圆心角的角度数);

圆扇形的弧长 $s = \frac{\pi\theta}{180}r = ar$;

圆扇形的弦长 $b = 2r\sin\frac{\theta}{2}$;

(3)正多边形(设边长为 α)

正三角形面积 $S = \frac{\sqrt{3}}{4}a^2$;

正方形的面积 $S = a^2$;

正五边形面积 $S = \frac{1}{4}\sqrt{25 + 10\sqrt{5}}\,a^2$;

正六边形面积 $S = \frac{3\sqrt{3}}{2}a^2$;

正 n 边形面积 $S = \frac{n}{2}a^2\sin\frac{360°}{n}$.

(4)立体几何

正圆锥的体积 $V = \frac{1}{3}\pi R^2 h$ (R 为底面半径,h 为圆锥的高);

正圆锥的侧面积 $S_{侧} = \pi Rl$ (l 为圆锥的斜高);

正圆锥的表面积 $S = \pi R(R + l)$,

$$l = \sqrt{R^2 + h^2};$$

圆台的体积 $V = \frac{\pi}{3}h(R^2 + r^2 + Rr)$ (h 为圆台的高,r,R 分别为上、下底圆半径);

圆台的侧面积 $S_{侧} = \pi l(R + r)$ (l 为圆台的斜高);

圆台的表面积 $S = S_{侧} + \pi(R^2 + r^2) = \pi[l(R + r) + (R^2 + r^2)]$;

圆台所在的圆锥的高 $H = h + \frac{hr}{R - r}$;

球的体积 $V = \frac{4}{3}\pi R^3$ (R 为球的半径);

球的表面积 $S = 4\pi R^2$.

三、平面三角常用公式

(1)三角函数的基本公式

$\sin\alpha\cdot\csc\alpha=1$,　　$\cos\alpha\cdot\sec\alpha=1$, $\tan\alpha\cdot\cot\alpha=1$,

$\tan\alpha=\dfrac{\sin\alpha}{\cos\alpha}$,　　$\cot\alpha=\dfrac{\cos\alpha}{\sin\alpha}$,

$\sin^2\alpha+\cos^2\alpha=1$,　　$\sec^2\alpha=1+\tan^2\alpha$, $\csc^2\alpha=1+\cot^2\alpha$;

$1(\text{弧度})=\dfrac{180^\circ}{\pi}\approx 57^\circ18'\approx 57.29^\circ$,

$1^\circ=\dfrac{\pi}{180}(\text{弧度})\approx 0.017\,45(\text{弧度})$.

(2)三角函数在某些特殊角的值

函数＼角 α	0	$\frac{\pi}{6}$	$\frac{\pi}{4}$	$\frac{\pi}{3}$	$\frac{\pi}{2}$
$\sin\alpha$	0	$\frac{1}{2}$	$\frac{\sqrt{2}}{2}$	$\frac{\sqrt{3}}{2}$	1
$\cos\alpha$	1	$\frac{\sqrt{3}}{2}$	$\frac{\sqrt{2}}{2}$	$\frac{1}{2}$	0
$\tan\alpha$	0	$\frac{\sqrt{3}}{3}$	1	$\sqrt{3}$	不存在
$\cot\alpha$	不存在	$\sqrt{3}$	1	$\frac{\sqrt{3}}{3}$	0
$\sec\alpha$	1	$\frac{2\sqrt{3}}{3}$	$\sqrt{2}$	2	不存在
$\csc\alpha$	不存在	2	$\sqrt{2}$	$\frac{2\sqrt{3}}{3}$	1

(3)三角函数在各象限中的符号

函数＼角 α	$0<\alpha<\frac{\pi}{2}$	$\frac{\pi}{2}<\alpha<\pi$	$\pi<\alpha<\frac{3\pi}{2}$	$\frac{3\pi}{2}<\alpha<2\pi$
$\sin\alpha$	+	+	−	−
$\cos\alpha$	+	−	−	+
$\tan\alpha$	+	−	+	−
$\cot\alpha$	+	−	+	−
$\sec\alpha$	+	−	−	+
$\csc\alpha$	+	+	−	−

(4)化各象限里的三角函数为第一象限三角函数的表(诱导公式)

函　数	$\beta=\frac{\pi}{2}\pm\alpha$	$\beta=\pi\pm\alpha$	$\beta=\frac{3\pi}{2}\pm\alpha$	$\beta=-\alpha$ $\beta=2\pi-\alpha$
$\sin\beta$	$+\cos\alpha$	$\mp\sin\alpha$	$-\cos\alpha$	$-\sin\alpha$
$\cos\beta$	$\mp\sin\alpha$	$-\cos\alpha$	$\pm\sin\alpha$	$+\cos\alpha$
$\tan\beta$	$\mp\cot\alpha$	$\mp\tan\alpha$	$\pm\cot\alpha$	$-\tan\alpha$
$\cot\beta$	$\mp\tan\alpha$	$\pm\cot\alpha$	$\mp\tan\alpha$	$-\cot\alpha$
$\sec\beta$	$\mp\csc\alpha$	$-\sec\alpha$	$\pm\csc\alpha$	$+\sec\alpha$
$\csc\beta$	$+\sec\alpha$	$\mp\csc\alpha$	$-\sec\alpha$	$-\csc\alpha$

(5)两角和差的三角函数

$$\sin(\alpha\pm\beta)=\sin\alpha\cos\beta\pm\cos\alpha\sin\beta,$$
$$\cos(\alpha\pm\beta)=\cos\alpha\cos\beta\mp\sin\alpha\sin\beta,$$
$$\tan(\alpha\pm\beta)=\frac{\tan\alpha\pm\tan\beta}{1\mp\tan\alpha\tan\beta},$$
$$\cot(\alpha\pm\beta)=\frac{\cot\alpha\cot\beta\mp1}{\cot\beta\pm\cot\alpha}.$$

(6)倍角的三角函数

$$\sin2\alpha=2\sin\alpha\cos\alpha=\frac{2\tan\alpha}{1+\tan^2\alpha},$$
$$\cos2\alpha=\cos^2\alpha-\sin^2\alpha=2\cos^2\alpha-1=1-2\sin^2\alpha,$$
$$\tan2\alpha=\frac{2\tan\alpha}{1-\tan^2\alpha},\cot2\alpha=\frac{\cot^2\alpha-1}{2\cot\alpha}.$$

(7)半角的三角函数

$$\sin\frac{\alpha}{2}=\pm\sqrt{\frac{1-\cos\alpha}{2}},\cos\frac{\alpha}{2}=\mp\sqrt{\frac{1+\cos\alpha}{2}},$$
$$\tan\frac{\alpha}{2}=\pm\sqrt{\frac{1-\cos\alpha}{1+\cos\alpha}}=\frac{1-\cos\alpha}{\sin\alpha}=\frac{\sin\alpha}{1+\cos\alpha},$$
$$\cot\frac{\alpha}{2}=\pm\sqrt{\frac{1+\cos\alpha}{1-\cos\alpha}}=\frac{1+\cos\alpha}{\sin\alpha}=\frac{\sin\alpha}{1-\cos\alpha}.$$

(8)和差化积公式

$$\sin\alpha\pm\sin\beta=2\sin\frac{\alpha\pm\beta}{2}\cos\frac{\alpha\mp\beta}{2},$$
$$\cos\alpha+\cos\beta=2\cos\frac{\alpha+\beta}{2}\cos\frac{\alpha-\beta}{2},$$
$$\cos\alpha-\cos\beta=-2\sin\frac{\alpha+\beta}{2}\sin\frac{\alpha-\beta}{2},$$
$$\tan\alpha\pm\tan\beta=\frac{\sin(\alpha\pm\beta)}{\cos\alpha\cos\beta},$$
$$\cot\alpha\pm\cot\beta=\pm\frac{\sin(\alpha\pm\beta)}{\sin\alpha\sin\beta}.$$

(9)积化和差公式

$$\sin\alpha\sin\beta=\frac{1}{2}[\cos(\alpha-\beta)-\cos(\alpha+\beta)],$$

$$\cos\alpha\cos\beta=\frac{1}{2}[\cos(\alpha-\beta)+\cos(\alpha+\beta)],$$

$$\sin\alpha\cos\beta=\frac{1}{2}[\sin(\alpha-\beta)+\sin(\alpha+\beta)].$$

(10)三倍角公式

$$\sin 3\alpha=-4\sin^3\alpha+3\sin\alpha,$$
$$\cos 3\alpha=4\cos^3\alpha-3\cos\alpha,$$
$$\tan 3\alpha=\frac{3\tan\alpha-\tan^3\alpha}{1-3\tan^2\alpha}$$
$$\cot 3\alpha=\frac{\cot^3\alpha-3\cot\alpha}{3\cot^2\alpha-1}.$$

(11)三角形的边角关系

正弦定理: $$\frac{a}{\sin A}=\frac{b}{\sin B}=\frac{c}{\sin C}=2R.$$

余弦定理: $$a^2=b^2+c^2-2bc\cos A.$$

四、常见曲线图形

(1)部分幂函数曲线图

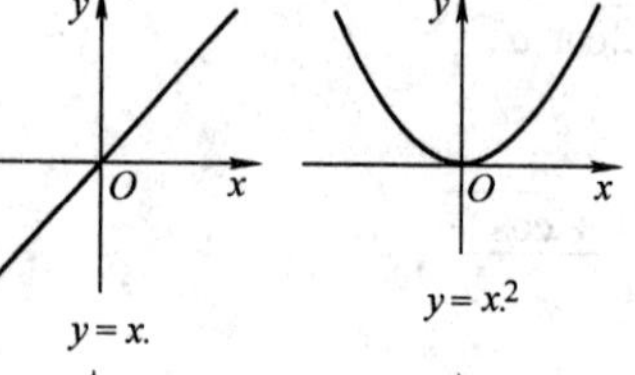

$y=x.$ $y=x^2$

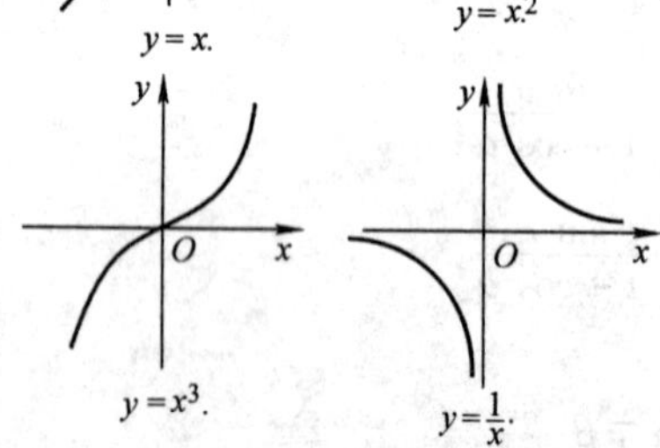

$y=x^3.$ $y=\frac{1}{x}.$

(2)半立方抛物线

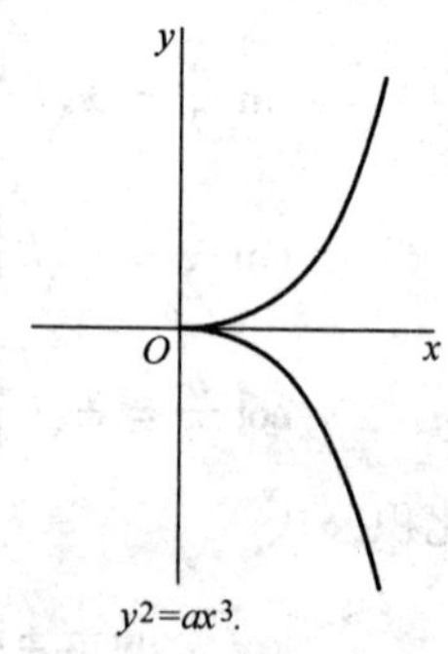

$y^2=ax^3.$

(3)抛物线($p>0$)

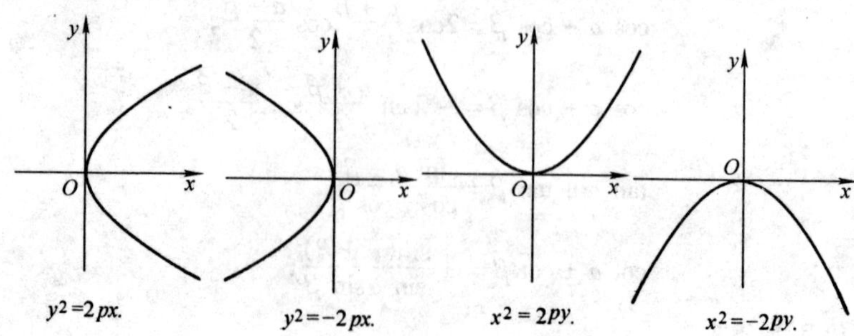

$y^2=2px.$ $y^2=-2px.$ $x^2=2py.$ $x^2=-2py.$

(4)圆

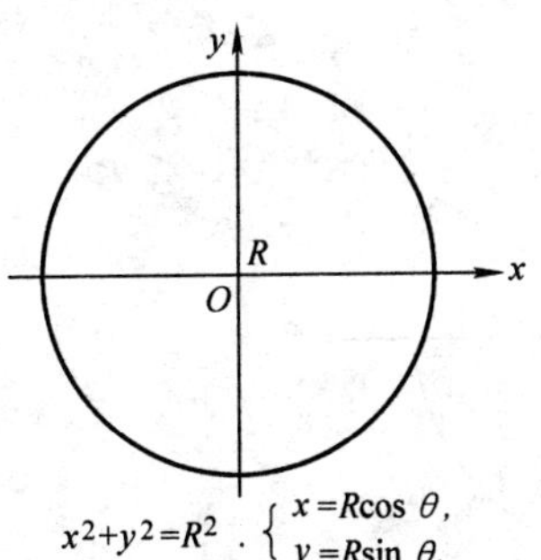

$x^2+y^2=R^2$. $\begin{cases} x=R\cos\theta, \\ y=R\sin\theta. \end{cases}$

(5)椭圆

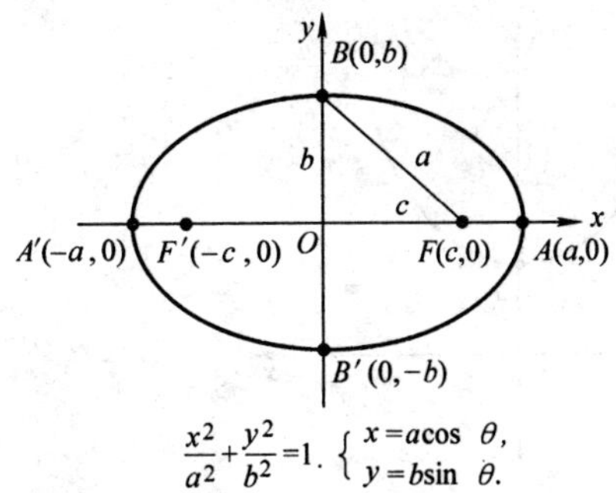

$\frac{x^2}{a^2}+\frac{y^2}{b^2}=1$. $\begin{cases} x=a\cos\theta, \\ y=b\sin\theta. \end{cases}$

(6)双曲线

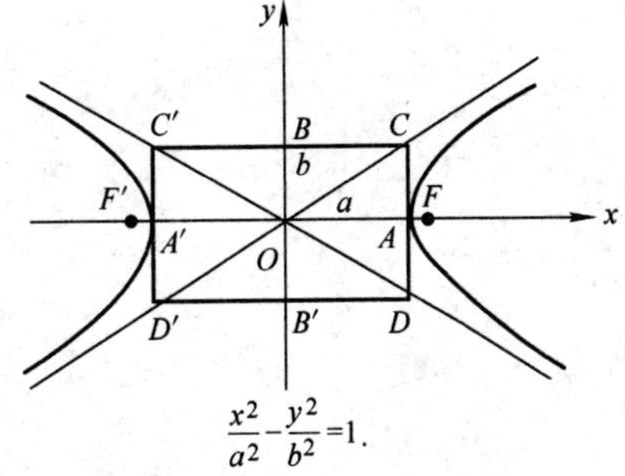

$\frac{x^2}{a^2}-\frac{y^2}{b^2}=1$.

(7)心形线

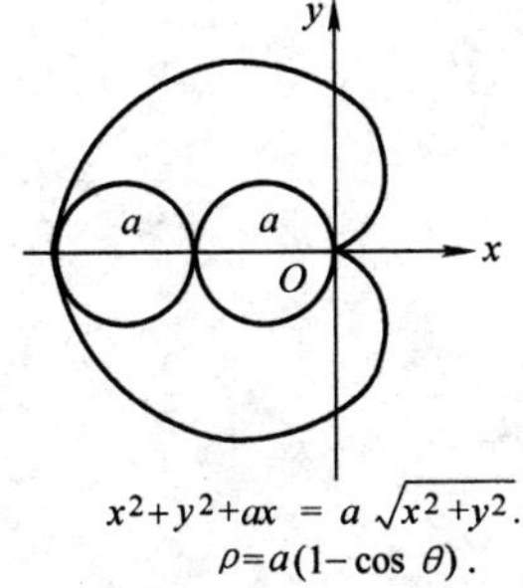

$x^2+y^2+ax=a\sqrt{x^2+y^2}$.

$\rho=a(1-\cos\theta)$.

(8)伯努利双纽线

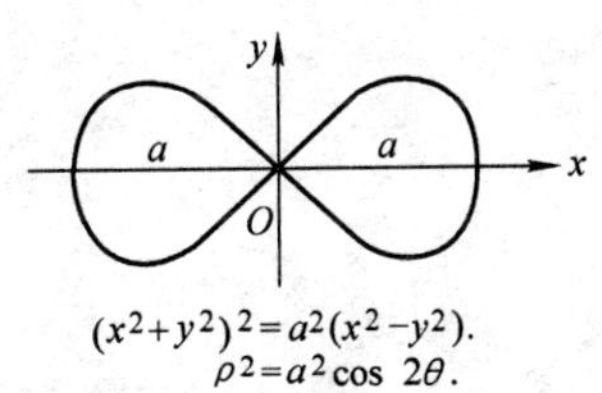

$(x^2+y^2)^2=a^2(x^2-y^2)$.

$\rho^2=a^2\cos 2\theta$.

(9)普通摆线

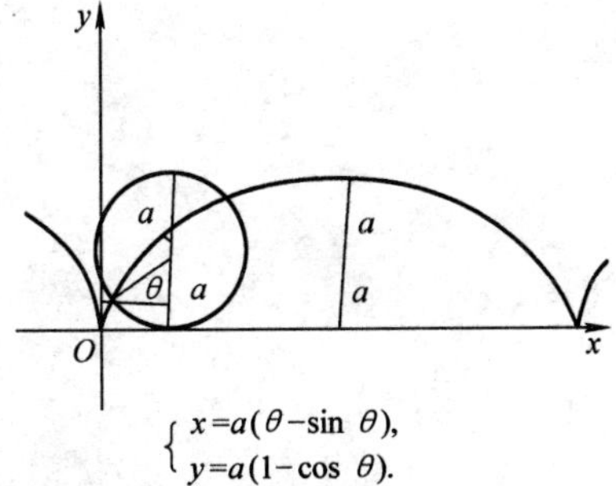

$\begin{cases} x=a(\theta-\sin\theta), \\ y=a(1-\cos\theta). \end{cases}$

(10)概率曲线

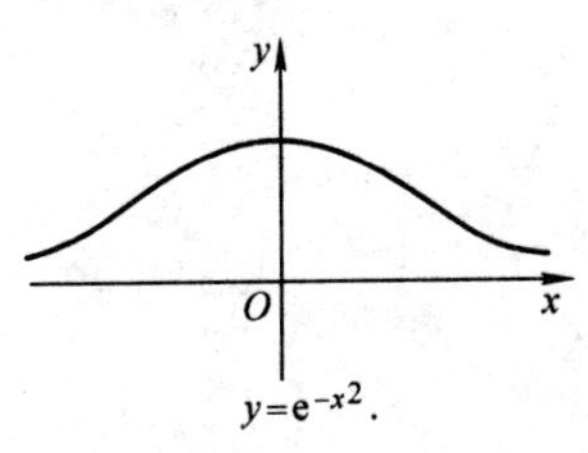

$y=\mathrm{e}^{-x^2}$.

(11)有四个尖点的内摆线

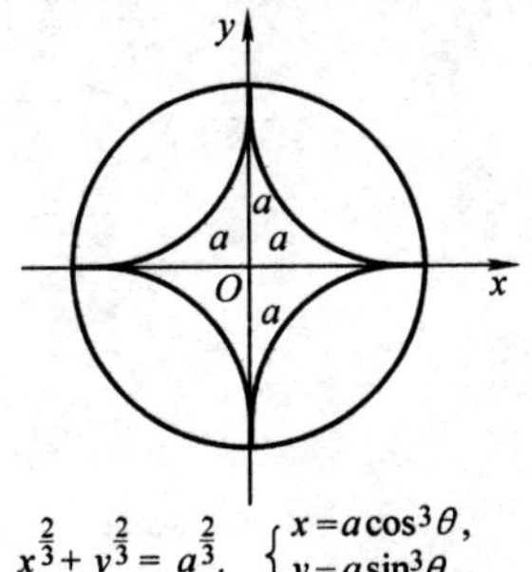

$x^{\frac{2}{3}}+y^{\frac{2}{3}}=a^{\frac{2}{3}}$. $\begin{cases} x=a\cos^3\theta, \\ y=a\sin^3\theta. \end{cases}$

(12)悬链线

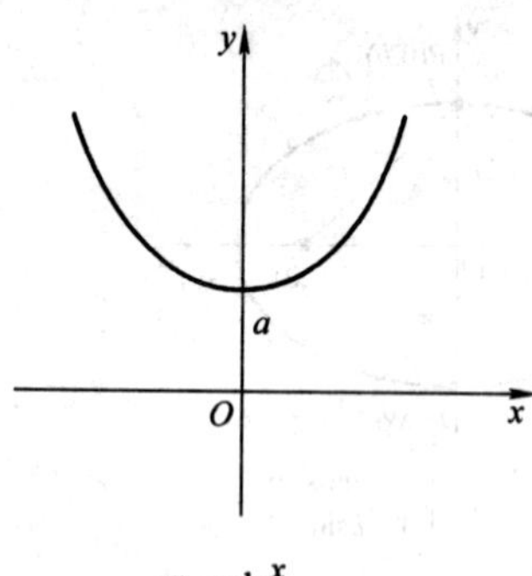

$y=a\operatorname{ch}\frac{x}{a}$.

(13)对数螺线

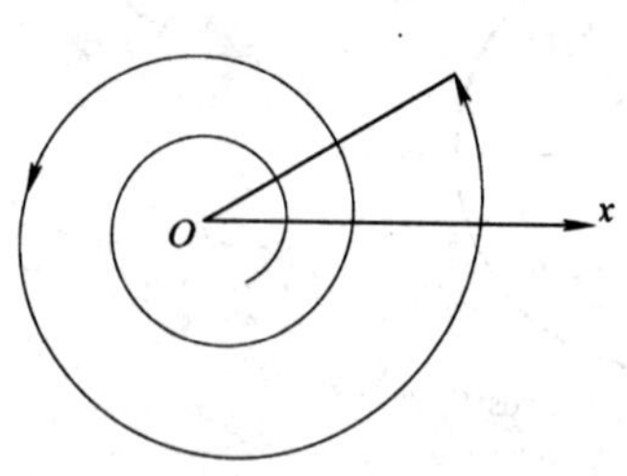

$\rho=e^{a\theta}$.